PETRA KRIVY

Herdenschutz-hunde

Geschichte
Rassen
Haltung
Erziehung

KOSMOS

Herdenschutzhunde der Welt 12

Zucht und Aufzucht 94

Pflege, Gesundheit und Haltung 172

Herdenschutzhunde in der Kunst 230

Service 141

Zu diesem Buch

Wie so vieles im Leben begann es mit einem Traum, einem Traum aus Kindertagen. Schon immer schlug mein Herz für Tiere, für alles, was „kreucht und fleucht", wie es so schön heißt. Doch meine große, uneingeschränkte Zuneigung galt dem Hund, den ich mir durchweg als Begleiter an meiner Seite wünschte. Der Verwirklichung dieses Wunsches stand lange Kindheitsjahre ein deutlich weniger tierbegeistertes Elternhaus und eine innergroßstädtische Wohnlage hinderlich entgegen. Tierbücher und -filme wurden die alternativen Begleiter und so kannte ich von Rin Tin Tin über Lassie, Fury, Flipper, „Freund Ben", die Follyfoot-Farm und Clarence so ziemlich alles, was mehr oder weniger mit Tieren zusammenhing. Natürlich fehlten auch Sielmann, Grzimek, Trumler und Konrad Lorenz nicht. Und so beeindruckend und spannend auch all die Geschichten aus der Serengeti und sonstigen Regionen der Welt um Affen, Tiger, Elefanten und um das „Gänsekind Martina" waren, für mich am nachhaltigsten und einprägendsten war eine Geschichte: Belle und Sebastian! Die Geschichte um den kleinen Jungen Sebastian mit seiner großen, weißhaarigen Hunde-Freundin Belle, das war es, was mir immer im Kopf blieb, und ich wusste, so einen Hund, den wollte ich auch einmal haben.

Slovenský Čuvač Hündin „Inuit Bär vom Wolfshorn" mit vierbeinigen „Kumpeln" in der Gruppe.

Hirtenalltag in Rumänien.

Und so erging es mir eigentlich genau so wie es vielen Menschen ergeht. Ein Hund wird gesehen, sei es im Fernsehen, auf der Straße, in einem Buch oder wo auch immer, und die Argumentation ist einfach: Der Hund gefällt mir, den Hund möchte ich haben. Dass das allein bei weitem nicht ausreicht, zeigt die Tatsache, dass viele – zu viele – Hunde beim falschen Menschen landen, will sagen, dass die Ansprüche des Hundes mit denen des Menschen – und umgekehrt – nicht harmonieren und somit Probleme im täglichen Zusammenleben vorprogrammiert sind. Auch mir war damals nicht klar, in welche Art Hund ich mich da so Hals über Kopf verliebt hatte, doch möge man mir zumindest entschuldigend zugute halten, dass ich noch ein Kind von weniger als zehn Jahren war. Und der Weg zum großen, weißen Traumhund war noch sehr weit und führte zunächst über Dackel, Spitz, Schäferhund und einige Mischlinge, die für eine längere oder kürzere Zeit eine Rolle in meinem Leben spielten, sei es als eigener Hund, als Hund des Bruders, der Nachbarn oder als Ausführhund unseres städtischen Tierheims.

Verwirklicht habe ich dann meinen Traum vor rund 20 Jahren, Mitte 1980, und zu dem Zeitpunkt wusste ich zumindest, dass es ein Hirtenhund war, dem ich in Kindertagen mein Herz verschrieben hatte und der in Gestalt eines slowakischen Hirtenhundes, eines Slovenský Čuvač, fortan mein Leben teilen sollte. Doch dass auch diese „Weisheit" nicht ausreichte, die Bezeichnung „Hirtenhund" letztlich nur ein Überbegriff ist, unter dem sich verschiedene

Ausdrucksstark und charakterfest – eine charismatische Slovenský Čuvač Hündin (Binta Biely démon).

Hundetypen und -charaktere tummeln, das sollte ich im Laufe der Jahre erfahren und lernen. Das Lernen und Erfahren, das Unterscheidenkönnen der die verschiedenen Hundetypen bestimmenden Verhaltensweisen, der genetisch bedingten und der umweltbeeinflussten Tendenzen im Verhalten, bedeuten den Schlüssel zum Verständnis des Hundes, zum besseren Umgang und zur positiven Anleitung im täglichen Leben. Dies ist so immens wichtig, dass ich in diesem Buch versuchen möchte, dem Halter oder potenziellen Besitzer eines solchen Hundes, der ursprünglich einmal derart im Dienste des Hirten stand, dass er den Schutz von Hab und Gut und die Bewachung der Herden gewährleistete, einige Informationen, Hilfestellungen, vielleicht auch „Aha-Effekte" zu vermitteln.

Dabei möchte ich versuchen gerade den Aspekten des alltäglichen Umgangs mit diesen Hunden, vor allem dem engen Zusammenleben im Familienverband mit dem Ziel einer gelungenen Mensch-Hund-Beziehung, das Hauptaugenmerk zu widmen. Denn dies ist es, was ich selber in den bereits erschienenen Büchern zum Thema vermisse oder in falsche Zusammenhänge gebracht sehe. Zu wenig scheint mir bislang auch die Frage beantwortet: „Was mache ich, wenn es einmal nicht so klappt, wie ich es mir vorstelle? Was habe ich als „Chef" zu wenig (oder gar nicht) beachtet und wie leiste ich meine „Überzeugungsarbeit" beim Partner mit der feuchten Schnauze?"

Ich möchte aber auch deutlich zum Ausdruck bringen, dass ich weder Wissenschaftlerin bin, noch die ganze Welt zum Zwecke der Erforschung des Hirtenhundes bereist habe. Meine hier wiedergegebenen Anmerkungen, Tipps, Ausführungen und Thesen beruhen sowohl auf Lektüre, aber auch dem Erlerntem und dem im täglichen Leben mit meinen eigenen Hunden und im Training im Rahmen meiner Hundeschule „Tatzen-Treff" mit verschiedensten anderen Hunden Erfahrenem.

Und wenn etliche Ausführungen in diesem Buch zu Themen der „Zucht und Aufzucht", der „Haltung", „Erziehung", „Pflege und Gesundheitsvorsorge" übertragbar auf und allgemeingültig für andere Rassen und Mixturen erscheinen, so mag es nicht zuletzt daran liegen, dass bei aller Berücksichtigung der speziellen Besonderheiten dieser als Herdenschutzhunde, Lagerhunde oder Herdenwachhunde bezeichneten Hirtenhundspezialisten eben doch vom **Hund** die Rede ist! Wenn dieses Buch dazu beitragen kann, dass der Weg vom Herdenbewacher zum Familienbegleiter ein gelungener Weg für Hund und Halter werden wird, dann habe ich erreicht, was ich zum Wohle der Hunde und ihrer Menschen erreichen möchte!

Ihre Petra Krivy

Kurzhaar-Estrela beim Bewachen einer Schafherde.

Vorwort

Beim „Herdenschutzhund“ beginnt ja in aller Regel bereits die Konfusion. Welche Hunde sind gemeint? Auch Haltungsanforderungen und Verhaltensbesonderheiten sind den meisten Menschen, auch den kynologisch interessierten, weitgehend unbekannt.

Ebenso ist die Historie der Hunde recht widersprüchlich und wurde in den Anfängen des 20. Jahrhunderts bereits sehr kontrovers diskutiert.

Laut Kenéz besagt die mündliche Überlieferung der im Kunság (Kumanienland) wohnenden Ungarn, dass „der Schäferhund (darunter sind hier der Komondor und Kuvasz zu verstehen) von Kunság, den Kun-Vorfahren im 13. Jahrhundert, eingeführt wurde“. Den von Konrad Keller (1913) erwähnten Kaukasischen Berghund hält Raitsits für einen Verwandten des Kuvasz. Kuvasz, Kaukasischer Gebirgshund, Berghund der Tataren, abruzzischer, pyrenäischer, campagnaer und preußischer Hirtenhund sollen miteinander in Verwandtschaft stehen. Man hat sich immer um die Herdenbewacher schon Gedanken gemacht, war sich oft nicht recht einig. So wurden dem

Alentejo-Jungrüde „Leão“. Er bewacht Schafe in einem transportablen Gatter, welches jeden Tag umplatziert wird, um den Boden mit organischem Material zu versorgen.

Kuvasz von Cseba Geyza von Anghi Anfang des letzten Jahrhunderts gar die Hütefähigkeiten des Kommondor, des Puli und Pumi abgesprochen, was andere Kenner nun gar nicht bestätigen mochten. Schlimmer noch, erstgenannter Autor spricht dem Kuvasz niedrige geistige Fähigkeiten zu, weshalb er ihn als „geeignet zum Polizei-, Wacht-, Schutz- und Angriffsdienst“ erachtet.

Petra Krivy weiß unendlich viel über Herdenbewacher – und andere Hunde. Sie räumt mit Vorurteilen auf, gibt jedoch auch klare Anforderungen zur Haltung großer Hunde bzw. Hunde bestimmter Rassezugehörigkeit. Ihr Buch, dessen Inhalt über die Herdenschutzhunde weit hinaus zum domestizierten Wolf allgemein geht, ist ebenso lehrreich wie kurzweilig geschrieben und hinterfragt kritisch, wo manch andere Autoren „wissen“.

Mir hat es viel gebracht, ich wünsche ihm eine große Leserschaft!

Dr. Dorit Urd Feddersen-Petersen
Ethologin an der Universität Kiel

Zentralasiatischer Owtscharka „Pashu“.

Zum Geleit

Petra Krivy lernte ich schon vor knapp zwanzig Jahren kennen, zu einer Zeit also, in der die meisten Menschen Herdenschutzhunde (HSH) entweder überhaupt nicht kannten oder sie mit Hütehunden verwechselten. Dieses Manko ist allerdings auch heute noch weit verbreitet. Schon damals beeindruckte mich Petras Wissensstand im Hinblick auf rassespezifische Verhaltensbesonderheiten von HSH. Trotzdem nahm sie an einem von mir organisierten Seminar teil, zu welchem ich als Referenten den „Herdenschutzhundepapst" Prof. Ray Coppinger eingeladen hatte. Ray betreute in den USA über 5000 HSH, die hauptsächlich zum Schutz von Nutzvieh gegen Kojoten eingesetzt wurden.

Im Gegensatz zu vielen Menschen, die glauben, an Fortbildungsveranstaltungen nicht teilnehmen zu müssen, war sich Petra nicht zu schade dazu zu lernen.

Diesen Wissensdurst hat sie sich nicht nur über die Jahre hinweg beibehalten, sondern erfreulicherweise sogar nie ganz gestillt. Wie das uns nun vorliegende Buch eindrucksvoll beweist, hat Petra Krivy statt dessen intensiv recherchiert und ist dabei auf Informationen gestoßen, die in einem deutschsprachigen Buch noch nie veröffentlicht wurden. Genau das hebt ihr Werk von vielen, doch eher oberflächlich gestalteten Büchern über HSH ab.

Herdenschutzhunde in der Familie

Die Zeiten haben sich sowohl zum Negativen als auch zum Positiven verändert. Auf der Negativseite müssen wir leider feststellen, dass HSH argumentativ sehr oft zu wahren Monstern mutieren und sich Menschen gegenüber angeblich „naturgemäß" generell aggressiv verhalten. Besonders viele Politiker stimmen in dieses Klagelied ein und meinen, den HSH auf Rasselisten zum „outlaw" unserer Gesellschaft abstempeln zu müssen. Das ist selbstverständlich blan-

Langhaar-Estrela bei seiner ursprünglichen Arbeit – dem Beschützen einer Nutztierherde.

Günther Bloch mit seiner Kaukasen Hündin „Taiga“.

ker Unsinn, denn HSH tendieren bei aller Reserviertheit und Territorialität nicht dazu, jeden in ihr Revier eindringenden Menschen gleich fressen zu wollen.

Das weiß keiner besser als Petra, die mit Liebe und Verstand Slovenký Čuvač züchtet. Mit großem Engagement gelingt es ihr dabei, umwelt- und sozialsichere Welpen aufzuziehen. Solche bestens geprägte Welpen kann man später – trotz HSH-typischer Eigenschaften – bedenkenlos an verantwortungsvoll handelnde Menschen weitergeben. Wie sich HSH unter der Obhut des Menschen auch als Haushunde optimal entwickeln, wird in diesem Buch ebenfalls ausführlich dargelegt.

Ein anderer positiver Aspekt spielt sich eher im Verborgenen ab: Nach der Rückkehr von Wolf und Luchs in die Schweiz und nach Deutschland besinnt man sich wieder mehr darauf, HSH zur Verteidigung von Schafherden einzusetzen. Und siehe da, es funktioniert bestens. Ein jahrtausende altes System nimmt wieder an Bedeutung zu. Diese Tatsache ist für den Schutz von Raubtieren äußerst wichtig. Statt Wolf und Luchs innerhalb der Kulturlandschaften auszurotten, kann man ihnen nun sogar in dicht besiedelten mitteleuropäischen Ländern wieder mehr Freiraum zugestehen. Der vermehrte Einsatz von selbstständig arbeitenden HSH ist aber auch aus dem Grund erfreulich, dass dadurch deren Genpool geschützt werden kann.

So bleibt nur zu wünschen, dass dieses wunderbare Buch weite Verbreitung findet und HSH die Beachtung erhalten, die sie ohne Zweifel verdienen. Der Kosmos-Verlag kann sich derweil glücklich schätzen, mit Petra Krivy eine fachkompetente Autorin verpflichtet zu haben, die Herdenschutzhunde **wirklich** kennt.

Günther Bloch, Canidenexperte

Herdenschutzhunde der Welt

Hirtenhunde und ihre Aufgaben

Hirtenhunde sind ein Stück Menschheitsgeschichte auf vier Beinen!

- Es sind Hunde mit Jahrtausende alter Geschichte, eng verbunden mit der Menschheitsentwicklung, unentbehrliche Helfer der Hirten und zuverlässige Wächter und Begleiter der Nutztierherden.
- Es sind Hunde, die unter ärmlichen und ärmlichsten Bedingungen ihre harte Arbeit verrichteten, dabei im engsten Verbund mit ihren Tieren und Hirten lebten und diese auf ihren teilweise Hunderte von Kilometern langen Reisen, den so genannten „Transhumanzen", begleiteten und auch heute noch begleiten.
- Es sind Hunde, die für ihre Besitzer von existentieller Wichtigkeit waren und, wo sie heute noch eingesetzt werden, auch immer noch sind.
- Es sind Hunde mit einem eigenen Naturell, für welches sie geschätzt und bewundert werden.
- Es sind Hunde, die heute – und dies teilweise auch schon seit vielen Jahren – auch außerhalb ihrer Arbeitsroutine als Familienhunde gezüchtet und gehalten werden und sich auch in diesem Umfeld bestens bewähren.
- Hirtenhunde sind wunderbare Hunde, sofern man ihre charakterlichen Eigenschaften kennt, sie versteht und sinnvoll lenkt!

Border, Aussie und Co.

Spricht man mit Tierfreunden und unbedarften Hundebesitzern über Hirtenhunde, so ist häufig festzustellen, dass unter der Bezeichnung „Hirtenhund" landläufig ein kleiner, agiler Hund verstanden wird, der seine Aufgabe darin sieht, ständig um Schafe herumzulaufen, diese zusammenzuhalten oder von der Stelle zu bewegen.

1

2

1 Hirtenfamilie im armenischen Amasia, Darik, mit Gampr.

2 Langhaariger Estrela-Berghund „Leão" inmitten seiner Herde von Schafen und Ziegen.

Der Australian Shepherd (links) gehört zu den Hüte-/Treibhunden, der Slovenský Čuvač (rechts) hingegen zählt zu den Herdenschutzhunden.

Wichtig

Außer den hier genannten Hirtenhunden wie z. B. den Border Collie gibt es noch ganz andere Hirtenhundtypen, meist ausländische Rassen und Schläge von größerer Statur, manchmal riesige, eher schwerfällig aussehende Hunde, die ganz das Gegenteil von Agilität und Bewegungsfreude ausstrahlen, die Herdenschutzhunde.

Gerade in diesen Tagen erleben wir einen deutlichen Anstieg des Interesses an Hunden der Rassen Border Collie und Australian Shepherd. Bei der Vorstellung, was diese Beliebtheit für die Rassen in den nächsten Jahren bedeutet, wird mir Angst und Bange. Denn was Border, Aussie und Co. für Hundetypen sind und welche Ansprüche, Veranlagungen, Vorlieben unf Bedürfnisse sie haben, das wird selten überlegt. Dieses Schicksal teilen sie leider mit vielen Vertretern teils sehr teurer, elitärer Moderassen. Unbedacht angeschafft und bald ihrer überdrüssig geworden, landen viel zu viele Hunde im nächsten Tierheim (wenn sie Glück haben) oder angebunden am Mülleimer der nächsten Autobahnraststätte. Ausrangiert wie ein altes Möbelstück oder ein unmodern gewordener Pullover, Zeichen unserer Wegwerfgesellschaft, büßen Tiere für die Kurzsichtigkeit des Menschen, werden zu Opfern des steten Schwindens ethischer Grundwerte sowie der fehlenden Achtung vor dem Leben.

Falsche Vorstellungen vom Partner Hund werden auch durch die Medien geschürt, sei es durch die Verteufelung der angeblich pauschal blutrünstigen Bestie Hund, die sich im Bild des vermeintlichen Kampfhundes manifestiert hat, oder durch die Glorifizierung eines alles meisternden „Kommissar Rex“. Zurückkehrend zu unseren Hirtenhunden ist da natürlich auch noch „Lassie“, der sagenumwobene treue Kamerad, der durch ganz Nordamerika lief, um sein Zuhause wiederzufinden.

Und dann gibt es ja auch noch die vielen Schäferhunde, allen voran der Deutsche Schäferhund! Der heißt zwar Schäferhund, wird aber heutzutage eher mit Polizei- und Grenzschutzbeamten als mit einem Schäfer und einer Herde blökender Schafe in Verbindung gebracht. Wer aber einmal Gelegenheit hat, diesen Hunden bei einem Leistungshüten zuzuschauen, der wird ein völlig neues Bild vom Dienstgebrauchshund bekommen!

Hüter und Treiber

Die Kategorie der Hirtenhunde teilt sich auf in diejenigen Hunde, die durch ihr eigenes Verhalten das Verhalten von Nutztieren beeinflussen, z. B. in der Form, dass sie Nutztiere von Punkt A nach Punkt B bewegen, versprengte Tiere zur Herde zurückführen, die Herden beim Weiden zusammenhalten und/oder in die Gatter leiten und vieles mehr. Diese Hunde werden bezeichnenderweise „Treib- oder Hütehunde" genannt. Zu diesen Hüte- und Treibhunden gehören die bereits angesprochenen Border Collies, die Australian Shepherds, Kelpies, Cattle Dogs, Schafspudel, Gelbbacken und andere Rassen und Schläge.

Dies sind die eher kleinen, agilen Hunde, stets arbeitseifrig, mit wachem Blick aufmerksam bei der Sache, immer in Bewegung und bereit, auf das kleinste Zeichen und die leiseste Anweisung des Hirten zu reagieren. Dies sind Hunde, die mit dem „will to please", einer ausgeprägten Unterordnungsbereitschaft im wahrsten Sinne des Wortes „Arbeitstiere" sind und entsprechend gehalten und beschäftigt werden wollen und müssen. Treib- und Hütehunde lassen sich recht gut erziehen, sind über ihre Agilität zu den unterschiedlichsten Tätigkeiten zu motivieren und gelten als besonders führig. Doch wehe, wenn ihrer Arbeitsbereitschaft und Aktivität nicht sinnvolle Inhalte gegeben werden. Etliche dieser Hunde zeigen Verhaltensauffälligkeiten, weil sie schlicht unterfordert sind und ihre fantastischen Fähigkeiten nicht abgerufen und gefördert werden.

Mastin Español: Marisol Coto de Vera, Koqueta de la Majada, Almendra Protector del Rebaño.

Schützer und Bewacher

Das Aufgabenfeld des Schutzes und der Bewachung der Herde wird von den Hirtenhunden übernommen, die im Gegensatz zu den Hütern und Treibern ein völlig anderes Verhalten den Nutztieren gegenüber an den Tag legen müssen. Sie dürfen durch ihr eigenes Verhalten das der ihnen anvertrauten Tiere eben nicht beeinflussen! Von frühester Jugend an lernen sie, dass sie die ihnen anvertrauten Tiere nicht anblicken (fixieren), nicht zur Bewegung animieren (treiben und hüten), weder mit der Herde agieren, noch auf sie reagieren dürfen. Sie werden umfassend auf ihre zukünftige Aufgabe hin geprägt und nutzungsorientiert sozialisiert. Bewachende und beschützende Hunde gibt es deutlich länger bei den Herden als hütende und treibende Hunde.

Zur Unterscheidung von den Hüte- und Treibhunden und zur Abgrenzung der Nutzungseinordnung werden diese Hunde als Herdenschutzhunde, Herdenwachhunde, manchmal auch als Lagerhunde bezeichnet.

Nach dem Sommer 2000, der den Hundehaltern aufgrund der politischen Restriktionen vielerlei Probleme bescherte und auch etliche Hirtenhundrassen in Misskredit gezogen hat, bildete sich eine Fraktion, die dem Begriff „Herdenschutzhund" ablehnend gegenüber steht. Diese Entwicklung und Haltung ist bedauerlich, zumal jetzt leicht in das verwirrende, verkennende und oft verniedlichende Klischee des – ach, so braven und einfachen – Hirtenhundes verfallen wird. Auch der alternativ gewählte Begriff des Herdengebrauchshundes passt letztlich sowohl auf Hüte-, wie Treib- und Wach-/Schutzhunde und bietet keine adäquate Unterscheidungsmöglichkeit.

Manchmal zeigt ein Herdenschutzhund unerwünschte Verhaltensweisen und Interaktionen mit den Nutztieren, worauf der Hirte sogleich reagieren und diese Hunde von der Herde trennen muss.

Hirtenhund – Schäferhund – Hütehund – Treibhund – Herdenschutzhund: Wir treffen hier auf Spezialisten, die im „Job-Sharing", gemäß ihren Eigenschaften und Fähigkeiten, spezielle – und vor allem unterschiedliche! – Aufgaben erfüllen. Und spätestens hier beginnt das Chaos der Begriffsbestimmung, des Erkennens und Verstehens der ursprünglichen Tätigkeitsfelder sowie der daraus resultierenden Tendenzen unterschiedlichen Verhaltens. Doch dazu später.

Der Herdenschutzhund

Herdenschutzhunde sind Hunde mit sehr langer Arbeitstradition. Sie wurden gehalten und gezüchtet, um Herden von Schafen, Rindern, Puten oder anderen Tieren vor Beutegreifern wie Bär, Luchs und Wolf, aber auch vor Angriffen von Menschen oder streunenden Hunden zu schützen. Auch schützten und bewachten sie Lager, Anwesen, Hab und Gut des Menschen, wie es bis heute von den meisten Hunden erwartet wird.

Hierbei ist der Begriff „Schutzhund" nicht mit der gleichlautenden Betitelung aus dem Hunde-Schutzdienst der Gebrauchshunderassen gleichzusetzen oder zu verwechseln, sondern schlicht pragmatisch und praxisbezogen zu verstehen. Unter diesem Begriff werden Hunde eines bestimmten Typs zusammengefasst, deren ausschließliche Aufgabe ursprünglich darin bestand, sich als Teil der durch sie beschützten Herde zu sehen und diese Herde selbstständig und zuverlässig gegen Angreifer zu verteidigen.

Interessant ist die Einteilung der Hunde nach Fr. Bazille aus dem Jahr 1938. Er reiht die verschiedenen Hirtenhundrassen in seinem Buch „Die Kennzeichen der Rassehunde" in die Kategorie „Nutz- und Wachhundrassen" ein. So finden wir dort Hütehund und Herdenschutzhund Seite an Seite genannt mit Dogge, Bernhardiner, Leonberger, Neufundländer, Schnauzer und Pinscher, Terrier, Windhunde und vielen nordischen Rassen. Im Unterschied zu Bazille grenzt Hilzheimer (1909) die Hirtenhunde von den Doggen ab, unterstreicht aber ihre Aufgabe als Wachhunde. „Von diesen Doggen möchte ich eine, bisher mit ihnen vereinigte Gruppe als Hirtenhunde abtrennen, denen (...) nur die Bewachung der Herde obliegt."

1 **Slovenský Čuvač beim Bewachen von Puten.**

2–4 **Bär, Luchs und Wolf stellen die häufigsten Angreifer von Nutztierherden dar. Aber auch vor streunenden Hunden und – wie auf der Karrikatur von S. 16 trefflich dargestellt – Viehdieben muss die Herde geschützt werden.**

Die Hunde des Hirten

In einigen Rassenamen der osteuropäischen und asiatischen Hirtenhundrassen taucht die Bezeichnung „Owtscharka" auf, was Indiz für die Zugehörigkeit und Verwendung dieses Hundtyps ist. So bedeutet z. B. in der slowakischen Sprache „ovča" das Schaf, „ovčiar" der Hirte/Schäfer, „ovčak" der Hund des Hirten/Schäfers. Auch der Coban Köpegi lässt sich aus der türkischen Sprache als „Hund des Hirten" übersetzen. Ich wurde neugierig: Findet sich dieser Zusammenhang auch in weiteren Sprachen? Stavros wurde gefragt: Das griechische Wort „Pimenas" bedeutet „Hirte", Pimenikos Hellenikos bezeichnet somit den „Hund der griechischen Hirten"!

In den englischsprachigen Ländern unterscheidet man die schützenden und wachenden Hirtenhunde, die „Lifestock-Guarding-Dogs" oder „Lifestock-Protection-Dogs", von dem treibenden „Heeler" oder „Cattle-Dog", dem auch ein beherztes Zupacken in die Fessel des zu bewegenden Tieres nicht fremd ist, und die sowohl treibenden als hütenden Collie-Varianten. Vielleicht ist ja selbst die Bezeichnung „Collie" ein Hinweis auf die ursprüngliche Nutzungseinordnung, nämlich das Einsammeln (to collect) der ihnen anvertrauten Nutztiere. Ob aus dem englischen Verb „collect" der Rassename „Collie" letztlich abgeleitet wurde, entzieht sich meiner Kenntnis und dürfte von Collie-Experten kompetenter beantwortet werden können.

Die oben bereits erwähnten Gegner des Begriffs „Herdenschutzhund" verweisen darauf, dass er einzig und allein die Übersetzung der in den USA und anderen englischsprachigen Ländern gebräuchlichen Betitelung „Livestock-Guarding-Dog", bzw. „Livestock-Protection-Dog" ist und so im deutschsprachigen Raum von Kynologen nie verwandt wurde. Doch das ist falsch und eher umgekehrt zu sehen!

Zweijähriger Castro Laboreiro Rüde „Modengo".

Laboreiro-Hündin „Moura" beim Bewachen einer Kuhherde.

Hans Räber weist 1993 in seiner „Enzyklopädie der Rassehunde", Band I, Seite 202, explizit darauf hin, dass „klar herausgestellt werden (muss), dass die großen und wehrhaften Schafrüden keine Hütehunde im heutigen Sinn waren; sie waren Schutzhunde gegen zwei- und vierbeinige Schafdiebe". Einige Zeilen weiter erläutert Räber, dass „die Überreste der alten großen Schafrüden (...) die heutigen Hirtenhunde, wie etwa der Berghund der Pyrenäen, der Kuvasz in Ungarn und der Tschuwatsch (gemeint ist der Slovenský Čuvač) in der Slowakei (sind)".

Es gibt auch weitere – wesentlich ältere! – Veröffentlichungen, in welchen der Begriff des (Herden-)Schutzhundes zu finden ist, von welchen ich hier nur aus einigen zitieren möchte:

- Dr. Erna Mohr, Kustos am zoologischen Museum Hamburg, spricht 1956 in ihrem Buch „Ungarische Hirtenhunde" vom „Hirtenhund, dem Schutzhund".
- Dr. W. Mut schreibt in seinem Artikel „Die Hirtenhunde", erschienen in der Zeitschrift „Der Hund", Nr. 24, vom 30.12.1933: „Der Hirtenhund war von jeher der ausgesprochene Spür- und Schutzhund, also nicht Hütehund wie der heutige Schäferhund, denn er hatte die Aufgabe, Hirt und Herde nicht nur gegen Raubtiere, sondern auch gegen menschliches Raubgesindel zu schützen".
- Besonders interessant sind auch die Ausführungen von Rainer Hobrecht, der als Thema seiner Dissertation (Institut für Tierzucht und Vererbungsforschung der Tierärztlichen Hochschule Hannover) „Die Entwicklung und der züchterische Aufbau des deutschen Kuvaszhundes" gewählt hat. Hobrecht schreibt 1952: „Im Laufe der Jahrtausende versuchte der Mensch durch geeignete Auslese Tiere zu züchten, die immer mehr in (...) Aufgaben hineinwuchsen. Es erfolgte sogar eine Unterteilung der genannten großen Aufgabengebiete in zahlreiche Spezialgebiete, und entsprechend kam es auch zur Zucht von Spezialrassen, die nur einer Aufgabe dienten. So entstanden die verschiedenen Jagdhundrassen, die Haus-, Herdenschutz- und Hüterassen".

Wichtig

Zur besseren Unterscheidung und klareren Definition der verschiedenen Aufgabenbereiche werde ich in meinem Buch den Begriff Hirtenhund nur als Überbegriff verwenden, der gleichermaßen Hüte- und Treib-, wie Herdenschutzhunde umfasst. Ich habe keinerlei Probleme mit dem Begriff „Herdenschutzhund„ bin stolz auf meine Hunde, deren Ururahnen einmal als Herdenschutzhunde ihre Arbeitsqualitäten in den Dienst des Menschen stellten und für diese von existenziellem Wert waren.

Zentralasiatischer Owtscharka „Akbar".

- Hilzheimer unterscheidet in seiner Untersuchung „Aus der Stammesgeschichte des Haushundes unter besonderer Berücksichtigung verschiedener Hundetypen" von 1931 den Schäferhund und den Hirtenhund. Dabei trennt er die Aufgabengebiete, indem er dem Schäferhund die Hütedienste zuspricht, dem Hirtenhund die Wach-, Schutz- und Hetzarbeiten.

Derartige Ausführungen finden sich in deutschsprachiger, kynologischer Literatur noch mehr, doch sollten hier nur einige Beispiele den bereits Jahrzehnte währenden Gebrauch des Terminus „Herdenschutzhund" belegen. So will ich es damit bewenden lassen.

Die Historie der Herdenschutzhunde

Viel wichtiger, interessanter und effektiver ist es, sich mit der Historie unserer Herdenschutzhunde auseinander zu setzen, sich über das ursprünglich so wichtige Verhaltensrepertoire dieser Hunde Gedanken zu machen, um dadurch zu lernen, wie der Weg vom Herdenbewacher zum Familienbegleiter aussehen könnte und müsste.

- Was sind typenverknüpfte Verhaltensweisen, mit denen der Besitzer eines Herdenschutzhundes rechnen sollte?
- Was sind die Verhaltensweisen, die wir auch im Zusammenleben mit dem „Familienhund" schätzen können und fördern sollten?
- Welches sind die Verhaltensweisen, die den Anspruch an einen sozial- und umweltverträglichen Begleithund erschweren und behindern?
- Wie und wann kann ich diese Verhaltensweisen beeinflussen, um sie positiv zu formen?

In der Beantwortung dieser – und anderer – Fragen liegt der Schlüssel zu einem erfüllten, problemreduzierten und für alle Beteiligten zufriedenstellenden Zusammenleben! Beachtens- und bemer-

Karakachan-Hunde bei der Herdenbewachung.

Slovenský Čuvač Historie.

kenswert ist nun, dass diese Erkenntnis, die heutzutage manchem Hundebesitzer etwas abhanden gekommen zu sein scheint, bereits im Rasseporträt „Kuvasz“ der Zeitschrift „Der Hund“, Nr. 10, vom 30.05.1934 thematisiert wurde: „Der Ungarische Hirtenhund Kuvasz ist bei uns seit Jahrzehnten bekannt, aber es bedurfte langer Zeit, ehe er in seinem Wesen verstanden und gewürdigt wurde, um die Bedeutung und Verbreitung finden zu können, die er verdient“.

Die Tatsache, dass unsere Herdenschutzhundrassen heutzutage in überwiegender Anzahl keinen Dienst mehr an der Herde tun, sondern mit uns gemütlich den Lebensraum teilen und sich in unsere Familien integrieren, rechtfertigt meines Erachtens nicht, ihre Vergangenheit zu verleugnen und sie sprachlich mit anderen, vermeintlich „harmloseren“ Betitelungen zu schmücken.

Für mein Empfinden ist die in Mode geratene Ausgrenzung des Terminus Herdenschutzhund (oftmals abgekürzt als HSH) nichts weiter als feige Katzbuckelei vor einer populistisch orientierten Politik, der diese Hunde unter diesem Begriff gerade recht ins Feindbild „Hund“ passten. Auch die meisten Jagdhundrassen werden nicht mehr jagdlich geführt, denkt man z. B. an den angeblichen Familienhund schlechthin, den Golden Retriever oder den Labrador. Ist dann der Retriever, der „nur noch“ in der Familie lebt, statt angeschossene Enten aus Seen zu holen, nicht mehr unter der Kategorie „Apportierhund“ zu nennen? Und der Husky, der kein Iditarod mehr läuft, ist kein „Schlittenhund“? Nun, dann sollten wir in logischer Konsequenz ein bis zwei neue FCI-Gruppen den bereits bestehenden zehn FCI-Gruppen anfügen, nämlich eine FCI-Gruppe 11 „Familienhunde“ und – nicht zu vergessen – eine FCI-Gruppe 12 „Problemhunde“ für die Zusammenfassung all der verkannten Hunde, die mit Verhaltensauffälligkeiten auf ihre Umwelt antworten.

Im Winter werden Herdenschutzhunde zu Lagerhunden und leben eng mit den Familien im Dorf zusammen (hier Sider Sedefchev's Sohn Hanko mit Karakachan „Buyan KaraKitan").

Aufgabengebiete des Herdenschutzhundes

Den Hunden des Herdenschutzhundtypus kamen im Wandel der Zeit verschiedenste Aufgaben zu. Da, wo sie im Sommer Herden bewachten und für den Schutz der Nutztiere verantwortlich waren, wurden sie des Winters, zu den Zeiten, wo z. B. die Nutztiere in Wintergattern in den Siedlungen der Niederungen untergebracht waren und keines speziellen Schutzes bedurften, zu Lagerhunden. Hier gewährleisteten sie den Schutz des Lagers, des Dorfes, der Siedlung und bewährten sich auch in diesem Umfeld dank ihrer hervorragenden Eigenschaften. Diese „Winterpause" mit einem vergleichsweise ruhigen und weniger anstrengenden Arbeitsalltag verschaffte den Hunden auch eine Möglichkeit zur körperlichen Regeneration, die sie zu Beginn der Sommersaison mit den jetzt anstehenden Wanderungen benötigten. Häufig fiel auch die Zeit der eigenen Reproduktion in diese Winter- und Frühjahrszeit, so dass Welpengeburt und erste Aufzuchtphase in relativ geschütztem und stressfreiem Umfeld stattfand. Daraus ergaben sich für den Hund und die Mensch-Hund-Beziehung eher unbewusst, fast nebenbei und sicherlich nicht gezielt gesteuerte Nebeneffekte, die sich positiv prägend und bindend auswirkten. Coppinger beschreibt dies in einer Schilderung aus Afrika sehr anschaulich: „Es gibt einfach irgendeine Faszination für (...) Kinder, (...) einen kleinen Hund zu adoptieren. Wenn dann der Junge und der Hund älter werden, dann begleitet der Hund den Jungen, wenn dieser das Vieh hüten muss. Die Jungen, die das Vieh raustreiben, Wasser holen und das Vieh zur Weide führen, sind 13 bis 14 Jahre alt – und der Hund geht immer mit. Der Hund wird eigentlich ein Herdenschutzhund. Er wächst mit Kühen und Kindern auf und dann zieht er mit ihnen hinaus und beschützt Kinder und Vieh." Weiter sagt Coppinger: „Alle ursprünglichen Herdenschutzhunde sind Hunde, die mit einer bestimmten Kultur bestimmter Menschen groß geworden sind. Sie sind in einer Schaf-, Rinder- oder Ziegenzüchterkultur groß geworden. Die Hunde sind mit dem entsprechenden Vieh früh in ihrer Entwicklung sozialisiert worden. (...)

1 Zentralasiatischer Owtscharka – Mutterhündin mit zwölf Wochen altem Welpen.

2 Arbeitshunde werden frühstmöglich auf Nutztiere geprägt.

1

2

Sie sind auf Schafe sozialisiert und neigen dazu, den Schafen zu folgen, wo immer diese auch hingehen, oder sie folgen dem Hirten, wenn sie auf den Hirten sozialisiert sind. Die ersten Arbeitshunde waren das Ergebnis ihrer Entwicklung innerhalb der Arbeitsumgebung."

Der Herdenschutzhund des Sommers wird zum Lagerhund im Winter und wieder zum Herdenschutzhund im Sommer.

Der Herdenschutzhund als Jagdhund

Etliche Schläge der Herdenschutzhundtypen wurden auch als Jagdhunde mit verwendet, es findet sich eine Symbiose von Schutzhund und Jagdhund bei vielen Rassen. „Altassyrische Darstellungen geben uns ein recht getreues Bild. Verschiedene Jagdbilder, namentlich auch die von Rawlison in Birs Nimrod aufgefundene Topfscherbe, belehren uns, dass die assyrische Dogge ein stark gebautes, muskulöses Tier mit mächtigem Kopf und hochangesetzten Hängeohren darstellte." (Mut, 1933)

Auch die Herdenschutzhunde können viele Sequenzen aus dem Jagdverhalten zeigen!

Zum Zweck der Jagdverwendung wurden flinke, lauffreudige Rassen wie z. B. die russischen Windhundvertreter Barsoi und Saluki eingekreuzt. Dadurch wird es verständlich, dass viele Herdenschutzhunde einerseits groß und mächtig wirken, andererseits aber erstaunlich schnell, wendig und ausdauernd sind. Das bedeutet aber auch, dass der eigentlich beim Herdenschutzhund unerwünschte Jagdtrieb im Sinne von Hetztrieb durchaus existent sein kann und als atavistisches Erbe gelegentlich durchbricht. Bei arbeitenden Hunden wurde hier schonungslos selektiert, bei unseren Hunden aus Familienzucht ist dies erzieherisch zu berücksichtigen und bereits in der juvenilen Phase unter Kontrolle zu bringen.

Kriegs- und Leichenhunde

Gerade die doggenartigen, molossoiden Herdenschutzhunde wurden in der Vergangenheit auch als Kriegs(begleit)hunde genutzt. Herodot berichtet von regelrechten „Hundemeute-Gebühren“, die in Babylon von mehreren Städten zum Erhalt der Kriegshundemeuten zu entrichten waren. Auch Alexander der Große (356 v.Chr.) musste diese Kriegshunde auf seinem Zug nach Indien kennen lernen, wie sein Kriegsberichterstatter schilderte, und führte später selbst Hunde dieses Typus auf seinen Kriegszügen mit. „Durch die Römer, die ja in der ganzen damals bekannten Welt Kolonien besaßen, (wurden diese Hunde) überallhin verbreitet.“ (Mut, 1933) Die Vermutung der Nutzung dieses Hundetypus als Kriegshund wird auch dadurch untermauert, dass große, kräftige Hirten- und Bauernhunde häufig in unmittelbarer Nähe von militärischen Stützpunkten und sonstigen strategisch günstigen und wichtigen Straßen und Regionen vorzufinden waren. In einigen Beschreibungen wird auch von Grenzbewachung durch Soldaten mit Herdenschutzhunden berichtet.

Bulgarische Soldaten um 1906 mit Karakachan.

Was weitestgehend unbekannt, aber durch Sven Hedin eindrucksvoll beschrieben wird, ist die Verwendung großer, kräftiger Hunde vom Typ der altassyrischen Dogge und des Molossers als Leichenhunde. „Tibeter und Mongolen, im allgemeinen überhaupt alle Völker, die sich zum Lamaismus bekennen, benutzen Hunde nicht nur zur Bewachung von Haus und Zelt und der riesigen Schafherden, sondern vertrauen ihnen auch noch eine düstere Aufgabe an, nämlich die, in Gemeinschaft mit Geiern und Raben, und in der Wildnis

Do Khyi „Amitayus Vaishravana“ und „Skarma vom Vieräugler“.

auch mit Wölfen, menschliche Leichen zu verzehren. Die Bestattungsweisen sind jedoch nach Rang und Verdienst verschieden. (...) In Lhasa und anderen Städten und Tempeln hält man besondere Hunde, die mit erstaunlichem Appetit für die Vernichtung der entseelten Leiber sorgen. In vielen Tempeln werden die leichenfressenden Hunde als heilige Tiere betrachtet, und es gilt als Verdienst, wenn der Mensch seinen toten Körper von ihnen verzehren lässt. (...) Sobald die religiösen Handlungen durchgeführt sind und der Tote aus seinem Heim oder seiner Klosterzelle getragen wird, ist er aus dem Leben getreten, und die vergängliche Hülle, die der nun freigewordenen Seele als Wohnung gedient hat, wird der großen Einsamkeit und den Geiern und Tempelhunden überlassen." (Hedin, 1953)

Do Khyi Rüde „Ran'Adzags Chappan".

Abstammungstheorien und viele Fragezeichen

„Tibet ist die Heimat aller großen Hunderassen, jenes armselige Land, von dem der Chinese behauptet, dass es die schönsten Frauen und die bösesten Hunde erzeugt habe." (Keller)

Immer wieder weisen die Spekulationen über den Ursprung der Herdenschutzhunde nach Asien, dort auf den Typus der Tibet Dogge, des Do Khyi. So führt Hobrecht z. B. in seiner Dissertation von 1952 aus: „Fehringer leitet die Abstammung der Hirtenhunde über die den Wölfen noch recht nahestehenden Formen des *Canis familiaris putiatini Studer*, etwa 10.000 v. Chr., und über den Bronzehund, *Canis familiaris matris optimae Jeitteles*, etwa 2000 v. Chr., ab. Aus den Übergangsformen dieser beiden Gruppen haben sich die Lagerhunde, *Canis fam. Decumanus Nehring*, durch Einkreuzung großer Wölfe abgespalten. Die Abkömmlinge des *Canis fam. matris optimae Jeitteles*, zu denen außer den Hirtenhunden auch die Schäfer- und Sennenhunde gehören, zeigen heute noch große Ähnlichkeit in Körperbau, Wesen und Gefühl für ihren Aufgabenbereich mit den Nachfahren des *Canis fam. Decumanus Nehring*, zu denen Fehringer die großen Hirtenhunde (Tibetdogge, Neufundländer, Pyrenäenhund, Landseer, Bernhardiner), Doggen und Doggenartigen rechnet. Die Tibetdogge (...) könnte seiner Ansicht nach sogar die gemeinsame Urform beider Rassenkreise darstellen. Die Skelette des *Canis fam. matris optimae Jeitteles* sind auch bereits in Asien in bedeutend älteren Erdschichten als in Mitteleuropa gefunden, so dass eine Verbreitung dieses Rassenkreises von dort aus nicht ausgeschlossen werden kann."

Do Khyi Hündin „Jouvence des Gardiens du Taishan".

Dr. Vílem Kurz sieht die Abstammungsgeschichte anders. In dem 1977 von Barlík und Kollektiv herausgegebenen Buch „Slovenský Čuvač" schreibt er: „Etwa vor 30.000 Jahren bildete sich auf unserem Kontinent eine tundraartige Biozenose aus, die am südlichen Rand der zurückweichenden Gletscher blieb. Sie wird gebildet durch

Bulgarischer Grenzsoldat um 1912.

1 Slovenský Čuvač Hündin „Binta Biely démon".

2 Armenian Gampr – Mutter mit Welpe von Khechoyan Armen aus Amasia.

Gebirgszüge vom Kaukasus bis zu den Pyrenäen. Von hier aus können wir das allmähliche Zurückweichen der Tundra nach Norden hin beobachten. Hier sind bis heute ursprüngliche Biozenosen von Rentieren, Wölfen und Hunden von den Grenzen des ewigen Eises über die Tundra bis hin zum Waldgürtel vorzufinden. Auf die Ähnlichkeiten der nordischen Arten mit den unsrigen des Gebirges wies das erste Mal Prof. Wahlenberg hin, nach welchem in der Hohen Tatra ein Gebirgspass benannt ist. Die Ähnlichkeit gewisser Pflanzen- und Tiergemeinschaften (Biozenosen) unserer Hochebenen und Kahlflächen mit den Biozenosen der nordischen Tundren beweist ihren Ursprung und nicht deren Beziehung, wie es bei den Biozenosen der Niederungen ist, wo sich die Kreuzungen und Überdeckungen in steter Kombination befinden.

Die Reste der pflanzlichen und tierischen Gemeinschaften auf der Südgrenze der ewigen Vereisung Eurasiens sind bis heute oasenweise erhalten. Sie befinden sich auf nicht miteinander zusammenhängenden Gebieten, die einige biozenosische Inseln zwischen Kaukasus und Pyrenäen bilden. Sie sind auch in den Tauern und Kleinasien, dem Balkan und der Tatra und auf den Gipfeln des Apenin entlang des Abruzzenmassivs Gran Sasso vorzufinden. Hier bewahrten sich auch die originalen Rassen der großen, meist weißen Hunde des Gebirgstyps, die sehr ähnlich dem nordischen Typ sind. Deshalb ist es nicht möglich, die Theorie ihres östlichen Ursprungs zu befürworten, selbst wenn dazu die Ost-West-Richtung der im ganzen unzusammenhängenden Gebirgsregionen verleitet."

Ich vermag weder die eine, noch die andere der verbreiteten Thesen zur Abstammung, Herkunft und Verbreitung des Herdenschutzhundes zu belegen, zu verifizieren oder ad absurdum zu führen. Viele gescheite Köpfe haben sich dazu bereits geäußert und werden sich zu dieser und ähnlichen Fragestellungen auch künftig noch

1

2

äußern. Einiges wird spekulativ bleiben, einige Geheimnisse werden aufgrund von Funden, verbesserter DNA-Techniken und anderer Bestimmungsmöglichkeiten sicherlich noch gelüftet. Zumindest erscheint es logisch und nachvollziehbar, dass Hunde – und nicht nur die Herdenschutzhunde – den Menschen auf diversen Wanderungen, Fluchten, Kriegen und anderen Umständen, aus welchen Menschen ihre Ursprungsgebiete verließen und auf unbestimmte Reisen gingen, begleiteten und dadurch eine entsprechende Verbreitung erfuhren. So wurden Länder und sogar Kontinente von Hunden bestimmter Typen besiedelt, die ursprünglich so niemals dort gewesen sein mochten. Sie vermischten sich mit den eventuell vorhandenen ansässigen Hundetypen, wobei eine natürliche Selektion derart stattfand, dass viele der eingewanderten Hunde mit den örtlichen klimatischen Gegebenheiten nicht zurechtkamen oder durch bestimmte Krankheitserreger getötet wurden, weil ihr Immunsystem auf diese Erreger nicht reagieren konnte. Nur die widerstandsfähigsten Hunde überlebten, vermischten sich mit der heimischen Population und wurden zu regionalen Schlägen. Sie verbesserten ihre eigene Gesundheit und Robustheit und gelangten zu der Immunität, die sie vor Ort zum Überleben benötigten.

Hirtenfamilie in Rumänien mit Mioritič.

Zusammenhang zwischen hütenden, treibenden und schützenden Hunden

Unbestreitbar ist der direkte Zusammenhang der Entstehung von hütenden, treibenden und schützenden Hundetypen mit der Domestikationsgeschichte von Nutztieren generell. Hilzheimer formuliert seine Gedanken zur Domestikation fast philosophisch: „Das Verhältnis zwischen Haustier und Mensch ist ein so eigenartiges, dass wir in der ganzen Tierwelt nichts Ähnliches finden. Zwar kommt ein Zusammenleben von artfremden Tieren auch sonst vor, wie z. B. bei Einsiedlerkrebs und Seerose. Hier handelt es sich aber um eine Verbindung zweier gleichberechtigter Teilnehmer, da jeder aus diesem Zusammenleben, dieser Symbiose, Nutzen ziehen, von denen aber keins als Besitz des anderen angesehen werden kann. Auch pflanzt sich jeder für sich fort, ohne dass sein Fortpflanzungsgeschäft vom anderen überwacht und nach seinen Bedürfnissen geregelt wird. Dasselbe gilt auch für die Sklaven der Ameisen, die noch am ehesten mit den Haustieren des Menschen verglichen werden könnten. Es soll nun zwar nicht geleugnet werden, dass auch für die Haustiere die Haustierwerdung Nutzen brachte. Konnten doch manche von ihnen, wie das Rind, nur als Haustiere weiterleben, während sein wilder Vorfahre, der Ur, ausgestorben ist. Aber dieser Nutzen ist den Haustieren gewissermaßen nur nebenher dadurch erwachsen, dass sie der Mensch in Pflege nahm, in seinen Schutz, den sie nicht freiwillig suchten. Andererseits nahm sie der Mensch doch wohl nur aus egoistischen Gründen in den Hausstand auf, um selbst davon

Nutzen zu haben, nicht um ihnen zu nützen. Er züchtet und pflegt vielmehr manche Eigenschaften, die den Tieren weder nützlich, noch besonders angenehm sind, wie die Speckanhäufung in der Haut der Schweine oder die vergrößerte Leber der Stopfgans." (Hilzheimer, um 1905)

Ursprüngliche Regionen der Herdenschutzhunde

Hirtenhunde kommen rund um den Erdball vor, wobei sich regional unterschiedliche Schläge manifestierten, die teilweise als Rassen definiert wurden. Bleiben wir bei der Ost-West-Verbreitungstheorie und gehen auf eine imaginäre Weltreise um zu schauen, welchen bekannten und unbekannten Hunden wir begegnen, seien sie als Rasse durch die FCI anerkannt oder auch nicht. Die Auflistung erhebt keinen Anspruch auf Vollständigkeit, zumal sicherlich auch einige der regionalen Schläge heutzutage namentlich unbekannt sind, da Hunde dieser Art gegebenenfalls schon ausgestorben und/oder so nicht mehr benannt werden. Aufgenommen habe ich diejenigen Hunde, die in diversen Veröffentlichungen Erwähnung finden.

Tibet, Mongolei und Mandschurei

Beginnen wir also in Asien, wo in verschiedenen Regionen Hirtenhunde vorkamen. Die fehlenden Forschungsergebnisse zu Herkunft und Abstammung der Hunde lassen nur spekulative Rückschlüsse zu und so werden Polarhunde und Pariahunde als Urahnen vermutet. Als Hund Tibets gilt der **Do-Khyi**, auch als Tibet Mastiff oder Tibet Dogge bezeichnet. Übersetzt bedeutet „Khyi" im Tibetanischen einfach Hund und „Do" groß. Somit wäre die wörtliche Übersetzung „Großer Hund", was ja zutreffen würde. Es gibt aber auch die Übersetzungstheorie, nach welcher Do-Khyi „Anbindehund" bedeuten soll. Diese Theorie stützt sich eventuell auf die jüngere Verwendung dieser Hunde. In seiner Heimat wird der Do-Khyi heute seltener als nomadenbegleitender Hund angetroffen, doch häufiger als Bewacher von Klöstern und Dörfern. Früher war der Tibethund gefürchtet und zahlreiche Mythen rankten sich um ihn. Kaiser Wu Wang erhielt im Jahre 1121 v. Chr. von dem im Westen Chinas lebendem Volk der Liu einen Hund namens Ngao geschenkt, welcher äußerst scharf und unbestechlich gewesen sein soll. Dieser gut 4 Fuß hohe Hund soll Rassemerkmale der Tibet Dogge aufgewiesen haben. Strebel (1905) beschreibt einen Grenzstein von 1000 v. Chr., den die Abbildung einer Tibet Dogge ziert. Marco Polo berichtet von eselsgroßen Hunden im tibetischen Hochland, bedachte oder wusste aber nicht, dass dort die Esel generell kleiner sind als in Europa! Und etliche weitere historische Erwähnungen aus Jahrhunderten v. Chr. berichten von den großen, starken, mächtigen Hunden Tibets, die zum

Do Khyi Rüde „Emir von Issum" (genannt Samson).

Do Khyi Gruppe: „Jouvence des Gardiens du Taishan", „Abumekhjer Wadschradhara", „Skarma vom Vieräugler", „Amitayus Vaishravana" (v.l.n.r.).

Teil auch als „Indische Hunde" bezeichnet wurden, was Strebel aber als falsch bewertet.

Der Standard des Tibeters ist bei der FCI unter FCI 230 / 2.2 eingetragen, doch hat es eine Reinzucht in Tibet kaum gegeben. Innerhalb des Verbandes für das Deutsche Hundewesen (VDH) wird die Rasse durch den Internationalen Klub für Tibetische Hunderassen betreut.

Vom „Indischen Kennel Club" ist auch der **Himalaya Sheep Dog** als Rasse anerkannt. Sein Standard wurde vom Maharadscha von Baria aufgestellt. Emil Hauck aus Wien übersetzte die Beschreibung dieses Hundes von 1959 mit „kraftvoll, starkknochig, mittelgroß, von Natur zurückhaltend, wundervoller Wach- und Hüteinstinkt, schläft bei Tag und bleibt wach bei Nacht". Die weitere Beschreibung des Exterieurs erinnert stark an die Beschreibung eines Do-Khyi.

Nordnordöstlich von Tibet liegen Mongolei und Mandschurei, welche **Mongolische** und **Mandschurische Hirtenhunde** beheimateten. Diese werden als große, starke, meist schwarze Hunde beschrieben, die sich halbwild von Aas ernähren, bzw. eigentlich Allesfresser sind. Nicht als FCI-Rasse anerkannt, sind sie fester ethnologischer Bestandteil der Region.

Auch von den Jakuten in der ostsibirischen Gebirgsregion und den Lesghinen und Leken im östlichen Kaukasus wird berichtet, dass sie große, wehrhafte Hunde zum Schutz des Besitzes und der Nutztiere hielten.

Armenian Gampr Hündin „Khal" in Amasia.

Afghanistan

Aus Afghanistan kommt der **Afghanische Mastiff**, „Afghan Gawi", der als ausgesprochen kräftig beschrieben wird. Qadirie erzählt vom **Aryan Dog** genannten Hirtenhund Afghanistans, dessen Heimat das Pamir-Gebirge ist, weswegen er auch die Bezeichnung „Pamir-Hund" trägt. Und aus Turkmenistan wird vom **Turkmenischen (Herden)Wachhund** berichtet, der als groß, weiß, kräftig und wachsam beschrieben wird (Hauck). Armenien beheimatet einen **Armenischen Hirtenhund**, den **Armenian Gampr**. Es gibt keine spezielle durch die FCI anerkannte Rasse, doch zeigt sich auch hier deutlich, wie die verschiedenen Länder ihren eigenen Typus Hund als eigenständigen Schlag bezeichnet wissen wollen und wie hier noch nach den jeweiligen regionalen Gegebenheiten Hunde des Bergtyps, des Steppentyps und des Oasen-Wüsten-Typs (Qadirie) unterschieden werden.

Armenian Gampr Rüde „Aptar" aus Yerevan.

Ehemalige Sowjetunion

Auf dem Gebiet der ehemaligen Sowjetunion finden wir weitere Herdenschutzhundrassen. Der **Südrussische Owtscharka** ist ein zotthaariger Herdenschutzhund-Vertreter, der unter FCI 326 / 1.1 als Rasse anerkannt ist. Er stammt von der Krim-Halbinsel, dem südlichen Teil der Ukraine und den davon weiter östlich gelegenen Regionen. Die Rasse ist vergleichsweise jung und steht in engem Zusammenhang mit der Entstehung der Merino-Schafzucht in Russland. Diese Schafe kamen über dem Landweg von Spanien nach Russland und wurden von einer Vielzahl treibender und schützender Hunde begleitet. Es liegt die Vermutung nahe, dass auf dieser Handelstranshumanz eine Vermischung der Begleithunde mit anderen, bodenständigen Rassen der durchquerten Länder stattgefunden hat.

Valeria Slembrouck zeichnet im Rasseporträt des Südrussen (Hunde Revue, 3/2003) nachvollziehbar auf, wie der Entstehungsweg der Rasse über Hunde des Typs Gos d'Atura, Schafpudel und Komondor verlaufen sein könnte und zum heutigen zotthaarigen Herdenschutzhund-Vertreter Südrusslands führte.

Der **Zentralasiatische (Mittelasiatische) Owtscharka**, FCI 335 / 2.2, blickt auf eine lange Tradition zurück. Er steht in engster Verbindung zu den rund 10.000 Jahre alten Viehzüchterkulturen Zentralasiens. Hier war das bekannte Karakol-Schaf beheimatet, welches wertvolle Wolle lieferte. Ronald Guldenschuh berichtet in „Das Deutsche Hundemagazin", 7/2001, dass „die ursprünglichsten und leistungsfähigsten Hunde (...) bei den Hirten und Nomaden Afghanistans, Turkmenistans und Tadjikistans" zu finden sind. Die breite Palette der regionalen Typen und Schläge erklärt sich aus dem extrem weitläufigen, flächengroßen Ursprungsgebiet.

Guldenschuh weist auch auf die nahe Verwandtschaft zu Tibet Dogge und Anatolischem Hirtenhund hin. Auf seiner Homepage zu Zentralasiatischen Hirtenhunden (www.montindigo.com) beschreibt er, dass die meist nomadisch lebenden Hirten ihre Hunde nach der jeweiligen Nutzungseinordnung, der Form und Farbe oder speziellen Wesensmerkmalen in ihren jeweiligen Sprachen und Dialekten benannten. „So spricht man in Afghanistan von Sage Koochi (Nomadenhund) oder Sage Rama (Schafherdenhund). Die schweren Bergtypen werden Djence Sheri (Löwenrasse) genannt, die leichteren Steppentypen Djence Palangi (Tigerrasse). In den turksprachigen Regionen findet man die Bezeichnung Coban Kopek (Hirtenhund, Herdenhund) oder Kurt Kopek (Wolfs(bekämpfender) Hund), aber auch Karabas (Schwarzkopf) oder Karages (Schwarzauge), sowie Akbai (weißer Hund), etc."

1 Südrussischer Owtscharka „Verocei Harcos Alekszej".

2 Südrussischer Owtscharka „Oona Nortonia".

1

2

1

2

1 Zentralasiatischer Owtscharka.

2 Zentralasiat „Shaban".

Kaukasischer Owtscharka Rüde „Schacki".

Der **Kaukasische Owtscharka**, FCI 328 / 2.2, hat laut Standard die größte Verbreitung in der Grusinischen, der Armenischen und in der Aserbeidschan-Republik, außerdem in den autonomen Republiken Kabardino-Balkarien, Dagestan und Kalmückien, den Steppengebieten des Nordkaukasus und dem Gebiet um Astrachan. Auch hier dürfte die riesige Fläche des Herkunftsgebietes ursächlich verantwortlich für diverse regionale Schläge sein. Wie bei einigen anderen Herdenschutzhundrassen, welche sowohl in Berg-, als auch in Steppenregionen vorkommen, zeigt sich auch hier ein Unterschied zwischen dem leichteren, hochbeinigeren Steppenkaukasen und dem muskulöseren, kräftigeren und häufig auch üppiger behaarten Bergkaukasen.

Kaukasischer Owtscharka Jungrüde „Báró Dákó von den Kumutschen".

Seit Ende 1990 ist beim Kaukasen ein Streit um den Rassenamen entbrannt, und zwar dergestalt, dass die Rassebezeichnung „Owtscharka" abgelehnt wird. Diese Ablehnung hat hauptsächlich nationalpatriotische Gründe, da „owtcharka" ein Wort aus der slawisch-russischen Sprache ist, die Bewohner des Kaukasus sich jedoch weder als Russen noch als Slawen bezeichnen. Sie weisen darauf hin, dass in Russland unter dem Begriff „Owtcharka" verschiedenste Rassen verstanden werden, z. B. auch der Deutsche Schäferhund! In Georgien bezeichnet man die Kaukasischen Hunde als „Nagazi" (Schäferhund), in Armenien als „Gampr". In den USA wurde die Rasse durch den United Kennel Club als „Caucasian Mountain Dog" (Kaukasischer Berghund) registriert, was die enge Beziehung zur kaukasischen Gebirgsregion und ihren Bewohnern dokumentieren soll. Da die Russen im 18. Jahrhundert als Eroberer und Besetzer nach Georgien kamen, ist die Ablehnung der russischen Gepflogenheiten auch im Sprachgebrauch nachvollziehbar. Der aus Georgien stammende und heute in Finnland lebende Kaukasenzüchter Bessarion Gugushvili berichtet zur Historie der Zucht: „Die Hunde reproduzierten auf natürliche Art und Weise innerhalb eines Rudels oder eines Verbandes von Nutztieren und Hunden. Die Rüden konkurrierten miteinander. Nachdem die Welpen geboren waren, war der Züchter streng verpflichtet, nur ein oder zwei Welpen am Leben zu lassen und ihnen eine Chance zu geben. Hauptsächliche Kriterien für die Auswahl dieser Welpen war der Umfang des Vorderfußwurzelgelenkes und der Umfang des Kopfes. Außerdem wurde es gern gesehen, wenn die Welpen einen schwarzen Gaumen hatten. Die Welpen wuchsen wohlbehütet durch den Züchter auf, bekamen gutes Futter und wurden auf den Reisen bis zu einem Alter von ca. 4–5 Monaten auf Pferden oder Eseln transportiert. Die einjährigen Hunde wurden dann je nach Statur verschiedenen Aufgabenbereichen zugeführt: Die kleineren Hunde wurden hütende und treibende Schäferhunde, die mittleren wurden zu Herdenbewachern und die größeren wur-

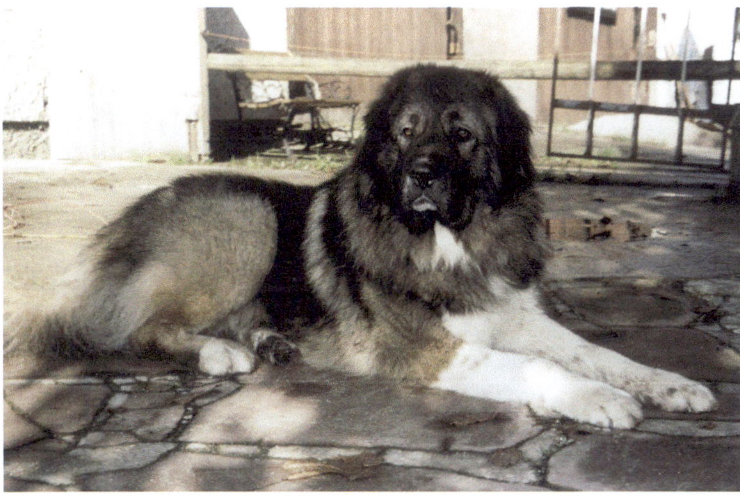

Kaukasischer Owtscharka beim Bewachen seines Hofes.

den zu Schutzhunden und zu Kampf-Jagdhunden. Nagazi mussten nicht speziell ausgebildet oder trainiert werden“. Obwohl der Kaukase in Deutschland auch zu den nicht so häufig gezüchteten HSH-Rassen gehört, sieht man auf Ausstellungen immer einige Vertreter. Bei der Clubschau 2004 in Bitterfeld sollen sogar rund 50 Hunde gemeldet worden sein. Leider ist der Kaukase aber auch einer der häufigsten HSH-Vertreter in Tierheimen, wo gerade die Rüden ab dem 3. Lebensjahr nicht selten landen.

Südrussischer, Mittelasiatischer und Kaukasischer Owtscharka werden im VDH vom Kaukasischen Owtscharka Club betreut.

Erwachsener Kangalrüde.

7-jähriger Akbash-Rüde „Sheepfields Can of Aysberk".

Ein amerikanischer Wurf Anatolischer Hirtenhunde in der Zuchtstätte „Shahbazin".

Türkei

In der Türkei sind **Akbaş**, **Karabaş** und **Kangal** beheimatet, außerdem der sehr seltene **Karshund**. Bei der FCI ist unter der Nummer FCI 331 / 2.2 allerdings „nur" ein **Anatolischer Hirtenhund** eingetragen, der auch unter der türkischen Bezeichnung Coban Köpegi oder unter den amerikanischen Benennungen Anatolian Shepherd bzw. Anatolian Karabash bekannt ist. Akbaş, Karabaş und Kangal werden damit zu Varietäten eines übergeordneten (gewissermaßen imaginären) Typus degradiert, den zumindest die Türken so gar nicht haben wollten und wollen, weswegen sie diesbezüglich bis heute auf die USA, die ihnen zur FCI-Anerkennung „verholfen" haben, nicht wirklich gut zu sprechen sind. Und als ob es noch nicht mit dem Dilemma reichen würde, gilt es beim Anatolen natürlich auch die wesentliche Frage zu beantworten, ob der Kangal denn nun auch wirklich aus der Region Sivas stammt und somit den einzig wahren Kangal darstellt oder ob er ein ordinärer „Sonstwo-Kangal" ist und damit quasi nur ein Plagiat. Coppinger resümierte den Streit um den Anerkennungs-Rassenfanatismus sehr treffend, indem er sinngemäß sagte: „Wer sich um Akbaş (Weißkopf) und Karabaş (Schwarzkopf) streitet, ist ein Delibaş (Dummkopf)". Letztlich sind auch hier wieder Statur, Farbe, Fellstruktur und Verhalten Folge der ursprünglichen Nutzungseinordnung und der regional notwendigen Gegebenheiten.

Die Betreuung der Zucht des Anatolischen Hirtenhundes liegt aus Ermangelung eines rassebetreuenden anerkannten VDH-Vereins beim VDH direkt.

Griechenland

In Griechenland gewährte der **Pimenikos Hellenikos** den Schutz von Herden, Anwesen und Besitz. Nicht als FCI-Rasse anerkannt, zeigt er sich in breiter Palette eines Phänotyps, bei welchem seine Erscheinung manchmal eher an einen Herdenschutzhund im landläufigen Sinn erinnert, manchmal eher an einen etwas groß geratenen Border Collie. Homogenität war eben nicht das angestrebte Ziel, sondern zuverlässige Arbeitseigenschaften, für die es keinen Standard gibt.

Junger, langhaariger Pimenikos Hellenikos Rüde.

Kurzhaarige Pimenikos Hellenikos Hündin „Ouranitsa“, hier 14 Jahre alt.

Bulgarien

Aus Bulgarien kommt der **Karaka(ts)chan**, benannt nach den Schafnomaden des Rhodopengebirges, den Karaka(ts)chani, der ebenfalls nicht als Rasse anerkannt ist. Diese Hunde bewachen die langschwänzigen Zackelschafe in den Gebirgen des Zentralbalkans. Eine sehr interessante Beschreibung zum Karakatschan findet sich veröffentlicht in der „Zeitschrift für Hundeforschung“, Band 13, 1938, geschrieben von Dr. habil. H. B. Peters: „Psychologisch bemerkenswert bleibt auch noch die Einstellung der Karakatschan-Hunde zu ihren nächsten Verwandten: zu Schakal, Wolf und Fuchs. Ich hatte die glückliche Gelegenheit, das gegenseitige Verhältnis aller drei Wildformen zueinander und zum Hund, auch während ihrer Jugendentwicklung beobachten zu können. Solche Möglichkeiten bieten sich einem in Europa heute eben nur noch auf dem Balkan.

Karakachan Historie: Der alte Rüde „Sharo“.

1 Karakachan Rüde „Grivcho“.

2 Karakachan „Buyan KaraKitan“ mit angewölfter Stummelrute.

Die Hunde und der Fuchs stammten aus der gleichen Gegend im Rhodopen-Gebirge, sie waren auch fast gleich alt; ich hatte sie auf derselben Reise alle drei als kleine Wollknäuel gekauft. Der Schakal war zur gleichen Zeit im Garten geboren und von einer Katze gesäugt worden, und der Wolf kam als Geschenk aus der Provinz etwas später, aber auch noch als Jungtier, hinzu. Während die Hunde nun den Schakal eigentlich völlig unbeachtet ließen, entwickelte sich zwischen ihnen und dem Fuchs eine enge Freundschaft. Der kleine Fuchs „Lisko“ war von einer entwaffnend liebenswürdigen Unverschämtheit, lief frei im Garten herum und spielte mit Tier und Mensch. Das gute Einvernehmen zwischen ihm und den Karakatschan blieb jedenfalls auch dann noch bestehen, als alle drei erwachsen waren und kein gemeinsames Gehege mehr bewohnten. Die Hunde, um ein Vielfaches stärker und größer als der Fuchs, ließen sich auch jetzt noch alles von Lisko gefallen, dessen erster Weg frühmorgens, wenn er herausgelassen wurde, quer durch den Garten, im Trab zu seinen großen Freunden, ging. Umso auffallender war daher das Verhalten der Hunde gegenüber dem jungen Wolf, der sich – wahrscheinlich in Sehnsucht nach seiner Mutter – äußerst einsam und anschlussbedürftig fühlte. Bei jeder Annäherung aber wurde er – schon von den kleinen, gleichgroßen Welpen – sofort über den Haufen gerannt und zusammengebissen, so dass ich die unerfreuliche Gemeinschaft bald auflöste. Die Abneigung war jedenfalls so augenscheinlich und eingewurzelt, dass es sich wohl nicht um eine individuelle Besonderheit, sondern eine Rasseneigenart der seit Generationen auf Wolfsabwehr gezüchteten Hunde handeln dürfte.“ Peters sieht in dem Karakatschan durchaus eine in sich gefestigte Rasse und bezeichnet diese als *Canis familiaris balcanicus*.

Rumänien

Ebenfalls nicht als FCI-Rasse anerkannt sind die rumänischen Kollegen des Karakatschan, der **Carpatin** (Ciobanescul romanesc carpatin) und der zotthaarige **Mioritič** (Ciobanescul romanesc mioritic). Beide Vertreter sind heutzutage selbst in Rumänien recht selten. Noch unbekannter ist der in Siebenbürgen und in Rumänien vorkommende **Kumanische Hirtenhund**, der an eine Kurzhaarvariante des ungarischen Kuvasz erinnert. Capitan Calugaru berichtet in den 20er Jahren des 20.Jahrhunderts von den Hirtenhunden Rumäniens und erklärt die enge Beziehung zu den ungarischen Herdenschutzhundrassen mit den politischen Zusammenhängen um den römischen Feldherrn Trajan, der den König der Dazier besiegte und aus den Gebieten Niederungarns, Siebenbürgens und der Wallachei die römische Provinz Dacia gründete. Besonders bei den Berghirten fanden sich laut Calugaru Hunde, die dem Kuvasz und Komondor im Typ entsprachen. In den Banater Bergen waren es große, üppigst behaarte, dunkelgraue und braune zotthaarige Hunde, im Negoi-Gebirge und in den Bergen der Moldauregion schwarz-weiße, grauschwarze und ganz schwarze, sehr stattliche Kuvasz-Varianten, die **Dulau** (Schäferhund) genannt wurden.

Der Holländer John Zeiner berichtete mir von einem Hund, der „Ciobanesc Bukovina" genannt wird und ebenfalls zu den rumänischen Herdenschutzhunden zu zählen ist. Ich hatte diesen Namen nie zuvor gehört oder gelesen, weshalb ich ihn hier umso lieber erwähne.

Ciobanesc Bukovina

1 Hirte in den rumänischen Bergen mit Carpatin.

2 Mioritič

1

2

3-jähriger Šarplaninac Rüde „Ivo".

2,5 jährige Tornjak Hündin „Jemina" aus dem Ursprungsland.

Kuvasz „Kedves Momo vom Schloß Bräke".

Bundasch

Ehemaliges Jugoslawien

Das Gebiet des ehemaligen Jugoslawiens teilt sich heute in eigenständige Länder auf. Dabei ist festzustellen, dass die jeweiligen Länder auch selbstständige Herdenschutzhundrassen ihr eigen nennen, die zum Teil anerkannt sind, zum Teil nicht. Aus Slowenien stammt der **Kraški Ovčar**, auch Karst-Schäferhund genannt, dessen Standard bei der FCI unter FCI 278 / 2.2 eingetragen ist. Von 1939 bis 1968 lief er unter dem Namen Illyrischer Schäferhund, der aber damit auch den aus dem Šar Planina Gebiet stammenden **Šarplaninac**, eingetragen unter FCI 41 / 2.2, Ursprungsland Mazedonien, meinte. Der Jugoslawische Hundeverband entschied aufgrund dieses Umstandes, dass die beiden Rassen zu trennen und unter zwei verschiedenen Namen zu führen seien. In der Erscheinung sind sich beide Rassen sehr ähnlich, doch ist der Kraški Ovčar kleiner und leichter als der Šarplaninac. Beide Rassen werden innerhalb des VDH durch den „Jugoslawischen Hirtenhunde-Klub" betreut. Um Anerkennung für ihre Rasse bemühen sich die Freunde des aus Bosnien Herzegowina stammenden **Tornjak**, der zur Zeit nicht als anerkannte FCI-Rasse gezüchtet wird.

Ungarn und ehemalige Tschechoslowakei

Ungarn bietet wohl die größte Palette verschiedener Hirtenhundrassen, also Hüter, Treiber und Schützer, die fast allesamt auch und schon sehr lange anerkannt sind. Hüte- und Treibhunde ungarischen Ursprungs sind Puli, Pumi und Mudi. Der **Kuvasz** ist unter FCI 54 / 1.1 eingetragen und dürfte der weltweit bekannteste und verbreitetste Vertreter der großen, weißhaarigen Herdenschutzhunde sein. Seine Urahnen kamen wohl mit den Kumanen bei der Besetzung des Magyarengebietes in das Karpatenbecken. Dort wurde der Kuvasz heimisch und bewährte sich nicht nur als Wächter und Beschützer der Herden, sondern auch der ländlichen Anwesen und später sogar der städtischen Behausungen. König Matyáš soll seine Kuvasz auch als Jagdbegleiter geführt haben. Interessant, dass die organisierte kanadische Kuvaszzucht in den 60er Jahren des vergangenen Jahrhunderts auf einen Slovenský Čuvač Rüden aufbaute, nämlich auf 'Jas z Lanskrounskych hor', der am 24.05.1958 in der ehemaligen Tschechoslowakei geboren wurde und im Zuchtbuch des Slovenský Čuvač unter der Zuchtbuchnummer ČSPKP 58092 eingetragen ist. Dieser Rüde war auch der Stammvater der amerikanischen Nachkriegs-Kuvaszzucht. Der Kuvasz wird im VDH sowohl durch den Klub für Ungarische Hirtenhunde betreut, als auch durch die Kuvasz-Freunde und die Kuvasz Vereinigung.

Eine kleine, stehohrige Variante des Kuvasz ist der nicht als Rasse anerkannte **Bundasch**.

Ein zotthaariger Ungar ist der **Komondor**, dessen Standard, in welchem ihm eine asiatische Abstammung bescheinigt wird, unter

Ungarische Hirtenhunde: Kuvasz „Nadjeschda-Nelly von Anka“ mit Mutter „Kedves Momo vom Schloß Bräke“ und Komondor „Arischa Numakschi vom Flockenfeld“.

FCI 53 / 1.1 hinterlegt ist. Bazille berichtet von einer Sage, nach welcher serbische Hirten einst einen Wurf Wolfswelpen fanden. Den Welpen wurde eine Schüssel mit Wasser vorgesetzt und die Hirten beobachteten, auf welche Art und Weise die Welpen das Wasser aufnahmen. Diejenigen Tiere, die das Wasser schlürfend tranken, wurden erschlagen, die es aber schlabberten wie Hunde durften leben. Sie wurden aufgezogen und zum Bewachen der Herden abgerichtet.

Komondor und Kuvasz existierten trotz ähnlichem Aufgabengebiet eigentlich immer parallel nebeneinander. Warum das so ist, konnte bislang nur sehr vage und spekulativ beantwortet werden und wird wohl ein großes Geheimnis bleiben. Betreut wird der Komondor durch den „Klub für Ungarische Hirtenhunde“.

Der kleinste und leichteste anerkannte Vertreter der weißhaarigen Gebirgs-Herdenschutzhunde ist der aus der ehemaligen Tschechoslowakei stammende **Slovenský Čuvač** (alte Bezeichnung „Tatraschäferhund“). Heute gilt er als slowakische Nationalrasse, was von den Tschechen nur zähneknirschend hingenommen wird. Immerhin waren es Dr. Antonín Hruza und Dr. Doc. Vílem Kurz, zwei Tschechen, die wesentlich zum Aufbau der registrierten Reinzucht, Anerkennung des Standards und Eintragung unter FCI 142 / 1.1 beigetragen haben. Und in Brno (Brünn), der Hauptstadt Mährens, und Umgebung war ein wesentlicher Dreh- und Angelpunkt der kontrollierten und dokumentierten Zuchtanfänge. Nach Aufteilung der alten Tschechoslowakei in die zwei eigenständigen Republiken Slowakei und Tschechien Anfang 1990 wurde der Slovenský Čuvač seinem Namen entsprechend zum slowakischen Čuvač, dessen Rasse und Zucht im VDH durch den „Club Slovenský Čuvač“ betreut wird.

Die Tschechen behielten mit dem **Česky Horsky Pes** (Tschechischer Berghund) den zweiten tschechoslowakischen Gebirgshund. Dieser Hund ist als Rasse nur national in der Tschechischen Republik anerkannt.

Kommondor

Slovenský Čuvač Rüde „Leroy vom Cleverhof“.

Polen

In Polen treffen wir auf einen weißhaarigen, imposanten Herdenschutzhund, der häufig mit Kuvasz und Čuvač verwechselt wird, bzw. diese drei Rassen werden generell häufig miteinander verwechselt. Doch ist festzustellen, dass der polnische **Polski Owczarek Podhalanski** (Podhalaner) im ganzen massiger und knochenstärker ist als der slowakische Čuvač. Das zeigt sich bereits bei den Welpen, deren durchschnittliches Geburtsgewicht höher ist als beim Čuvač, obwohl die ausgewachsenen Hunde laut Standard im wesentlichen die gleiche Größe erreichen. Podhalaner sind aber häufig größer als Čuvač und wirken massiger. Ursprünglich wurde auch der slowakische Čuvač „Tatraschäferhund" genannt, doch zur Unterscheidung der beiden Rassen blieb diese Bezeichnung beim Podhalaner, dessen Standard die Nummer FCI 252 / 1.1 trägt. Der Podhalanski soll mit den Walachen auf deren Wanderungen gen Westen und Nordwesten in die heutigen polnischen Gebiete der Beskiden, der Region um Zakopane und in die polnischen Ausläufer des Tatragebirges gekommen sein. Podhalen wurden die Bewohner der galizischen Tatradörfer genannt, die zwischen Nowy Targ und Zakopane in der Region Podhale lagen. Ein polnischer Hirtenhund der Podhale(n), wie es der Rassename besagt. Die Betreuung des Owczarek Podhalanski obliegt im VDH dem „Allgemeinen Klub für Polnische Hunderassen".

Im Tatra-Grenzgebiet Polen – Slowakei treffen wir auf den als Lipták (Liptauer, Goralenhund) bezeichneten Herdenschutzhund der Goralen. Die Goralen sind slawische Bergbauern, die in den Karpaten lebten. Der Lipták ist nicht als eigenständige FCI-Rasse anerkannt und findet auch in der Literatur nur selten Erwähnung. Es liegt die Vermutung nahe, dass es sich beim Lipták und Goralenhund lediglich um eine regionale Bezeichnung eines Schlags von Čuvač und/oder Podhalaner handelt, wobei allerdings auch festgehalten werden muss, dass beim Lipták Hunde mit angeborenem, so genanntem „angewölftem", Stummelschwanz vorkommen!

1 Polski Owczarek Podhalanski Rüde.

2 Polski Owczarek Podhalanski Hündin „Quanda vom Wogenrain", genannt „Kessy".

1

2

Arbeitende Lipták mit angewölften Stummelruten.

Wieland beschreibt einen kleineren, stummelschwänzigen Hirtenhundschlag, der in weißer Farbe in Ostpolen und in Wolhynien vorkommt. Auch bei den polnischen Niederungshütehunden kommen Stummelschwänze vor, die dort im alten Standard als „Mutzschwänzigkeit“ bezeichnet wurden und zum Zuchtausschluss der betroffenen Hunde führten. Diese Mutzschwänzigkeit wurde als Lethalfaktor angesehen und auf einen Wirbelsäulendefekt zurückgeführt. Meines Erachtens ist es eher ein atavistisches Merkmal, entstanden aus Kreuzungen diverser Rassen und Schläge von Hirtenhunden und Schafspudeln.

Hilzheimer (um 1905) spekuliert bezüglich der Stummelschwänzigkeit bzw. der Schwanzlosigkeit, dass es „sich dabei nämlich einmal um Hemmungsbildung im embryonalen Leben handeln (kann). Es ist aber auch denkbar, dass infolge fehlerhafter Anlage der Gebärmutter der Schwanz bei der Frucht abgeschnürt wird. Das wird wenigstens als Grund angenommen, wenn bei sonst normalen Kindern bei der Geburt ein Glied fehlt, z. B. beim Menschen ein Arm.“

Schaut man in die Anfänge der Zuchtbücher der drei Rassen Kuvasz, Čuvač und Podhalaner so sieht man hier und da Hundenamen, Zuchtbuchnummern oder Herkunftsorte, die darauf hinweisen, dass zu Beginn der Reinzucht auf weißhaarige Vertreter anderer Nationalität zurückgegriffen wurde. Jedoch sollten sich die Hundefreunde und Züchter heutzutage nicht mit Diskussionen darüber aufhalten, dass die eine Rasse das Gleiche sei wie die andere Rasse, sondern

Auch beim Karakachan kommen Stummelruten vor.

Kopfstudie: Kuvasz Hündin „Nadjeschda-Nelly von Anka" (links), Slovenský Čuvač „Inuit Bär vom Wolfshorn" (rechts).

vielmehr darauf achten, dass der jeweilige Rassetyp ihrer Rasse aufrechterhalten bleibt (oder wieder wird) und dabei dennoch keine genetischen Engpässe erzeugt werden. Und dies ist auch bei kleinen Populationen durchaus möglich, aber eben für den Züchter häufig mit Mühen und langen Wegstrecken zu potentiellen Zuchtpartnern verbunden, da der passende Bräutigam oder die erwünschte Braut nicht um die Ecke wohnt. Bequemlichkeit und müheloses Erreichen des „Wunsch-Traum-Ziels Welpen" hat aber eben nichts mit verantwortungsvoller und verantwortungsbewusster Rassehundezucht zu tun.

Frankreich, Spanien und Portugal

Das vom Westen nach Osten verlaufende Grenzgebirgsmassiv der Pyrenäen bildet den südlichen Landesabschluss Frankreichs und die nördliche Grenze Spaniens. Hier finden wir auf der französischen Seite den **Pyrenäenberghund**, dessen Standard unter FCI 137 / 2.2 als „Chien de Montagne des Pyrénées" bei der FCI hinterlegt ist. Auf spanischer Seite ist der vergleichsweise größere und massigere **Mastin de los Pirineos** beheimatet, der manchmal auch als Pyrenäen Mastiff oder Mastin Navarro bezeichnet wird. Auch wenn die Wurzeln der beiden Rassen, wie bei anderen Rassen auch, engstens verwandt und vermischt sein dürften, hat auch der spanische Pyrenäen-Gebirgs-Herdenschutzhund seinen eigenen Standard bei der FCI unter der Nummer FCI 92 / 2.2 festgelegt.

Es handelt sich um sehr große, kräftige Hunde, die aber nicht schwerfällig wirken. Der Standard des Pyrenäenberghundes besagt, dass diese Hunde bereits im 14. Jahrhundert in den Schriften des Gaston Phoebus Erwähnung finden, der die Wächtereigenschaften lobend erwähnt. Hirsch-Reiter beschreibt, dass Oskar Albrecht 1913 in seinem Werk „Zur ältesten Geschichte des Hundes" einen direkten genetischen Zusammenhang zwischen den Berghunden der Pyrenäen und den tibetischen Hirtenhunden aufzeigt. Eine Meinung, die nicht ungeteilt ist, aber von vielen französischen Kynologen mitgetragen wird. Obwohl die Vermutung nahe läge, dass der Pyrenäenberghund in einem Verein für französische Hirtenhunde integriert ist, hat seit eh und je der „Klub für Ungarische Hirtenhunde" innerhalb des VDH die Betreuung der „Pyri-Freunde" und Züchter gewährleistet. Der Mastin de los Pirineos wird durch den „Club für Molosser" betreut.

Ebenfalls ein Spanier und ebenfalls umsorgt durch den „Club für Molosser" ist der **Mastin Español**, der spanische Mastin, der unter FCI 91 / 2.2 registriert ist. Diese Rasse ist bis heute eng verbunden mit der Wanderschafhaltung von Merino-Schafen. Im Heimatland wurde (und wird) der Hund kurz Mastin genannt, die zusätzlichen Typ- und Regionalbezeichnungen verwirren lediglich und werden eher nicht oder nur wenig gebraucht. Seit den 80er Jahren des vergangenen Jahrhunderts erlebt der Mastin Español eine Renaissance: Die wenigen noch vorfindbaren Tiere wurden registriert, eine planmäßige Zucht nach überarbeitetem Standard sollte die Rasse beleben und das Interesse an diesen Hunden wieder erwecken.

Pyrenäenberghund „Mischa vom Berkahof" (Janosch).

Mastin Español: „Almendra Protector del Rebaño" und „Koqueta de la Majada".

1 **Langhaariger Estrela-Berghund „Berenice da Quinta do Freixo".**

2 **Kurzhaariger Estrela-Berghund.**

Portugal hat mit dem **Estrela-Berghund**, Cão da serra da Estrêla, eingetragen unter FCI 173 / 2.2, dem **Alentejo**, Rafeiro de Alentejo, FCI 96 / 2.2, und dem **Laboreiro**, Cão de Castro Laboreiro, FCI 170 / 2.2, drei international anerkannte Herdenschutzhundrassen, deren Ursprung auf die durch Westgoten mitgeführten Herdenschutzhunde aus Zentralasien zurückgehen soll. Seit April 2004 gesellt sich noch eine weitere HSH-Rasse dazu: Als vierte nationale Rasse wurde der **Transmontano**, Cão de Gado Transmontano anerkannt, allerdings vorerst nur durch den portugiesischen Hundeverband, nicht durch die FCI.

Hier in Deutschland sind diese Rassen weitestgehend unbekannt und werden nicht gezüchtet, zumindest bis jetzt nicht. Sollte nun jemand das große Geschäft mit der Zucht eines unbekannten Rassehundes wittern, so möchte ich diesen Enthusiasmus gleich im Keim ersticken, denn zum einen lässt sich mit einer dem Hund zugewandten, verantwortungsbewussten Zucht eh keine goldene Nase verdienen, zum anderen benötigt man für jeden Hund das passende Herrchen und/oder Frauchen. Schlechte Passung von Mensch und Hund

1 **Alentejo**

2 **Laboreiro Hündin „Jóia". Ihre Färbung ist sehr selten, entspricht aber den Umgebungsfarben des Laboreiro-Plateaus!**

führt immer zu Problemen, die am Ende wieder von den Vierbeinern auszubaden, eventuell sogar mit dem Leben zu bezahlen sind. Wer sich für einen vierbeinigen Arbeitsspezialisten an seiner Seite entscheidet, der sollte diesen, sofern er ihm nicht sein entsprechendes Arbeitsfeld bieten kann oder will, aus einer lange bestehenden Familienlinie aus Familienaufzucht übernehmen. Ebenso wie bereits häufig Günther Bloch in seinen Büchern und sonstigen Veröffentlichungen kann auch ich nur warnen, einen Arbeiter aus Arbeitslinie für ein pulsierendes Familienleben anzuschaffen. Warum dies letztlich extrem problembehaftet sein kann, wird noch ausführlich beschrieben (siehe S. 125 ff.).

Juveniler Transmontano

Italien

Gehen wir von Portugal und Spanien wieder zurück über die Pyrenäen und setzen unsere imaginäre Reise nach Italien fort, in die Heimat des **Maremmano**, des Cane de Pastore Maremmano-Abruzzese, wie er klangvoll heißt. Früher sprach man vom Hirtenhund, bzw. dem Schäferhund der Abruzzen, der größer und vom Fell her schlichter war, und dem der Maremmen, doch fasste der FCI-Standard FCI 201 / 1.1, die Hunde zu einer Rasse zusammen. Sieht der Standard diesen Hund auch uniweiß mit tolerierten, aber nicht erwünschten elfenbeinfarbenen, blassorangen oder zitronengelben Schattierungen, so finden sich in der Heimat durchaus verschiedenste Farbnuancen bis einfarbig braune oder schwarze Tiere, die von den Bewohnern der Regionen als Maremmanos oder Abruzzenhunde bezeichnet werden. Einmal mehr wieder ein Hinweis darauf, dass die dort ansässigen Menschen „ihre" Hunde nach ihrer Region bezeichnen und ein guter, für den Menschen wertvoller Hund keine schlechte im Sinne von falscher Farbe haben kann. Der Maremmen-Abruzzen-Hund wird in kleiner Population auch in der Schweiz, in Österreich und in Deutschland gezüchtet. Seine Zucht wird in Deutschland über den VDH betreut, da er keinem Spezialzuchtverein angeschlossen ist.

Ein Pärchen Maremmano-Abruzzese: „Romeo Stedinger" und „Bocca di Rosa di Selvaspina" (Julia).

An der Herde arbeitender „Abruzzese".

Bergamasker Rüde „Gamo".

Der zweite Herdenschutzhund Italiens, der auch zum Treiben und Hüten eingesetzt wurde und mit dem Briard verwandt sein dürfte, ist der zotthaarige **Bergamasker**, der Cane de pastore bergamasco, dessen Standard unter FCI 194 / 1.1 archiviert ist. Zotthaarige Hunde sollen mit phönizischen Kaufleuten aus den Ost- und Südostregionen Eurasiens nach Italien gekommen sein und den Ursprung zu diversen zotthaarigen Hunderassen gebildet haben. Sein eher unbekannter Status dürfte der Grund dafür sein, dass ein von der Rasse faszinierter Hundefreund nach dem Besuch einer Hundeausstellung nun auf verzweifelter Suche nach weiteren Kontakten telefonisch nach Informationen zu einem „Berg-Massaker-Hund" fragte. Es sei verziehen! In Deutschland wird die Rasse durch den „Klub für Ungarische Hirtenhunde" mitbetreut.

Afrika und Ägypten

Auf dem afrikanischen Kontinent finden sich ebenfalls Herdenschutzhunde, die jedoch allesamt eher unbekannt und in Europa kaum bis gar nicht vertreten sind. Coppinger berichtet in „The Difference of Dog Breeds", 2000, von den Hirtenhunden Namibias, die ihre Arbeit u.a. auch als Herdenbeschützer und Lagerbewacher verrichten. Als anerkannter FCI-Rassehund ist der in Marokko beheimatete **Aidi**, der Chien de l'Atlas, zu nennen, dessen Standard die Nummer FCI 247 / 2 trägt. Auch dieser marokkanische Schäfer-/Hirtenhund soll seine ethnischen Wurzeln in den großen Hirtenhunden Asiens haben, die mit den Entdeckungs- und Eroberungsstreifzügen der diversen Ost-West-Bewegungen ins Land kamen.

Aus Ägypten berichtet die einschlägige Literatur von einem Hirtenhund, der unter dem Namen **Armanti** (=Ermenter) seine Nutzung als Herdenschutzhund hat. Er ist nicht als FCI-Rasse anerkannt.

Südamerika

Mit baskischen Mönchen soll ein Hirtenhund in die Andenregionen Südamerikas gekommen sein, welcher **Mucuchi** genannt wurde. Er ist dem Pyrenäenberghund ähnlich, gilt aber nicht als Rasse in der Definition der FCI.

Rasse und Standard

Aus dem vorangegangenen Text ersehen wir, dass es sich bei einigen Rassen eher um „imaginäre Reißbrett-Erscheinungen" handelt, einige nur national anerkannt sind, manche sich in regionale Schläge und Varianten aufteilen und mancherorts Rassen zu Rassen wurden, weil Nationalstolz und Abgrenzungsbestreben federführend waren. Die uralten Wanderungen, Handelsbeziehungen, Migrationen, Kriege und Eroberungen sorgten für Verbreitungen und Vermischungen regionaler Hundetypen ähnlicher Nutzungseinordnung und bildeten den Grundstock für die jeweiligen Rassewerdungen, die heute aber nicht in Bezug auf Sinn oder Unsinn betrachtet werden, sondern gepflegt und gefördert und in ihren jeweiligen Besonder- und Eigenheiten erhalten werden sollten.

Die für die Hundezucht international zuständige Organisation ist die **FCI** (Federation Cynologique Internationale) mit Sitz in Belgien. Ihr sind die nationalen Hundeverbände angeschlossen, so z. B. der Verband für das Deutsche Hundewesen (VDH), der Österreichische Kynologenverband (ÖKV), die Schweizerische Kynologische Gesellschaft (SKG) und andere. Die FCI hatte 2002 innerhalb Europas 27 Vollmitgliedsländer und 13 assoziierte Länder, in Amerika 15 Vollmitglieder und 4 assoziierte, in Asien 6 Vollmitglieder und 6 assoziierte, in Afrika 1 Vollmitglied und 1 assoziiertes Mitglied, in Australien und Neuseeland 2 Vollmitglieder und mit Bosnien-Herzegowina, Kasachstan, Moldavien, Nicaragua und der Ukraine 4 Vertragspartner. Somit stellt die FCI die größte internationale kynologische Vereinigung dar und regelt Standard, Zucht- und Ausbildungswesen u. a.

Karakachan Medun mit Herrchen Sider Sedefchev bei einer Präsentation nationaler Rassen in Bulgarien.

„RASSE" IM KYNOLOGISCHEN SINN

Das „Wörterbuch der Veterinärmedizin" (Wiesner, Ribbeck, Fischer-Verlag, 1991) definiert „Rasse" wie folgt: „Gruppe von Individuen einer Art, die sich in bestimmten Merkmalen von anderen Individuengruppen unterscheiden und diese Merkmalsvariation vererben. (...) Haustierrassen sind konventionell von Zuchtorganisationen festgelegt (...)." Die FCI definiert eine Rasse über den jeweils zugrunde liegenden Standard. Als rasserein gilt ein Hund, wenn er auf einer FCI-anerkannten Ahnentafel seine Abstammung durch mindestens drei aufeinander folgende rassereine Generationen belegen kann.

Was ist ein Standard?

Angela Seidel definiert in ihrem Buch über den „Australian Shepherd", den Begriff Standard besser und treffender, als ich es mir ausdenken könnte. „Ein Rasse- oder Zuchtstandard ist die Festschreibung des Idealbildes einer Hunderasse im Hinblick auf die äußere Erscheinung, seine körperlichen Merkmale und sein Wesen. Der Standard trägt zur Vereinheitlichung eines Rassebildes bei." Wirklich gut gesagt, doch stellt sich nach dieser Definition sofort die Frage, wie wir dann mit dem oft mehr als uneinheitlichen Erscheinungsbild innerhalb einer Rasse bei unseren Herdenschutzhunden umgehen können, müssen und dürfen. Festgehalten werden muss, dass die Herdenschutzhundrassen allesamt eher nicht als homogene Rassen bezeichnet werden können. Dies ist aber keinesfalls ein Nachteil! Der Standard gibt letztlich lediglich eine Ahnung vom Idealtyp des jeweiligen Hundes, lässt aber durchaus Spielraum zu, z. B. in der Größe, teilweise in der Farbe, im Gewicht und in der Fellstruktur. Innerhalb dieses Spielraums bewegt sich die Auslegung des Idealbildes, wobei sicherlich auch die jeweilig subjektive Sicht des Betrachters mehr Gewicht auf das eine oder andere Merkmal legt.

1 Einjährige Castro Laboreiro Hündin „Zembra". Sie ist von dunklen Ziegen nicht sofort zu unterscheiden.

2 Kurzhaarige Estrela-Berghündin „Jardel", auf dem Foto erst sechs Monate alt.

So schreibt Seidel auch sehr richtig weiter, dass der Standard „kein Dogma (ist), sondern mehr eine Richtlinie für Züchter und Richter, die gewisse Interpretationen zulässt, solange keine zuchtausschließenden Fehler auftreten". Es muss aber auch deutlich gesagt werden, dass die Wertigkeit eines (reinrassigen) Arbeitshundes bei hervorragenden Arbeitsleistungen für den Hirten von einer Standard-Konformität völlig unabhängig ist. Somit gibt es durchaus einen gravierenden Unterschied zwischen der Schönheits- und der Arbeitszucht, wobei die Schwerpunktlegung auf Schönheit nicht immer zum Vorteil des Hundes ist, spätestens dann nicht, wenn die Ideale der Schönheit in Konkurrenz zu Funktionalität und Gesundheit treten.

Äußeres Erscheinungsbild

Größe und Statur

Bei den Hüte- und Treibhunden handelt es sich zumeist um kleinere, recht agile Hunde, während die Herdenschutzhunde meist größere, imposante Hunde mit ruhigerem, manchmal phlegmatisch wirkendem Naturell sind. Doch lässt sich nicht grundsätzlich und ausschließlich behaupten, dass alle Hüter und Treiber klein und wendig, alle Herdenschutzhunde groß und kräftig sind, wenn auch die überwiegende Zahl der Hunde dieser Vorstellung entspricht. Bei den als Rassen anerkannten HSH-Vertretern finden wir bereits eine weite Bandbreite an standardakzeptierten Größen. So kann die Slovenský Čuvač Hündin mit 59 cm recht klein und zierlich ausfallen, der Mastin Espanol Rüde mit deutlich über 80 cm Widerristhöhe schon eher den Vorstellungen eines molossoiden Hundes entsprechen. Letztlich bedingt die Aufgabe der Hunde und die Art der durch sie bewachten und beschützten Tiere das äußere Erscheinungsbild, den „Phänotyp“.

Wie schon erwähnt, berichtet Coppinger von Herdenschutzhunden in Namibia, die Schafe und Ziegen gegen Geparden schützen. Diese Hunde sind relativ klein von Statur, reichen jedoch völlig aus, um ihre Aufgabe zufriedenstellend zu meistern. Weiter erzählt Coppinger von den Herdenschutzhunden der amerikanischen Navajo-Indianer. Dieser Indianerstamm hat eine alte Tradition als Schaf- und Ziegenzüchter. Navajo-Hunde sind kleine Hunde, die den Schutz der Schafe und der Mohair-Ziegen gewährleisten. Dennoch bleibt die Frage, warum zumindest ein überwiegender Teil der Herdenschutzhunde große Hunde von kräftiger Statur, aber vergleichsweise geringem Gewicht sind. Coppinger weist hierzu in seiner Ausarbeitung „The Difference in Dog Breeds“ auf den direkten Zusammenhang dieser großwüchsigen, kräftigen Hunde mit den nomadischen oder seminomadischen Hirtentraditionen vieler Länder und Regionen hin, vornehmlich in süd- und südosteuropäischen und asiatischen Regionen. So beschreibt er z. B. die Thessalia-Wanderung, an welcher er selbst mit seiner Frau teilgenommen hat und bei welcher 1/2 Mio. Schafe, mehr als 2000 Schäfer und rund 7000 Hunde eine rund 300 Kilometer weite Wanderung, eine Transhumanz, von Griechenland bis nach Mazedonien und zum Kosovo zurücklegten. Auch weiter im Osten, im Iran, Irak, Afghanistan, finden sich derartige Transhumanzen, die auf 3000jähriger Tradition basieren. Hirten mit ihren Familien, ihren Schafen und Ziegen, und ihren Hunden wandern über die alten, von Generation zu Generation weitergegebenen Pfade über Berge, durch Wüsten und durch Täler. Im südlicheren Europa finden wir bis heute noch die „kleinen Transhumanzen“, z. B. die täglichen Auf- und Abtriebe der Nutztiere oder die saisonalen Wanderungen auf die Sommeralmen.

Spanischer Mastin auf Transhumanz.

Arbeitender Mastin Espanol in Spanien. Gut zu erkennen ist das Wehrhalsband, welches der Hund zum Schutz vor Angreifern trägt.

Halsband mit 18 geschmiedeten Nägeln. Bronze, ursprünglich mit tiergrüner Patina (Breite 3,5 cm, Durchmesser 17 cm). Römisch, möglicherweise aus der Villa Gladrians.

WEHRHALSBÄNDER

Auffallend ist, dass eigentlich alle Herdenschutzhundrassen stark bemuskelte Nackenpartien haben, die, vor allem bei den Rüden, mit teilweise sehr üppigen Mähnen versehen sind. Ein zusätzlicher Schutz vor Angreifern, die es auf Nacken- und Kehlkopfpartie des Hundes abgesehen haben. Um gerade diese Körperpartie besonders zu schützen, erhielten Arbeitshunde häufig ein schweres Wehrhalsband aus Eisen, welches mit mehr oder weniger langen, nach außen gerichteten Stacheln versehen war. Dieses Halsband wird in Italien Vreccale und in Spanien Carlanca genannt und ist noch heute an arbeitenden Hunden zu sehen. Oftmals sind diese Halsbänder wahre Kleinode handwerklicher Schmiedekunst.

Kupieren von Ohren und Rute

Herdenschutzhunde haben eigentlich alle Schlappohren, die bei arbeitenden Hunden in den Ursprungsländern, vor allem dort, wo Konfrontationen mit Braunbären möglich waren/sind, häufig kupiert werden. Auch in den zentralasiatischen Ländern, in denen Hunde – und auch viele andere Tiere – zu Kampfzwecken gehalten und trainiert werden, ist das Kupieren von Ohren und Ruten Usus. Diese Maßnahme des Kupierens von Ohren und teilweise auch der Ruten ist in einigen Standards verankert. Da in Deutschland und anderen

Ländern seit einigen Jahren ein Kupierverbot besteht, werden diese Verstümmelungen, die den Hunden wesentliche Werkzeuge ihrer Kommunikation nehmen, bei den hiesigen Herdenschutzhunden – wie bei anderen betroffenen Hunderassen auch – fast gänzlich aus dem Alltagsbild verschwinden. Auch wenn zur Zeit noch viel Aufhebens deswegen gemacht wird, man wird sich an das veränderte Aussehen gewöhnen (müssen) – und ich bin deswegen absolut nicht traurig!

Ich hoffe, mit den vorausgegangenen kurzen Ausführungen einige verständliche Erklärungen gegeben zu haben, warum Herdenschutzhunde meistens, aber eben nicht immer, größere, vom Temperament eher gemäßigte Hunde sind, deren Größe eben in direkter Korrelation zu den von ihnen beschützten Nutztieren steht und der Art und Weise, wie und wo sie ihre Arbeit zu verrichten haben. „Gleicher Zweck schafft gleichen Typ." (Mohr)

Armenian Gampr Rüde „Aptar" aus Yerevan.

Futteransprüche

Um die langen Wanderungen mitmachen zu können, bedarf es eines Hundes von gemäßigtem Temperament, der groß genug ist, um eine angemessene Schrittlänge zu haben, dabei aber kein Schwergewicht ist, dessen Anatomie stimmige, bestfunktionale Winkelungen aufweist. Dass diese Hunde gleichzeitig auch genügsam in ihren Futteransprüchen sein müssen, versteht sich von selbst. Wohl kaum ein Hirte hatte und hat das Geld, um ein Premium-Hochleistungsfutter der Marke XY zu kaufen und ganz sicherlich auch weder Lust noch die Möglichkeit, ein paar Tonnen Futter im extra für diesen Zweck gecharterten LKW durch die Gegend zu transportieren. Zu fressen gab es, was das tägliche Leben bereit hielt: Milch, Milchprodukte und Brot, mal ein zu Tode gekommenes Nutztier oder die Reste eines vom Hirten erjagten Wildtieres, Nachgeburten der Tiere, vielleicht mal ein Ei oder sonstige nahrhafte Dinge, die es auf dem Weg zu finden oder zu bekommen gab, aber wohl auch Fische, Mäuse, Insekten, Gräser, Obst und letztlich Exkremente. Und manchmal gab es Tage, an denen es einfach gar nichts gab, weil nichts da war. Auch hier kommt dem Hund wieder seine unglaubliche Anpassungsfähigkeit zugute. Für die Hunde dürften Kohlenhydrate in diversen Getreideprodukten wichtige Energielieferanten gewesen sein, so wie diverse Fette, welche der Hund benötigt, um diese Strapazen durchstehen zu können, da „ein Organismus bei anhaltender Belastung bevorzugt auf Fettsäuren als Energielieferant zurückgreift" (Zentek, 2001).

Gerade die Fütterung des Hundes entwickelt sich mehr und mehr zu philosophischen Glaubensfrage. Letztlich zeigt uns aber auch der Hund, was ihm schmeckt, gut bekommt und was er braucht.

Komondor Rüde „Numak" (Arischa Numakschi vom Flockenfeld).

Fellbeschaffenheit und Farbe

Bleibt die Frage, ob die Farbe der Hunde und die Fellbeschaffenheit auch in direkter Abhängigkeit zum Arbeitsfeld steht. Wenn man einmal von kurz- und langhaarig absieht, was sicherlich durch klimatische Gegebenheiten mitbegründet ist, stellt man zwei wesentliche Unterschiede in der Fellbeschaffenheit fest:

1. Das schlichte Haar, mehr oder weniger gewellt, kürzer oder länger.
2. Das zotthaarige Fell, wie wir es z. B. beim Komondor und beim Bergamasker sehen. Es soll durch Mutation aus schlichtem oder gewelltem Langhaar entstanden sein (Hauck, 1965). Das unterschiedliche Fell entwickelte sich letztlich aus unterschiedlichen Schlägen und Kreuzungen diverser Hunde.

Lustiges Rätselraten: Wo ist vorne, wo ist hinten beim Komondor?

Beide Fellarten schützen den Hund vor den teilweise drastischen klimatischen Bedingungen von extremer Hitze bis zu Minustemperaturen von deutlich unter minus 20 Grad. Dem zotthaarigen Fell wird eine noch bessere Schutzfunktion des Hundes gegen Angreifer zugesprochen, da es den Hund fast wie einen Panzer umgibt.

Hilzheimer sieht im Zotthaar „eine ehemalige Abnormität des Haarwechsels (...), die jetzt konstantes Rassemerkmal geworden ist". „Wenn die Haare sich stark kräuseln und zusammendrehen, so kommt es zur Wollbildung wie bei den Wollschafen. Hier drehen sich mehrere Wollhaare ineinander und werden durch den Fettschweiß zu einem Gebilde, dem Strähnchen, zusammengekittet. Die Strähnchen schließen sich wieder zu Büscheln und diese zu Bündeln zusammen. Diese Bündel bilden in ihrer Gesamtheit den Stapel." (Hilzheimer, um 1905)

Fellpflege

Beide Fellarten und alle Farben der Herdenschutzhundrassen sind in Bezug auf die Pflege eher anspruchslos. Ein Baden und übermäßiges Bürsten und Kämmen der Hunde sollte tunlichst vermieden werden, da dadurch die witterungsunempfindliche Struktur des Haarkleides verletzt wird. Wasserbegeisterten Individuen sollte man ruhig ein gelegentliches Bad in einem See oder Fluss ermöglichen, wobei die Vorliebe für Wasser bei diesen Hunden aber stark differiert und wobei vom seichten Planscher bis zum begeisterten Schwimmer, aber auch zum totalen Wasser-Ignoranten alles auf der Werteskala möglich ist. Meist reicht es völlig aus, dem Hund nach einem Spaziergang bei Schmuddelwetter Pfoten und Bauch mit einem Tuch zu reinigen.

Auch Herdenschutzhunde können richtige Wasserratten sein.

Selbst der Gartenteich ist vor ihnen nicht mehr sicher – und die Goldfische erst recht nicht!

HERDENSCHUTZHUNDE IN NIEDERUNGEN

Dort, wo Herdenschutzhundrassen sich aus Gebirgsregionen in die Niederungen verbreiten, verändert sich auch ihre äußere Erscheinung: Die Hunde verlieren zuerst das wollige Unterhaar, später auch die kompakte Bauweise des Körpers. Gliedmaßen werden länger, wirken gestreckter, Bemuskelungen nehmen ab, teilweise werden auch die Hinterhandwinkelungen und die Winkelungen des Schultergelenkes etwas steiler, die Pfoten kleiner. Damit einhergehend zeigt sich auch eine Zurückbildung der Belefzung, ein Längerwerden der Ohren, Veränderungen des Fells und Ähnliches. Ein umgekehrter Vorgang fand in der Regel nicht statt, da die Akklimatisation der Niederungshunde schwer ist.

Die weißen Riesen

Häufig wird geschrieben, dass Herdenschutzhunde alle weiß oder überwiegend weiß sind. Dass dies nicht richtig ist, beweisen die vielen grauen, braunen, dunkelgescheckten Hunde, die hervorragende Arbeitseigenschaften haben können. Dennoch gibt es auffallend viele helle bis weiße Hunde. Gerne werden zur Festigung der These des „besten Hundes", der weiß sein muss, antike Schriften zitiert. So sprach Columella im 1. Jh. n. Chr. in seiner „De re rustica" davon, dass diese weißen Hunde in der Nacht besser von angreifenden Tieren zu unterscheiden seien und sie aufgrund ihrer Farbe von den Schafen eher akzeptiert würden. Cato der Ältere schuf den Mythos, dass die besten Herdenschutzhunde weiß seien, weil sie dadurch wie Löwen aussähen.

Interessant aber ist die Tatsache, dass selbst bei den heute laut Standard reinweißen Hunden manche alten Überlieferungen von Färbungen, Schattierungen, gelegentlich sogar von überwiegend gefärbten bis einfarbig dunklen Hunden berichten. Selbst heute kommt es – zwar selten, aber gelegentlich – vor, dass ein weißhaariger Rassehund der Herdenschutzhundrassen auch ohne „Fehltritt" womöglich einen Welpen zur Welt bringt, der plötzlich einen dunklen Fleck im Fell aufweist. Und hier und da ein kräftiges, schwarzes Haar hat eigentlich jeder Besitzer eines „Weißen" einmal an seinem Hund entdeckt. Wie bereits gesagt, gibt es in Italien durchaus auch schwarze Maremmano bei der Arbeit zu sehen. Dem Schäfer ist die Farbe seines Hundes letztlich egal, Hauptsache, dieser arbeitet gut.

Schaut man in die alten Zuchtbücher diverser weißhaariger Rassen, finden sich dort – ordnungsgemäß eingetragen, registriert und zur Zucht verwandt – dunkle Vertreter. So berichtet Hohbrecht in seiner bereits benannten Dissertation von 1952 von der Blutlinie des reinweißen Kuvaszrüden Hattyn Pußta (Nagy), KuZ 18: „Die Linie Hattyn Pußta (Nagy) umfasst zwar auch nur 13 Rüden, doch ist sie von besonderer Bedeutung für die Zucht. Durch Einkreuzung einer schwarzen Kuvaszhündin, die in der zweiten Elterngeneration einen schwarzen mongolischen Hirtenhund aus Nordchina unter ihren

1 Es kann durchaus vorkommen, dass eigentlich reinweiße Hunde bei rassereiner Verpaarung Fellverfärbungen oder sogar andersfarbige Flecken aufweisen. Hier Kuvasz mit großem schwarzen Fellfleck. Der Hund ist regulär im Zuchtbuch eingetragen, darf aber nicht in der Zucht verwendet werden.

2 Rafeiro Alentejo Hündin „Jerupiga".

1

2

Ahnen besitzt, weist diese Blutlinie drei schwarze Rüden auf." Hattyn Pußta's reinschwarzer Sohn Bingo vom Rosenhain, KuZ 149, geboren am 27. Januar 1925, dessen Mutter die schwarze Kuvaszhündin Zador Magyr Ching, KuZ 40, ist, besitzt über die Mutterseite einen schwarzen mongolischen Hirtenhund als Urgroßvater. Gleiches gilt für Bingos Bruder aus dem Folgewurf, dem schwarzen Rüden Wastl vom Rosenhain, KuZ 115. Wastl selber hatte mit Zell vom Rosenhain, KuZ 318, geboren am 1. Mai 1929, einen reinschwarzen Sohn. Im ersten deutschen Zuchtbuch des „Komondor-Klub München", in welchem Ende 1920 Komondor, Kuvasz und Puli eingetragen wurden, liest man bei den Rassekennzeichen des Kuvasz unter Punkt 13, Farbe: „Rein- oder blütenweiß, auch weiß mit etwas ins gelbliche übergehendem Ton, vornehmlich am Behang, ferner reinschwarz".

Ähnliches findet sich in der Historie – und hier und da partiell auch in der Gegenwart – eigentlich aller weißhaarigen Hirtenhunde.

Der legendäre Karakachan Rüde „Sharo" mit Wehrhalsband.

Der Mythos des weißen Hundes

Ich möchte mich gern einer vielleicht äußerst gewagten Spekulation hingeben, mit welcher ich mich hoffentlich nicht zu weit aus dem Fenster lehne:

Schaut man in diverse Kulturen und verschiedene Erdenzeiten, aber auch in Religion und Mystik, so stellt man fest, dass von weißen Tieren stets eine besondere Faszination ausging, die sie zum Teil sogar in den Status des Heiligen erhoben. Der weiße Hirsch, den zu erjagen des Jägers großer Traum war, das sagenumwobene Einhorn, welches sich schneeweiß und rein durch die nächtlichen Wälder bewegt, die heiligen, weißen Kühe Indiens ... – sicherlich fallen dem Leser noch weitere Beispiele für „besondere" Tiere und Fabelwesen ein, die durch ihre weiße Farbe guten, reinen Charakter und edles Geblüt symbolisierten. Und letztlich finden wir diese Farbsymbolik auch in vielen religiösen Zeremonien und Gebräuchen wieder, sei es das weiße Tauf- oder Brautkleid oder die festlichen Gewänder der Kinder am „Weißen Sonntag".

Gerade da, wo weiße Exemplare in der Natur eigentlich nicht oder selten vorkommen, fanden und finden sie besondere Wertschätzung, denken wir z. B. an die weißen Tiger, die weißen Gorillas, weiße Schwarzbären usw.

Sicherlich muss aber unterschieden werden zwischen weißen Tieren, die aber gut pigmentierte Nasen, Schleimhäute und Augen haben, und den weißen Tieren mit roten Augen, die als Albinos bekannt sind. Handelt es sich beim Albinismus um einen Gendefekt, der häufig mit weiteren Erkrankungen (Blindheit, Taubheit u. a.) Hand in Hand geht und auch zu beobachtende negative Auswirkungen auf das Verhalten albinistischer Tiere haben kann (z. B. Aggression, Nervosität, Überängstlichkeit), so wirkt bei weißen Hunden mit guter bzw. mindestens vorhandener Restpigmentierung ein Farbverhinderungsfaktor, der die Einlagerung von Farbe im Fell behindert. Bei leuzistischen Tieren entsteht die weiße Fellfarbe aufgrund einer Störung der Melanoblastenwanderung, die den Anfangsschritt im hierarchischen System der Pigmentierung darstellt. Diese Tiere weisen reinweißes Fell bei teilweise dunkler Haut und dunklen Augen auf. Flavistische Tiere neigen zu cremefarbenem, gelblichem Fell. Da dies ein Indiz dafür ist, dass etwas mehr Farbe eingelagert werden kann, sind dies häufig auch die Tiere, die vom Nasen-, Lefzen- und Augenpigment her stärker sind. In der Zucht ist das Ideal bei den weißhaarigen Rassen aber das Tier mit reinweißem Fell, dunkelbraunen bis schwarzen Augen und sattschwarzem Nasen- und Lefzenpigment, dunklem Gaumen und dunkler Haut.

Akbashwelpen werden auf Schafe geprägt.

Sind weiße Tiere anders?

Auf einen interessanten und bislang wenig erforschten Zusammenhang machte Prof. Dr. Helmut Hemmer in seinem Artikel „Sind weiße Tiere anders“ 1994 aufmerksam, nämlich auf einen Zusammenhang von Fellfarbe und Verhalten. „Zu verstehen ist dieser Zusammenhang auf der molekularen Ebene, wo die Synthesewege der Melanine (der Pigmente der Fellfärbung) und bestimmter Überträgerstoffe der Erregung im Nervensystem (Adrenalin und seine chemischen Verwandten) an der Basis miteinander gekoppelt sind. Dieses System verstellt mit Fellfarbenverschiebung die allgemeine Erregbarkeit, die Störanfälligkeit eines Tieres auf der jeweils artspezifischen Grundlage. Verallgemeinernd mag das sagen, dass schwarze Exemplare vertrauter reagieren, aber unsteter erscheinen als ihre wildfarbenen Artgenossen. Bei weißen Exemplaren erscheint die Vertrautheit gewöhnlich noch gesteigert.“ (Hemmer, 1994) In diesen Zusammenhang passt auch die Entdeckung des russischen Wissenschaftlers Belyaev, der in Sibirien Forschungsarbeit auf einer Fuchsfarm betrieb. Er wollte Füchse auf Zahmheit selektieren und machte die Feststellung, dass sich neben diversen anderen Veränderungen (Veränderung der Vokalisation, Veränderung des Reproduktionszyklus, Veränderung der Rutenhaltung zur Ringelrute u.a.) auch die Fellfarbe in ein helles Silber änderte!

Meine eigene These zur Beliebtheit der weißen Hunde

Nachdem ich diese wissenschaftlichen Erkenntnisse und Überlegungen vorangestellt habe, möchte ich darauf basierend eine These entwickeln, wie es vielleicht auch gewesen sein könnte:

In einem Wurf gut arbeitender Hirtenhunde kamen Welpen der verschiedenen Farbgebungen zur Welt, darunter auch ein weißer Welpe. Der Hirte und seine Familie waren besonders von diesem eher ungewöhnlichen Welpen beeindruckt. Ihr Wohlgefallen und ihre Zuneigung zu diesem Welpen führten dazu, dass sie sich diesem Welpen in besonderer Weise widmeten, vielleicht durfte dieser Welpe auch schon sehr früh besondere Privilegien genießen, die seinen Geschwistern so nicht zuteil wurden. In Zeiten, in denen es noch keine fundierten Untersuchungen durch Lorenz, Trumler, Zimen und Co. zu „frühkindlicher" Förderung bei Hundewelpen gab, stellte sich hier vielleicht unbeabsichtigt und ungezielt das ein, worum ein verantwortungsbewusster Züchter heute so sehr bemüht ist: eine umfassende Prägung und Sozialisierung bei guter Bindung an den Menschen aufgrund besonderer Fürsorge und Hege. Die Besonderheit der weißen Farbe und deren Symbolkraft verhalfen dem Hundekind zu einem besonderen Status, zu mehr Zuwendung, zu mehr Fürsorge und Pflege, zu einem äußerst günstigen Start ins Leben. Aus diesem positiven Ansatz heraus entwickelte sich der Hund zu einem prächtigen Tier mit besten Arbeitsanlagen und guter Menschenbindung, was der Hirte und seine Familie dann wiederum mit der außergewöhnlichen Farbe in direktem Zusammenhang stehend sahen. Der Wunsch nach weiteren Hunden dieser Art ließ sie dann vielleicht dazu kommen, vermehrt weiße oder überwiegend weiße Tiere miteinander zu verpaaren. Und dann stellte sich ein weiterer Pluspunkt des weißen Hundes im Arbeitsalltag heraus: Die ebenfalls weißen Schafe zeigten sich vom zwar andersartigen, aber gleichfarbigen Vierbeiner weniger irritiert oder verunsichert. Gleichzeitig stellte der Hirte fest, dass sein „Hunde-Schaf" in der Nacht bestens als Hund im Gegensatz zu Wolf, Fuchs, Bär oder sonstigen Angreifern zu identifizieren war. So kam dann eins zum anderen, eine Argumentation zu der nächsten – und der Mythos vom besten Hirtenhund, der in weißer Fellfarbe den Schutz der Herden gewährleistete und als „Hunde-Schaf" unter den Schafen lebte, war geboren. Wer weiß, vielleicht ist an meiner Hypothese ja etwas dran!

Rhea mit Zentralasiaten-Welpen.

Kuvasz „Nadjeschda-Nelly von Anka" und Slovenský Čuvač „Inuit Bär vom Wolfshorn".

Der wirtschaftliche Aspekt

Sicher sollte aber auch ein weiterer Aspekt nicht ganz unbeachtet bleiben. Bedenkt man, aus welchen Ländern die weißhaarigen (Gebirgs)Hirtenhunde stammen, so sind dies auch Länder, in welchen wesentlich eher Tourismus anzutreffen ist und war als beispielsweise in den Ländern der GUS-Staaten. Somit mag vielleicht auch ein wirtschaftlicher Aspekt eine Rolle gespielt haben, dass bestimmten Rassen die weiße Fellfarbe – und der Mythos des besten Beschützers in Weiß – in den Standard geschrieben wurde. Kamen Touristen in die Sennereien und auf die Almen, so waren es vielleicht gerade die weißen Welpen, denen der Hauch von Luxus, Eleganz und Noblesse anhaftete und die für harte Währung ihren Besitzer wechselten.

Schlechte Farben gibt es nicht

Wie dem auch sei – oder besser gesagt war –, es bleibt einiger Raum für Spekulationen offen. Dennoch steht fest, dass „ein guter Arbeitshund keine schlechte Farbe haben kann", wie Coppinger bereits feststellte und wie es auch jeder Hirte bestätigt. Auch Hemmer sagt in diesem Zusammenhang treffend: „Die in jeder Generation neu wirkenden selektiven Kräfte der Umwelt einer Tierart sorgen dafür, dass das Erscheinungsbild streng in der Richtung normiert wird, die unter dem Zusammenspiel aller Funktionsbereiche des Tieres die beste Fitness sichert. (...) Zunächst steht hier die optische Anpassung an den Lebensraum: Manche Färbungen tarnen ihren Träger, andere heben ihn plakativ hervor und geben ihm dann Nachteile Beutegreifern gegenüber oder lassen ihn zu rasch von einer potenziellen Beute gesehen werden". Daher vielleicht die Erklärungen für den weißen Hund innerhalb der weißen Schafherde, den braungrau-gescheckten Hund in den steinigen Gebirgsregionen und den dunklen Hund der eher einsamen Regionen, in welchen ein Hund aufgrund seiner Erscheinung auch beim Menschen Furcht einflößen und Grauen verursachen sollte.

Aussehen eines Herdenschutzhundes

„Wenn wir also vom Körperbau, der Form und dem Aussehen eines Hundes sprechen, dann stellen wir fest, dass dies eine Adaption daran ist, was der Hund tut."

Ray Coppinger

Estrela-Berghund in Portugal zum Schutz von Ziegen.

Kurzhaariger Estrela-Berghund Rüde „Serrano". Wie es HSH-typisch ist, bewacht er seine Herde von einem erhöhten Aussichtspunkt aus.

Wesen und Charakter

Betrachtet man die Standards aller Herdenschutzhundrassen in Hinsicht auf die beschriebenen Charakterzüge, so fällt auf, dass in allen Beschreibungen einige Merkmale gleich benannt werden. Aufgrund ihrer ursprünglichen Nutzungseinordnung ist fast allen Herdenschutzhunden ein recht hartes (im Nehmen und auch mal im Geben), dickköpfiges (stures) Wesen zuzusprechen. Besonders auffällig ist, dass eigentlich alle Standards von einem „Misstrauen gegen jegliche fremde Situation und Person" sprechen. Diese erwähnte Zurückhaltung darf aber niemals mit Aggression und/oder Wesensschwäche verwechselt und/oder derartige Auffälligkeiten durch den (falschverstandenen!) Standard entschuldigt werden. Vielmehr ist diese bisweilen auch nicht korrekt als Misstrauen bezeichnete, zum Teil genetisch verankerte Charaktereigenschaft besser als Vorsicht zu beschreiben. Diese Vorsicht war und ist für die Arbeitsausübung notwendig und ihr gilt bei der Zucht, der Welpenaufzucht und -prägung und bei der Anleitung des heranwachsenden Hundes das spezielle Augenmerk. Zudem muss klar zwischen dem Arbeits-HSH und dem für „Familienbegleitung und Stadtbummel" vorgesehenen Herdenschutzhund unterschieden werden! Die notwendigenSozialisierungsschritte und Prägungserfahrungen stehen sich zum Teil diametral gegenüber. Hier liegt eine große Verantwortung, die der gewissenhafte und (hoffentlich!) mit den Eigenarten des Herdenschutzhundes vertraute Züchter zu leisten hat! Aber auch der Besitzer hat seine Aufgabe zu bewältigen: Umsichtige und einfühlsame, aber konsequente Erziehung ist für diesen Hund, der seinem Ursprung gemäß das „Arbeiten" (in Form von Bewachung verschiedenster Art) gewöhnt ist, ebenso notwendig wie eine sinnvolle Beschäftigung.

Anatolischer Hirtenhundwelpe in Namibia mit Ziegenherde.

Das falsch verstandene Misstrauen

Ich möchte in diesem Zusammenhang, der mir so immens wichtig für das Verständnis dieser Hunde und ihrer Verhaltensweisen erscheint, etwas weiter ausholen. Der in den Standards verwendete Begriff des „Misstrauens" ist vielfach unglücklich gewählt. Es stellt sich zudem die Frage, ob dieser Begriff, wie er im deutschen Sprachgebrauch üblich ist, wirklich in den Standards gemeint war. Unter Umständen liegt hier teilweise ein Übersetzungsfehler vor oder zumindest eine falsche Wortwahl, bedingt durch unterschiedliche Wortbedeutung in den verschiedenen Sprachen. Als Beispiel möchte ich das slawische Wort 'nedôverovat' betrachten: Dieser Begriff wird mit „misstrauisch" übersetzt, aber auch mit „argwöhnisch". Auch wird er verwendet, wenn es darum geht auszudrücken, dass man „(jemandem oder sich selbst) nicht traut". Ist für unser deutsches Sprachempfinden der Begriff „Misstrauen" bereits durch seine Vorsilbe „miss-" negativ besetzt, so umschreibt das Adjektiv „argwöhnisch" zwar im wesentlichen den gleichen Sachverhalt, ist dabei aber weniger negativ besetzt. Letztlich geht es bei der Charakterbeschreibung der Hunde aber vielmehr um das charakterliche Folgeverhalten, auf die nicht pauschal vorhandene Vertrautheit mit allem und jedem – und das ist die Vorsicht! Vorsichtiges und abwartendes Verhalten, Beobachten und Bewerten von Situationen und Handlungsweisen, Abwägen und eigene, an die Situation angepasste Verhaltensreaktion sind es, was diese Hunde in ihrem Alltag zeigen. Für den Arbeitshund bedeuten diese Handlungsstränge und Verhaltensmerkmale das Rüstzeug, welches sie zur Ausübung ihres „Jobs" benötigen. Für den HSH in der Familie und im „zivilisierten" Umfeld der Alltagsroutine bedingt dies die Forderung nach einer frühzeitigen Konfrontation mit den Alltags- und Umweltreizen, um aus der vorsichtigen Annäherung einen souveränen Umgang zu formen.

Aus diesem Grund sollten die Standardbeschreibungen der Herdenschutzhunde dahingehend verstanden werden, dass diesen Hunden ein vorsichtiges und abwartendes Wesen eigen ist und es keine Hunde sind, die sich jeder Situation und jeder Person sogleich „freudestrahlend" nähern. Sie benötigen Zeit und Routine und entscheiden dann selbst, ob sie Kontakt aufnehmen wollen oder ihnen eine Situation oder Person „schnuppe" ist und einfach ignoriert wird.

Der regelmäßig in Rumänien wandernde Wilhelm Scherz, besser bekannt als „Karpatenwilli", hat auf seiner Website (www.karpatenwilli.com) einen so bezeichnenden wie zutreffenden Kommentar zu den Hirtenhunden Rumäniens: „Der Hirtenhund ist niemals Feind, denn eher guter Freund und Diener. Gibt es dennoch mal Probleme, so sind sie unserem eigenen Fehlverhalten zuzuschreiben". Diese Kausalitäten zu kennen und zu berücksichtigen sind für Besitzer und Personen, die Kontakt mit HSH haben, wichtig und kommen bei verschiedensten Aktivitäten (Ausbildung, Sport, usw.) zum Tragen.

Treue, Mut und Wachsamkeit

Weitere Attribute, die sich in fast allen Standards wiederholen, sind z. B. Treue und Mut, Unbestechlichkeit und Wachsamkeit, Ergebenheit und Anhänglichkeit an den eigenen Herrn und dessen Familie bzw. an die ihm anvertrauten Tiere, Ausdauer und Widerstandsfähigkeit, Eigenständigkeit und Souveränität.

Sicher sollte nicht außer Acht gelassen werden, dass Standardbeschreibungen auch gern dazu genutzt werden, Nationalstolz und Patriotismus in glorifizierenden Beschreibungen der nationalen Hunde zu demonstrieren. Da ursprünglich die beschriebenen Hunde bestimmte Aufgaben und Anforderungen zu erfüllen hatten, ist ja kaum zu erwarten, dass gerade die für diese Aufgabenerfüllung notwendigen Fähigkeiten wenig oder problematisch ausgeprägt sind. Statt dessen werden diese grundsätzlichen bzw. erwarteten Fähigkeiten blumig und ruhmesreich aufgelistet und teilweise sicherlich auch etwas verklärt. „Treue Ergebenheit" kennen wir ja schon von Kommissar Rex und Lassie aus dem Fernsehen – da sollten wir sie vielleicht auch belassen und in der Kategorie „dramaturgische Wunsch- und Phantasiebeschreibung" ablegen. Und was den „heldenhaften Mut" anbelangt, so sollte hier auch fein unterschieden werden zwischen menschlicher Auffassung und Definition von „Mut" und naturgegebenen Umständen im Tierreich, bei welchen unser „Helden-Mythos" eher kontraproduktiv und gefährlich wäre und letztlich nur als Dummheit gewertet werden müsste. Das Deutsche Wörterbuch definiert Mut als „Bereitschaft, auch wenn es gefährlich werden könnte, etwas zu unternehmen und ohne Angst zu sein". In der Natur verhält sich ein Tier aber in der Regel so, dass es gefahrenvermeidend agiert und reagiert und gefährlichen Konflikten auszuweichen versucht. Ein „heroisches" Verhalten birgt nämlich die Gefahr, selber verletzt oder sogar getötet zu werden, was wiederum den Fortbestand der eigenen Art und – im Fall von in Verbänden lebenden Tieren – die Überlebenschance des Rudels gefährden würde.

Wichtig

Die Bezeichnung der Eigenschaft für ein besonnen und umsichtig agierendes und reagierendes Tier wäre nicht „Misstrauen", sondern der Begriff der „Souveränität". Und einen souveränen Hund wünscht sich der Mensch ebenso wie sich der Hund einen souveränen Menschen „wünscht".

1 Karakachan Rüde „Murcho" bei der Arbeit.

2 Spanischer Viehzüchter mit Mastin Español.

1

2

Armenian Gampr Rüde „Miro".

Arbeits- und Familienhunde – ein großer Unterschied!

Nochmals sei darauf hingewiesen, dass ganz klar zwischen den (notwendigen!) Verhaltensweisen des Arbeitshundes und des in der Familie und in der sozialen Gemeinschaft unserer Gesellschaft integrierten Hundes unterschieden werden muss! Merkmale, die beim Arbeitshund erwünscht und sogar existentiell wichtig waren und sind, können dem Leben in unserem modernen Alltag hinderlich und erschwerend entgegenstehen – und umgekehrt. Da dies im wesentlichen aber Unterschiede in der erlebten und durchlaufenen Sozialisation und Prägung der Hunde sind, was später noch ausführlicher dargelegt wird, liegt die Verantwortlichkeit beim Züchter und Besitzer eines solchen Hundes. Die erstaunlichen adaptiven Fähigkeiten lassen es nämlich durchaus zu, die gegebenen Verhaltenstendenzen sinnvoll zu lenken, zu kanalisieren, zu fordern und zu fördern, natürlich in dem Rahmen, der diesem Hundetypus entspricht. Dort, wo dies nicht geschieht, wo vielfach auch noch mit den angesprochenen Standardattributen erklärend argumentiert wird, ist zumeist die Verkennung des Hundes, Ignoranz seiner Wesensmerkmale oder schlichtweg Faulheit und Bequemlichkeit von „Züchter" und/oder Besitzer die treibende Kraft, wenn es darum geht, Aufzuchts- und Haltungsfehler schön zu reden!

Dann wird auch gern einmal auf die facettenreichen Schilderungen aus diverser Literatur hingewiesen mit dem gleichsam entschuldigenden wie faulen Ausspruch: „Diese Hunde sind halt so".

Vier Monate alter Kurzhaar-Estrela „Serrano".

Da lesen wir z.B: „Der vieh- oder schafhundt, C. Pastoralis, soll stark, mächtigen leibes, mutig und fräch seyn, ein scheußlich geschrey oder bellen haben“ (Gesner) und „(Die) Urväter (hatten) ganz eigenartige scharfe Hunde gehabt (...), die von Wölfen abstammten und bis zum sechsten Monat in tiefen verdeckten Gruben erzogen wurden, um sie dadurch noch bösartiger zu machen“ (Mut).

Derartige Beschreibungen finden sich zuhauf, doch man darf sicher sein, dass hier ein Mythos gesponnen wurde, dessen Ziel eine (wirksame!) psychologische Abschreckung war, aber auch eine Glorifizierung und Mystifizierung des heldenhaften Hundes. Und saßen erst mal die Hirten in abendlicher Runde beieinander, so erlangten in den gegenseitigen Erzählungen die Hunde sicherlich monströse Ausmaße und wuchsen in hyperdimensionale Größen, ähnlich den gefangenen Hechten in den Erzählungen der Angler und der Zahl des erlegten Wildbretts in Jägerkreisen. Also neben „Angler- und Jägerlatein“ auch ein „Hirtenlatein“? Gut denkbar! Und wie psychologisch abschreckend und furchteinflößend derlei Erzählungen wirken, kennen wir ja bestens aus den Berichten um die Großmütter verspeisenden und wehrlose Rotkäppchen verfolgenden Wölfe, die um Mitternacht mutierenden Werwölfe, die menschenjagenden Vampire usw. Der Stoff, aus dem Horror wird!

Doch in jeder Geschichte steckt ja bekanntlich auch ein Fünkchen Wahrheit, eben die vielzitierte Kombination von Dichtung und Wahrheit. Und liest man sich die Beschreibungen nochmals in Ruhe und mit selektivem Wissen durch, so entdeckt man, dass rund um die realen, effektiven Schutzreaktionen der Hunde diese Mythen gesponnen wurden. Da ist von wütendem Gekläff und ausgiebigem Bellverhalten ebenso die Rede wie von der Behinderung des Reiseweges durch querstehende Hunde, außerdem immer wieder die Warnung vor den Hunden in der Nacht. Und das sind letztlich genau die Verhaltensweisen, die vom arbeitenden Hund erwartet wurden und werden: Warnen, Abgrenzen, Wachsam sein!

Dass diese Hunde auch anders reagieren können, beweisen die vielen Herdenschutzhunde aus sorgfältiger Familienaufzucht, die als weitestgehend unproblematische Begleiter geliebt und geschätzt werden, dabei aber durchaus auch herdenschutzhundtypische Verhaltensweisen an den Tag legen, welche erzieherisch in kontrollierte Bahnen gelenkt wurden.

Generell lässt sich sagen, dass es im Wesen und Verhalten der Herdenschutzhunde ein Ost-West-Gefälle gibt, bei welchem es auffällt, dass Hunde aus östlicheren Regionen häufig etwas schwieriger im Umgang sind als ihre westlicheren Vertreter. Sicherlich ist dies auch im Zusammenhang mit den jeweiligen Aufzuchtbedingungen zu sehen, der Art und dem Zweck der Zuchthandhabung, aber auch mit dem jeweiligen allgemeinen Menschenbild, nach welchem auch des Menschen Begleiter geformt wird.

Zum Schutz der Nutztierherden vor diesem Beutegreifer werden auch in Deutschland schon erfolgreich Herdenschutzhunde eingesetzt.

Der Wolf, aus unseren Breitengraden lange verdrängt, siedelt sich langsam wieder an und fühlt sich bereits in Sachsen sehr wohl.

Der Mythos des Herdenschutzhundes

Auch hier treffen wir wieder allzu häufig auf mythisch anmutende Beschreibungen von mutigen, wehrhaften Hunden, die im täglichen Kampf mit Wölfen, Bären und sonstigen Angreifern (Predatoren) ihren „Hund stehen" und ihre Feinde gleich dutzendfach killen. Exakt dies ist aber nicht der eigentliche Schutzmechanismus, der angestrebt und verfolgt und von den Hunden auch umgesetzt wird, sondern eher Ausdruck der heroischen Gesinnung der Erzähler solcher „Ruhmestaten". Würden Herdenschutzhunde gleich meuteweise loshetzen, um z. B. Wölfe zu jagen und zu töten, so wären sie sicherlich für Wolfschutzorganisationen nicht Mittel der ersten Wahl, wenn es um Herdenschutz geht. Aber gerade die diversen Schutzorganisationen der Wölfe propagieren international den Einsatz von Herdenschutzhunden und die Rückkehr und Rückbesinnung zu bzw. auf alte Hirtentraditionen. Dabei ist feststellbar, dass viele Länder mit ursprünglicher Hirten- und Weidetradition das Wissen um den Schutz der Herden durch Hunde verloren haben, sich mit Flatterbändern, Klapperdosen, Strom oder Dummy-Geschossen behelfen und damit längst nicht die erwünschten Erfolge erzielen. In den Köpfen vieler Hirten und Farmer ist zusätzlich in der heutigen Zeit der Wolf derart fest als Feind verankert, dass ihnen ein anzustrebender Schutz von *Canis lupus* eher als absurd erscheint.

Um den effektiven Schutzmechanismus von Herdenschutzhunden verstehen zu können, halte ich es für notwendig, das Thema „Hundeverhalten" kurz anzusprechen.

Hundeverhalten

Jeder Hund ist ein Individuum mit eigenem Verhaltensmuster. Slovenský Čuvač Hündin „Alba vom Wolfshorn".

Was ist eigentlich Verhalten? Und was bedingt ein spezielles Verhalten? Seit etlichen Jahren, in Extremform aber seit Sommer 2000, wird ein „Grundkurs Genetik" propagiert, nach welchem das Verhalten eines Hundes von seiner „Brav-" oder „Böse-DNA" bestimmt wird. Für diese falsche Auslegung genetischer Zusammenhänge gibt es nur einen entschuldigenden Grund, nämlich den, dass Politiker in der Regel keine Biologen, geschweige denn Genetiker sind. Bleibt jedoch die berechtigte Frage, warum bei solch schwerwiegender Auslegungen und den politisch daraus resultierenden Entscheidungen den fachkompetenten Wissenschaftlern im Lande kein Gehör geschenkt wurde und wird.

Der nüchtern und logisch denkende Mensch weiß, dass Verhalten, wenn auch zu einem bestimmten Teil genetisch verankert, so doch von vielen Faktoren beeinflusst wird. Kein Mensch wird als Dieb, Massenmörder, Sexualstraftäter oder Terrorist geboren. Keine menschliche Rasse ist klüger oder dümmer im Sinne von zivilisierter oder primitiver als eine andere. Vielmehr zeigt sich deutlich eine Abhängigkeit der jeweiligen Lebewesen von ihrem direkten Umfeld, den Lebensbedingungen und den Umweltanforderungen. Bringen wir doch Mitglieder unserer ach so zivilisierten westlichen Welt in den Lebensraum einer autochtonen Menschengruppe im afrikanischen Steppenland, im australischen Busch oder in die Weiten der sibirischen Taiga. Schnell wird sich zeigen, wer dort den Kampf des täglichen Überlebens besser, sprich erfolgreicher, beherrscht. Nicht anders ist es im Tierreich.

Natürlich hat jedes Tier bestimmte Verhaltensweisen und Bewegungsmuster, welche genetisch verankert sind. Niemand wird bestreiten, dass eine frei lebende Katze entweder ein hervorragender Mäusefänger ist und die dafür notwendigen Praktiken beherrscht oder verhungert, bestimmte Vogelarten den Winter in südlichen Gefilden verbringen, jährlich im Frühjahr und Herbst Tausende von Kilometern auf ihren Reisen zurücklegen und dabei stets gleiche Routen nutzen, ohne dass ein gebildeter Mensch sie auf die richtigen Wege zum richtigen Zeitpunkt führen müsste. Und schon Kinder wissen, dass Igel Winterschlaf halten und Fledermäuse nachtaktive Lebewesen sind, die sich über Ultraschallwellen orientieren. All dies sind artspezifische, genetisch verankerte Verhaltensweisen. Doch damit ist das Verhaltensrepertoire ja nicht ausgeschöpft. Sicherlich müssen aber nicht weitere Beispiele benannt werden, um diese Gegebenheit weiter zu verdeutlichen. Auch Hunde haben bestimmte Verhaltensweisen, die je nach Rasse bzw. Nutzungstyp differieren und auch von der jeweiligen Individualität des Hundes abhängig sind. Am Anfang der Haushundwerdung jedoch stand zuallererst das wölfische Verhalten, das Verhalten eines Beutegreifers.

Der Wolf – ein Beutegreifer!

Ein Beutegreifer ist ein Tier, welches zur Ernährung andere Tiere, also Beute, fangen, reißen und fressen muss. Um diese Form der Nahrungsbeschaffung bewerkstelligen zu können, bedarf es spezieller Verhaltensweisen und Techniken, ohne die die Jagd nicht erfolgreich abgeschlossen werden kann. Der frei lebende Wolf ist auf Jagderfolg angewiesen, um sein eigenes Überleben zu sichern. Dies ist eine zweckgebundene, gezielte Verhaltensweise und kein Zeitvertreib „just for fun"! Genetisch verankert ist „Ich muss Beute machen", das Wann und Warum wird dabei letztlich durch den knurrenden Magen bestimmt, das Wie und Wo muss erlernt werden.

Durch gezielte Selektion schuf sich der Mensch über Tausende von Jahren Helfer, die bestimmte Sequenzen aus dem Beutegreiferschema überbetont zeigen (z. B. Border Collie = Fixieren und Anschleichen) oder eben völlig unterlassen (Töten und Zerlegen). So entstanden die verschiedenen Hunderassen, deren Verhalten zu den Verhaltensmustern hin tendierte, wie sie der Mensch eben für die eine oder andere Aufgabenstellung brauchte. Coppinger spricht vom „genetischen Charakteristikum" (Coppinger, 2000), welches sich entwickelt hat.

BEUTEGREIFER-SCHEMA

Es beinhaltet die Verhaltenssequenzen:

- Witterung aufnehmen
- Beute orten und orientieren
- Fixieren
- Anschleichen
- Hetzen
- Attackieren
- Töten
- Zerlegen

Verhaltensmuster werden durch Aufgaben geprägt

Die Aufgabe des Hundes bedingte nicht nur die Form des jeweiligen Hundes, den Phänotyp, sondern beeinflusste auch seine Verhaltensmuster bis hin zur genetischen Verankerung bestimmter Verhaltenstendenzen. Und niemand sollte so blauäugig sein zu glauben, dass das, was in Hunderten und Tausenden von Jahren vom Menschen nach dessen Geschmack und Notwendigkeit manipuliert wurde, nur aufgrund der Tatsache, dass sich der Hund heute nicht mehr in den ursprünglichen Einsatzgebieten und Arbeitsfeldern bewegt, ohne jegliche Bedeutung und Auswirkung sei! Sicherlich

Taktische Kampfspiele und geschicktes Kräftemessen zeigen sich früh im Spielverhalten von HSH-Welpen (hier Slovenský Čuvač Welpen Hron und Honza Bär vom Wolfshorn).

1

2

1 Zentralasiaten „Pashu“ und „Patty“ mit einem „Treiber-Kollegen“.

2 Ein Verhaltensmuster, das alle HSH gern zeigen, ist das Aufsuchen erhöhter Standorte.

führt die heute angewandte Zucht von Hunden, die nicht mehr nach Arbeitsqualitäten selektiert, zu einer Verwischung bestimmter Verhaltensmuster, auch zum Aufkommen eigentlich rasseuntypischer „Flegeleien“. Ein tendenzielles Verhalten bleibt, welches es zu (er-)kennen gilt, um dem Hund gerecht werden zu können, seine positiven Anlagen zu fördern, seine kritischen Wesenszüge zu kanalisieren und umzuleiten.

Und damit kommen wir zu einem wesentlichen Punkt, nämlich dem Teil von Hundeverhalten, welches nicht genetisch verankert ist, sondern Folge von Aufzucht, Prägung, Sozialisation, Erziehung, Erfahrung und Anleitung durch uns Menschen! Je gründlicher der Mensch sich mit den zu erwartenden Verhaltensmustern der einen Hunderasse oder des anderen Hundetyps auseinandergesetzt hat, um so einfacher, gezielter und erfolgversprechender ist der gemeinsame Weg zum umwelt- und sozialfreundlichen sowie sicheren Vierbeiner. Und so erklärt sich von selbst, warum ich kein Freund der rigorosen Verleugnung hundetypenbestimmender Verhaltensweisen bin und die Hundebesitzer überhaupt nicht verstehen kann, die argumentieren, dass ihre Rasse und ihr Hundetypus das eine oder andere ursprüngliche Verhalten ja gar nicht mehr zeigen kann, weil er es aufgrund des veränderten Habitats nicht mehr zeigen muss. Wenn das mal so einfach wäre! Diese Hundebesitzer tun mir im Prinzip nur Leid, doch noch viel mehr tun mir ihre Hunde Leid, die für diese Blindheit, Blauäugigkeit oder auch Augenwischerei ihrer Besitzer oftmals einen hohen Preis bezahlen müssen und als kaum handhabbare Lebewesen im Tierheim landen, ihr Dasein in Zwingern fristen müssen, ihr Leben lang an Leinen, oft mit Stachelhalsbändern geführt werden, womöglich unter Stromeinwirkung gefügig gemacht werden sollen – und einfach nur armselige Kreaturen sind (wie ihre dazugehörigen Menschen selber wohl auch!).

Schutzmechanismen des Herdenschutzhundes: Markieren (hier durch Slovenský Čuvač Hündin Nessel z Cibika). 1

Markieren (hier durch Akbash Rüde „Can"). 2

Scharren (hier durch Slovenský Čuvač Rüde Berry Bär vom Wolfshorn). 3

Verhaltensweisen von Herdenschutzhunden

Diese Frage beinhaltet, wie Herdenschutzhunde ihre Aufgabe, nämlich Schutz und Bewachung der Herde zu gewährleisten, erfüllen.

Herdenschutzhunde bewachen die ihnen anvertrauten Tiere in der Nacht gegen Angreifer, seien dies Wildtiere, Viehdiebe oder streunende Hunde. Daraus ergibt sich eine deutlich höhere Wachsamkeit und Verteidigungsbereitschaft in der Zeit von Sonnenuntergang bis Sonnenaufgang. Im Fachjargon spricht man von „lichtzyklen-gebundener Aggression" (Bloch, 1998) bzw. „lichtzyklen-abhängiger Verteidigungsbereitschaft".

Herdenschutzhunde rasen nicht planlos in der Gegend herum und reagieren ungestüm losprechend auf jedes sich bewegende Blättchen oder knackende Ästchen, sondern antworten auf die Annäherung eines potenziellen Feindes mit nachdrücklichem, kräftigem Gebell. Daraus resultiert eine eher mehr als weniger ausgeprägte Bellfreudigkeit bei Herdenschutzhundrassen. „Karpatenwilli" notiert in seinen Reiseberichten „Im Frühling nach Rumänien": „Gegen 3 Uhr in der Frühe lärmte es auf der anderen Seite vom See. Hunde bellten, die Hirten schlugen mit was auch immer auf ein Blech ein. Dafür gab es nur ein Indiz: Urs – der Bär – trieb sein Unwesen."

Um die Annäherung der potenziellen Feinde aber bereits im Vorfeld weitestgehend zu verhindern, markieren Herdenschutzhunde rund um die ihnen anvertrauten Schutzbefohlenen. Auch die Anwesen und Lagerstätten, wo sich die Hunde mit ihren Tieren und Menschen aufhalten, werden durch Urin- und Kotabsatz „eingemeindet". Dies geschieht auch gern strategisch günstig auf Anhöhen und Weggabelungen. Daraus resultiert, dass Herdenschutzhunde gern im heimischen Umkreis markieren und deutliches Territorialgebaren entwickeln. Sie lieben es überhaupt nicht, wenn die von ihnen abgesteckten Grenzen überschritten werden und beanspruchen deutlich ihre Individualdistanz. Im Zweifelsfalle machen sie auf diesen Umstand auch einmal dadurch aufmerksam, dass sie sich quer zwischen „ihre“ Menschen und Tiere und den vermeintlichen Eindringling stellen und ihre Schutzbefohlenen abgrenzen.

Das Auge des Wächters

Aufgrund der Anatomie des Kopfes und der Stellung der Augen ist Herdenschutzhunden eine ausgesprochen gute Sehleistung zu eigen. Daraus resultiert die schnelle Wahrnehmung und Reaktion auf unbekannte, quasi „außerplanmäßige“ Bewegungen auch in weiter Ferne. „Im Nebel tauchte ein großer weißer Hund auf. Keine Frage, hier sind Hirten unterwegs. So folgten auch bald eine Herde Schafe und der Rest der Hundemeute. Das übliche Spiel, die Hunde umkreisten mich, der Hirte brachte Ruhe in die Situation. (...) Mit zwei der insgesamt acht Hirtenhunde hatte ich mich bereits angefreundet. Die wichen fortan nicht mehr von meiner Seite. Ich konnte mich nun ohne Probleme im Gelände bewegen. (...) In der Nacht bellten oft die Hunde, und auch die 'diensthabenden' Hirten gaben acht auf Urs, den Bären.“ (Karpatenwilli)

Alles, was außerhalb der täglichen Arbeitsroutine liegt, wird (und muss) misstrauisch im Sinne von skeptisch beäugt (werden). Es könnte ja sein, dass ... ! Daraus resultiert eine anfängliche Reserviertheit und Distanziertheit gegen fremde Gegebenheiten und Personen.

Herdenschutzhunde beherrschen auch das Bell-Heulen vortrefflich, nicht immer zur Freude der Nachbarn!

Von Null auf Hundert

Herdenschutzhunde zeigen zumeist ein ruhiges, scheinbar phlegmatisches Naturell. Dennoch können sie erstaunlich schnell reagieren und von „0 auf 100“ schalten. Kein Besitzer sollte seinen Hund und dessen Reaktionsvermögen unterschätzen, doch ist Reaktion des

Unbekannten Situationen wird zuerst skeptisch begegnet. Es gibt in der Alltagsroutine ja nicht häufig Menschen mit „zwei Köpfen“. Nach dem Kennenlernen wirkt der Hund entspannter und neugieriger.

Wichtig

Herdenschutzhunde müssen ihren Dienst bei Wind und Wetter tun und sich den jeweiligen Arbeitsbedingungen beugen. Daraus resultiert eine Widerstandsfähigkeit und eine ausgesprochene Anpassungsfähigkeit. Herdenschutzhunde, vor allem dann, wenn sie Karawanen oder Transhumanzen begleiten, müssen sich mit dem zufrieden geben, was ihnen zum Fressen angeboten wird. Daraus resultiert eine sehr gute Futterverwertung und Genügsamkeit in der Ernährung.

Hundes eben nur bei entsprechendem Auslöser gefordert. Ansonsten gilt es halt, den Tag unter schattenspendenden Bäumen, auf strategisch günstigen Anhöhen oder inmitten der Nutztiere zu verdösen, aber bei gleichzeitig bestmöglich funktionierender Wachsamkeit. „Jeder Hund muss ein bestimmtes Temperament entwickeln, das seiner Arbeit angepasst ist." (Coppinger) Und Coppinger erklärt auch gut verständlich, warum bestimmte Verhaltensweisen und Reaktionen bei Herdenschutzhunden anders verlaufen als bei anderen Hunden: Der Grund liegt in der Konzentration chemischer Botenstoffe, den Neurotransmittern, konkret dem Dopamin. „Neurotransmitter sind Überträgerstoffe des peripheren autonomen Nervensystems, (die für die) Bildung und Übertragung von Erregungen in Nervenzellen bzw. bei der Erregungsübertragung auf andere Zelltypen wirksame Verbindungen (darstellen)." (Wiesner, Ribbeck) Sie leiten Signale von Zellen zu anderen Zellen bzw. zum Gehirn und führen zu den entsprechenden den Reizen angepassten Reaktionen im Organismus und im Verhalten. Unterschieden wird zwischen erregenden und hemmenden Neurotransmittern. „Das ist der Grund, warum (...) Hunde sich unterschiedlich verhalten. So entstehen verschiedene Verhaltensprofile." (Coppinger) Zu diesen Botenstoffen zählen diverse Substanzen wie Dopa, Dopamin, Adrenalin, Noradrenalin u.a.

Neurobiologische und -chemische Untersuchungen belegen, dass Herdenschutzhunde – im Unterschied z.B. zu den Hütehunden – eine sehr geringe bis kaum wahrnehmbare Konzentration von Dopamin aufweisen, was sich hemmend auf verschiedenste Reaktionen auswirkt. Hieraus erklärt sich das Desinteresse der meisten HSH am Stöckchen- oder Bällchenspiel. Es fehlt an reizleitendem Dopamin.

Akbashwelpe döst strategisch günstig.

Territorialität

Herdenschutzhunde weisen eine Vorliebe für Ruheplätze mit guter Rundum-Sicht auf Anhöhen, Bergkuppen, Hüttendächern u.ä. auf. Diese Vorliebe, die auch bei unseren „zivilisierten Haus- und Gartenschützern" anzutreffen ist, sollte bei der Auswahl der Unterbringung des Herdenschutzhundes im heimischen Gefilde berücksichtigt werden, will man ihm nicht zusätzlich die Aufgabe des Wachens und Beschützens schmackhaft machen und erleichtern. Werden erst mal die Urinstinkte wieder neu geweckt, so hat auch der Nachbar viel Freude am eifrig bellenden Wächter, der seine Aufgabe ernst und gewissenhaft erledigt und „sein" Territorium gleich auf den gesamten Häuserkomplex, Straßenzug oder das gesamte Dorf ausweitet.

Die Unterbringung des HSH in einer Flachdachhütte im Eingangsbereich erweist sich schnell als ungünstig – es sei denn, Sie wollen Besuch vermeiden.

Der eigenständige Arbeiter

Herdenschutzhunde sind während ihrer „Arbeitszeit" zumeist auf sich selbst gestellt. Daraus resultiert eine Eigenständigkeit und gelegentliche Eigensinnigkeit, die sich erzieherisch niemals in einen Kadavergehorsam zwängen lässt.

Herdenschutzhunde müssen sich ihren Tieren und ihrem Hirten eng verbunden fühlen, bei ihnen verweilen, denn das gewährleistet den Schutz. Daraus resultiert eine tiefe, aber eng gefasste Bindungsfähigkeit, die sich auf die Tiere und den Hirten bezieht. Für die heutige Zeit gesagt: Herdenschutzhunde sind nicht „everybody's darling", aber dem eigenen Herrn, so dieser das Bild einer souveränen, gerechten und konsequenten Leitpersönlichkeit verkörpert, eng verbunden.

Herdenschutzhunde zeigen sich gern „ganz groß", auch die Hündinnen, wie hier Slovenský Čuvač Hündin „Inuit Bär vom Wolfshorn"!

Aus Freude am Laufen wird leicht Freude am Hetzen! Erzieherische Kontrolle ermöglicht das Erstere, verhindert das Letztere – zur Freude von Mensch und Hund!

Herdenschutzhunde zeigen auffallend häufig Dominanz- und Imponiergehabe, eine Zur-Schau-Stellung ihrer eigenen Kraft, Größe und Stärke. Dies zeigt sich besonders bei den Rüden. Höre ich da etwa die eine oder andere Leserin verschmitzt lächelnd murmeln „Wie bei den Menschen!“ Na, na, na!

Aber es ist nun einmal so, dass es die männlichen Caniden sind, und dies gerade bei den noch sehr ursprünglichen Hunden und den Wölfen, die für die Gefahrenvermeidung verantwortlich sind, während den weiblichen Tieren der Arterhalt in Form der Reproduktion zukommt. Diese Aufgabenverteilung bedingt ein geschlechtsspezifisches Verhaltensrepertoire, welches z. B. auch Beachtung bei der Entscheidung Rüde oder Hündin finden sollte.

Herdenschutzhunde haben kein Beutegreiferverhalten. Ihnen wurde das Fixieren und Anschleichen herausgezüchtet, dies hätte ihre eigentliche Aufgabenstellung behindert. Auch das Hetzen sollte nicht vorkommen.

Dass derartige Verhaltensweisen bei unseren „Terrassen-Schutzhunden“ wieder anzutreffen sind, ist dadurch bedingt, dass diese Elemente der Selektion bei der heutigen Zucht der Nicht-Arbeitshunde einfach außer Acht gelassen werden. Umso notwendiger ist es, diesen Verhaltensweisen erzieherisch zu begegnen.

Und wieder zeigt sich die Notwendigkeit um das Wissen und Erkennen von hundetypenbestimmenden Verhaltensweisen, denn jede Verhaltensweise hat biologisch ihren Zeitpunkt, an welchem sie einsetzt und sich manifestiert. Je exakter der Besitzer diesen Zeitpunkt bestimmen kann, um so einfacher ist es für ihn, erwünschtes Verhalten zu bestärken, bzw. unerwünschtes Verhalten zu unterbinden oder diesem entsprechend entgegenzuwirken. Verhaltenstendenzen zeigen sich auch schon im Spielverhalten, in welchem Hundekinder ihre typischen Verhaltensweisen entdecken und erproben und welches deutlich von Rasse zu Rasse bzw. vom Typ differiert.

Einblick ins Spielverhalten

Im Spiel werden die mannigfaltigsten Verhaltensweisen aus den unterschiedlichsten Funktionskreisen ausprobiert, erlernt und geübt. Angeborenes und erlerntes Verhalten werden kombiniert und über spielerisches Training, aber auch über Nachahmung der erwachsenen Tiere zu ausgefeilteren, komplexeren und zielgerichteteren Verhaltensweisen entwickelt (Nachahmungs-Lernen). Aus Fähigkeiten werden Fertigkeiten und dies sowohl im sozial-psychologischen wie im physiologischen Bereich. Daher ist die Möglichkeit zu innerartlichem Spiel so immens wichtig und hat Auswirkungen auf das gesamte spätere Verhalten des Hundes. Isoliert aufgewachsene Hunde oder Einzelwelpen zeigen in der Regel aufgrund mangelnder Spielerfahrungen Defizite und Deprivationen, die sich zeitlebens bemerkbar machen.

Herdenschutzhunde zeigen Spielverhalten zumeist in taktischen Kampfspielen mit Unterwerfungsgesten, Kräftemessen, Anbellen usw. Sie neigen weniger zu Renn- und Fangspielen, spielen auch nur relativ selten Beute orientierte Spiele. Als kleine „Sumo-Ringer" testen sie ihre körperlichen Geschicklichkeiten, versuchen zu bluffen und zu tricksen, den Gegner auszuhebeln und von den Beinen zu hauen.

Auch Spielelemente aus der breiten Palette der sozialen Spiele sind zu sehen, ebenso Futterbettelverhalten und „Über-die-Schnauze-Beißen", aber auch nicht selten Solitärspiele.

Herdenschutzhundwelpen weisen anderes Spielverhalten als z. B. Hütehundrassen auf, die bereits im jungen Alter viele Sequenzen des Jagdverhaltens im Spiel durchlaufen. Das „verstehen" die Herdenschützer-Babys nicht, wodurch sie häufig lieber mit ihresgleichen spielen, was im Freispiel in den gemischten Welpengruppen der Welpenprägungsspielstunden immer wieder feststellbar ist.

Bewegungsmuster

All die Verhaltensweisen und Bewegungsmuster, die für die Hüte- und Treibhunde wichtig und bezeichnend sind, sind Bewegungsmuster, die sich sehr früh innerhalb der ersten 16 Lebenswochen bilden. Dies ist noch in der Zeit, in welcher sich die im Gehirn angelegten Zellen miteinander verknüpfen, die so genannte Synapsenbildung stattfindet. Somit sind diese Bewegungsmuster und die daraus resultierenden Aktivitäten dieser Hunde neurologisch manifestiertes Verhaltensgut!

Bei den Herdenschutzhunden wurden diese Verhaltenssequenzen herausgezüchtet, sie sollten keine ausgesprochene Aktivität zeigen, derartige Bewegungsmuster und Verhaltenstendenzen nicht entwickeln. Coppinger beschreibt den Unterschied zwischen Hüte-/Treibhund und Herdenschutzhund in einer zeitlich unterschiedlichen Ausprägung des Fixier-Anschleich-Verhaltens, welches z. B. bei Border Collies in der 10. Lebenswoche einsetzt, also in der Sozialisierungsphase, bei Herdenschutzhunden aber erst – wenn überhaupt – im 4. bis 5. Monat auftritt, also zu einem Zeitpunkt, wo die Gehirnverknüpfungen bereits abgeschlossen sind. Die Zeit bis zur vollendeten 16. Lebenswoche wird auch als kritische Phase bezeichnet. In dieser Zeit formt sich das Gehirn, die hauptsächlichen Verknüpfungen der einzelnen Nervenzellen, die alle schon vollständig bei der Geburt angelegt sind, finden in dieser Zeit statt. 80 % des Gehirnvolumens ist mit Vollendung der 16. Lebenswoche erreicht, das Gehirn wächst zwar, doch kommen keine neuen Nervenzellen hinzu. Das Gehirn wächst aufgrund zunehmender Verknüpfungen. Somit ist ein

Bergamasker Jungrüde aus der Zucht „Bacio blu di Bergamo".

WAS HERDENSCHUTZHUNDE AUSZEICHNET

- Imposante Erscheinung (abhängig von der Art der Nutztiere und Predatoren)
- Sonore Stimme und Bellfreudigkeit
- Territoriales Gebaren und Anspruch auf Individualdistanz
- Gesteigerte Wachsamkeit in der Dunkelheit
- Ausgeprägtes Markierverhalten
- Reserviertheit und Distanziertheit gegenüber Fremden und Unbekanntem
- Vorliebe für Anhöhen
- Selbstständigkeit
- Hervorragende Sinnesleistungen, auch im visuellen Bereich
- Enorme Anpassungsfähigkeit (Adaption) und Widerstandsfähigkeit
- Genügsamkeit in Bezug auf Ernährung und Bewegung
- Ausdauer
- Enorme Bindungsfähigkeit an ihre Familie
- In der Regel kein Beutegreiferverhalten
- Lange Entwicklungs-/Reifezeit
- Ruhe ausstrahlend, dennoch wendig und flink

Bereits im Alter von vier Monaten zeigt dieser Karakachan-Welpe enge Bindung an „seine“ Herde und folgt ihr.

derartiges Verhalten als selbstständig auftretendes, aber nicht im Gehirn verankertes Verhalten zu sehen. „Herdenschutzhunde bilden ihre sozialen Verhaltensweisen sehr konservativ aus, sie haben nicht diese spielerische Auswahl (an Bewegungsmustern) und sind deshalb auch nicht so sehr am Spielen interessiert.“ (Coppinger, 2000)

Den selbstständig auftretenden Verhaltensweisen – und Marotten – gilt es in der juvenilen Phase besondere Aufmerksamkeit zu widmen, will man der Verselbstständigung des Hundes – mit allen daraus resultierenden Schwierigkeiten – nicht selber Tür und Tor öffnen!

Doch muss man bedenken, dass sich diverse Bewegungs- und Verhaltensmuster durch entsprechende Reizstimuli wecken und fördern lassen! Dies kann durch den Züchter erfolgen (oder unterbleiben), aber auch im innerartlichen Kontakt und durch Milieuerfahrungen. Deshalb sollte beim gezielten Umgang mit dem Hund sinnvollerweise stets hinterfragt werden, was diese oder jene Aktivität an Folgen für die individuelle Entwicklung des Hundes haben kann. Vorausschauendes Denken und bedachtes Tun ist angesagt.

Slovenský Čuvač Rüde „Kazan z Krupinskej doliny".

Herdenschutzhund-Projekte der Welt

Nachdem ich versucht habe aufzuzeigen, wie in der Vergangenheit der Schutz der Herden durch Hunde gewährleistet wurde und dank welcher Mechanismen dies erfolgte, möchte ich, bevor ich mich dem als Familienhund gehaltenen Herdenbewacher widme, kurz auch die heute noch praktizierte und forcierte Verwendung von Herdenschutzhunden in der Welt ansprechen. Hierbei spreche ich nicht die Verwendungen von Hunden an, noch traditionell durch einige (wenige) Hirten in einigen Gebieten der Welt (Italien, Spanien, Polen u.a.) gepflegt, sondern initiierte Projekte. Durch den Rückgang von Predatoren (Feinde) und dem veränderten System der Weidehaltung wurden Hunde auf den ersten Blick überflüssig. Mit dem Verlust der Hunde ging aber auch das Wissen um die Tradition des Herdenschutzes durch Hunde verloren. Dieses Wissen muss neu vermittelt werden, die Hunde müssen neu an ihre Aufgabe herangeführt werden. Dies stößt häufig erst mal auf Skepsis bis Ablehnung bei Bauern, Farmern und Hirten. Die Funktionalität dieses Systems, welches unsere Urahnen noch so selbstverständlich nutzten, muss sich selber neu beweisen, doch dafür braucht es die Chance, den Beweis auch antreten zu können. Warum Wildtiere wie Wölfe, Luchse, Geparden schützen und „nur" von den Herden vertreiben, wenn durch Gewehr und Fallen das Problem doch dauerhaft gelöst werden kann? So oder ähnlich die Argumentation vieler Viehbesitzer. Doch verändertes Naturbewusstsein, der Schutz von der Ausrottung bedrohter Spezies und die Reglementierung der Abschuss- und Fangraten durch Gesetze bringen auch für den Herdenschutz durch Hunde neue Perspektiven. Viele Verfahren und Möglichkeiten wurden ausprobiert, doch die alte Tradition des Einsatzes von Hunden erwies sich – bei korrekter Handlung – als effektivster Schutz! Dies kann nur begrüßt und gefördert werden!

Ich bedanke mich in diesem Zusammenhang bei Carla Cruz aus Portugal, die mir eine Zusammenstellung von diversen Projekten in der Welt zur Verfügung stellte. Berücksichtigt wurden Projekte und Daten aus den Jahren 1970 bis 2000.

USA

In Amerika stellen Wölfe, Kojoten, Füchse, streunende Hunde, Bären und Pumas das Hauptproblem für weidendes Vieh dar. Diesem Problem wurde mit verschiedensten tödlichen Mitteln begegnet. 1972 erließ die Regierung ein Verbot des Einsatzes von Gift, so dass neue Wege des Herdenschutzes gefunden werden mussten. Man besann sich auf die alte Herdenschutzhundtradition, die zwar bei den Navajo-Indianern und bei einigen wenigen Farmern noch praktiziert wurde, aber auf nationaler Ebene unbekannt war. Die ersten dokumentierten Einsätze stammen aus den 70er Jahren, als ungarische

Durch Heulen nimmt der Wolf Kontakt zu seinem Rudel auf.

Komondor-Hunde eingesetzt wurden, um die Attacken von Kojoten einzudämmen. Es waren aber nur wenige Hunde im Einsatz und die Ergebnisse nicht signifikant. Es bildeten sich zwei Organisationen, die Herdenschutzhundprojekte betreuen und die Ergebnisse auswerten: „US Sheep Experiment Station“ (USSES) und „New England Farm Center“ (NEFC), welches dem Hampshire College angeschlossen ist. USSES führte den Komondorversuch fort und arbeitete mit drei Rassen: Pyrenäenberghund, Komondor und Akbash. Über 50 Schafzüchter waren an dem Projekt beteiligt. NEFC begann 1977 unabhängig von USSES mit der Arbeit und berücksichtigte die Erfahrungen der europäischen Hirtentraditionen bei der Aufzucht und dem Training der Hunde. Hier wurden hauptsächlich sechs Rassen eingesetzt: Pyrenäenberghund, Maremmano, Šarplaninac, Komondor, Kuvasz und Karabash, so wie Kreuzungen zwischen den Rassen. Bis zum Ende dieses Projektes war mit über 1400 Hunden in 37 Bundesstaaten gearbeitet worden. Es war möglich geworden, die alten Traditionen in Theorie und Praxis wieder erfolgreich zu etablieren, ein Verdienst, der nicht zuletzt Prof. Ray Coppinger vom New Hampshire College und seinen Studenten zu verdanken ist! Coppinger gründete 1990 die „Lifestock Guard Dog Association“, die es sich zum Ziel gesetzt hat, diese alten Traditionen zu festigen, zu vermitteln und zu propagieren. Studien, Untersuchungen und Beobachtungen rund um den Erdball verschafften ihm das Wissen, welches er für diese Projekte benötigte und welches er mit ausgesprochenem Unterhaltungswert auf seinen Seminaren weitergibt. Und sein Wissensdurst ist lange nicht gestillt! Im Gegensatz zu vielen Theoretikern propagiert er erlebtes Wissen, wovon viele Hirten, Nutztiere und Wölfe profitieren – und auch wir Herdenschutzhund-Liebhaber!

Heute schützen in ganz Nordamerika Hunde verschiedenste Nutztierherden vor unterschiedlichsten Angreifern – und das erfolgreich!

In Kanada stellt vor allem der Bär eine Gefahr für die Nutzviehherden dar.

Kanada

Im Sommer 1990 hatte die NEFC vier Herdenschutzhunde zu Herden in British Columbia gegeben. Forstbetriebe hatten größere Flächen abgeholzt und neu bepflanzt. Spontan wachsende Vegetation behinderte die jungen Baumpflanzen, doch konnte diese Vegetation durch die grasenden Schafe unter Kontrolle gebracht werden. Nun boten aber die Schafe in den abgeholzten Flächen günstige Angriffsziele für die Wölfe und Bären. Mit dem erfolgreichen Einsatz der Hunde sollte auch der kanadischen Regierung der Sinn und die Effizienz dieser Maßnahme dokumentiert werden.

Argentinien

In Argentinien umfassen Herden in der Regel mehrere Tausend Tiere, die auf halbtrockenen Prärien grasen. Hauptfeind der Nutztiere ist eine Kojotenart, die Dusicyon culpaeous genannt wird und

Einjähriger Castro Laboreiro Rüde, der auf den für große Hunde gebräuchlichen Namen „Leão“ (Löwe) hört.

deren Angriffen nach Schätzung 5 bis 40 % der Tiere zum Opfer fielen. Als Resultat einer Kooperation zwischen dem New Hampshire College und dem argentinischen Landwirtschaftsministerium wurde 1990 ein Herdenschutzhundprojekt gestartet. Zuerst wurden die vier bereits ausgebildeten Herdenschutzhunde von British Columbia nach Patagonien gebracht und das Ziel war, später die hier geborenen Nachkommen dieser vier Hunde für den Arbeitseinsatz zu trainieren. Der Erfolg dieses Projekts war wechselhaft. Einige Tiere waren effektiv, andere wiederum zeigten Verhaltensweisen, die der Arbeit in und an der Herde abträglich waren. Selbst einer der importierten Hunde zeigte kontraproduktives Verhalten, obwohl er vorher nie diesbezüglich auffällig gewesen war. Es wird vermutet, dass sich dieses Fehlverhalten aufgrund mangelnder Kontrolle und Aufsicht einschleichen konnte, denn bisher waren die Hunde unter ständiger Anleitung eines hauptberuflich beschäftigten Schäfers gewesen. Letztlich wurde dieses Projekt nicht deswegen eingestellt, weil die Hunde nicht ausreichend begabt gewesen wären, um die Schutzfunktion auszuüben. Aber die Unterrichtung der Hunde wie auch der Schäfer und der Erfahrungsaustausch gestaltete sich äußerst schwierig bis problematisch. Auch fehlte es den Schafzüchtern an staatlicher Unterstützung und finanzieller Förderung.

Der Pyrenäenberghund wird in Norwegen noch vereinzelt an der Herde eingesetzt.

Norwegen

1993 startete Norwegen ein Herdenschutzhundprojekt. Aus der Zusammenarbeit zwischen norwegischen Naturschutz- und Umweltorganisationen und einem Pyrenäenberghundzüchter resultierte die Eingliederung von sechs Pyrenäenberghundwelpen in drei verschiedene Herdenverbände. Dieses Projekt gab einigen Diskussionsstoff in Kreisen der Hundezüchter Norwegens, fürchtete man doch um den Ruf der Rasse und sah die Beliebtheit als Familienhund schwinden. 1994 begann dann eine wissenschaftliche Untersuchungsreihe zur Schadensvermeidung durch den Einsatz von Pyrenäenberghunden, die sich über zwei Jahre erstrecken sollte. Die Forschungsreihe untersuchte verschiedene Aspekte der Schutzfähigkeiten dieser Rasse, ihren Umgang mit und ihr Verhalten zu anderen Tieren und ihren Nutzen in der Aufgabenstellung unter norwegischen Bedingungen und bei den dort üblichen Beutegreifern. Es entstanden aber auch rechtliche Probleme, da die frei laufenden Hunde und die Rechte der Einwohner nicht in Einklang gebracht werden konnten und Einschränkungen verhängt wurden.

1997 wurde ein Experiment gestartet, bei welchem der Einsatz von Herdenschutzhunden, aber auch Hüte- und Treibhunden, zur

Minimierung der Angriffe durch Bären und Wölfe bei frei grasenden Schafen während der Sommermonate untersucht werden sollte. Dafür wurden Hunde aus Italien und Polen eingeführt, da Norwegen keine eigenen Herdenschutzhundrassen beheimatet. Diese waren auch durchaus sogleich erfolgreich in der Verteidigung der Herden und Abschreckung der Angreifer. Doch bevor die Herdenschutzhunde eingesetzt wurden, mussten zuerst Hüte- und Treibhunde eingearbeitet werden, die die Herden zusammenhielten und die Versprengung der Tiere verhinderten. Dies war eine neue Komponente im norwegischen Landwirtschaftsmanagement, welche zusätzliche Kosten verursachte und die Akzeptanz des Projektes auf breiter Front verhinderte.

Ebenfalls 1997 begann ein Projekt zur Reduzierung von Mensch-Wolf-Konflikten. Auch in diesem Projekt sollten Herdenschutzhunde eingesetzt werden, um Herden während der Sommermonate zu beschützen. Doch es gab Probleme beim Erwerb brauchbarer Hunde, da die norwegischen Hunde der geeigneten Rassen allesamt aus Schönheitslinien abstammten, nicht jedoch aus Arbeitslinien. Dies war von dem Forschungsteam nicht hinreichend berücksichtigt worden.

Früh an andere Hunde gewöhnt, spielen auch Herdenschutzhunde gern und ausdauernd.

In Namibia stellt der Gepard (cheetah) die größte Gefahr für die Nutztiere dar.

Namibia

In Namibia stellt eine bestimmte Gepardenart das Hauptproblem der Viehzüchter und Hirten dar. Die Gepardenart ist selten, man geht von noch ca. 12.000 Exemplaren aus, von welchen 2.500 in Namibia leben. Diese „cheetahs" sind geschützt, dennoch haben die Hirten das Recht die Geparden von ihrem Besitz zu entfernen und dürfen sie mit dem Gewehr oder der Schlinge und Fallen jagen, wenn sie eine Gefahr für die Herden darstellen. Zu den üblichen Methoden der Abwehr von Predatoren, seien dies nun Geparden oder auch Schakale und Hyänen, gehört auch der Gebrauch von kleinen Mischlingshunden oder aber von Pavianen, also quasi „Herdenschutz-Affen"!

Eine Naturschutzorganisation, die CCF (Cheetah Conservation Fund), suchte gemeinsam mit den Farmern nach ungiftigen und nicht tödlichen Methoden des Umgangs mit den Beutegreifern. Es wurde angestrebt, ein gutes Verhältnis zwischen den Viehzüchtern und den Natur- und Tierschützern zu erzielen und dem Abschuss der Geparden entgegenzuwirken, um deren Überleben zu sichern. Seit 1994 ist eine der Versuchsmethoden zur Eindämmung der Schäden an Weidevieh durch Geparden der Einsatz von Herdenschutzhunden. Hierzu wurden zehn Anatolische Hirtenhunde durch private Initiative und Unterstützung aus Nordamerika ins Land gebracht. Durch die Verpaarungen untereinander verfügt die CCF heute über 120 Hunde, die ihre Herden in Namibia schützen. Dies Projekt ist sehr effektiv, beinhaltet auch selektive Zucht und Auswahl der Hunde durch die Besitzer und die kontinuierliche Unterrichtung, Information und Betreuung der Hirten.

Spanien

Seit 1992 fördert die Schweizer Organisation FTN (Fondation Transhumance & Nature) ein Projekt, welches die Wiederentdeckung der spanischen Viehwanderrouten, der alten Pfade der Transhumanzen, zum Ziel hat. Während der Jahre 1993 bis 1996 ist es gelungen, insgesamt sieben der alten, verlassenen Strecken mit rund 10.000 Kilometern Gesamtlänge aufzufinden. 1997 wurde es auch möglich, den Mastin Espanol wieder als Herdenschutzhund einzugliedern. Somit wurde gleichzeitig der Herdenschutz und der Wolfschutz in Spanien neu verwirklicht. Parallel dazu wurde auch der Braunbär wieder in den Pyrenäen angesiedelt. Trotz einiger Anfeindungen durch spanische Lokalverbände wurden auch Mastin de los Pirineos zum Schutz der Herden eingesetzt.

Portugal

In Portugal laufen verschiedene Projekte zum Herdenschutz mit Hunden. Eins davon wurde im Montesinho Nationalpark etabliert und bei diesem geht es zusätzlich um den Erhalt einer wenig bekannten portugiesischen Hunderasse, dem „Cao de Gado Transmontano“ oder „Rafeiro Transmontano“, der nur noch in kleiner Population vorkommt. Dieser Hund ist dem Rafeiro Alentejo sehr ähnlich und in Hundezüchterkreisen wird (mal wieder) vortrefflich gestritten, ob es sich hier wirklich um eine eigenständige Rasse oder „nur“ um eine Varietät handelt oder womöglich sogar um einen Mischling aus Alentejo und spanischem Mastiff. Im Verlauf dieses Programms wurde auch eine Bestandsaufnahme der vorhandenen Hunde durchgeführt. Die Welpen werden für einen symbolischen Preis an die Viehzüchter gegeben, die sie in ihre Herden bringen.

Eine andere Untersuchungsreihe wird im Estrela-Nationalpark in den Bergen durchgeführt, wo Estrela-Berghunde im Einsatz sind.

Leider gibt es in keinem der Projekte eine Überwachung der körperlichen Verfassung und der Verhaltensentwicklung der Hunde, auch keine Schulung und Unterrichtung der Besitzer, sprich der Hirten. Dadurch wird eine maximale Nutzung der Fähigkeiten der arbeitenden Hunde ausgeschlossen.

1 Mastin Español in Spanien.

2 Mastin de los Pirineos „Bruno Almanach“ und „Hirou du mas Canigou“.

3 Langhaar-Estrela Hündin „Laika“ ist eine hervorragend arbeitende HSH-Vertreterin!

Ältere Pimenikos Hellenikos Hündin „Ouranitsa".

Griechenland

In Griechenland war der Wolf aufgrund des verminderten Nahrungsangebots in der Wildnis auf Nutztiere angewiesen. Diese Situation führte dazu, dass der Wolf extrem, auch illegal, bejagt und getötet wurde. Es ergaben sich massive Konflikte zwischen Mensch und Wolf und die Viehzüchter sahen in der Tötung des Wolfes die einzige Chance, ihre Herden zu schützen. In der Konsequenz startete die Naturschutzorganisation Arcturos 1998 eine Studie zu Wolf- und Herdenschutz, welche zum Teil auch durch die Europäische Union mit finanziert wird. Eine der ergriffenen Maßnahmen ist der Herdenschutz durch Hunde, bei welchem ursprüngliche griechische Hirtenhundrassen eingesetzt werden.

Bulgarien

In den Gebirgsregionen Bulgariens lebten die Karakachan-Leute mit ihren Karakachan-Schafen und den sie bewachenden Karakachan-Hunden in der Art und Weise, wie sie es aus vielen Jahrhunderten und den Lebensweisen ihrer Groß- und Urgroßvätern gewohnt waren.

Nach den politischen Ereignissen in den späten 1950er Jahren ging die Tradition des nomadischen Hirtenlebens verloren. Die Herden wurden verstaatlicht und jeder private Herdenbesitzer wurde enteignet. Damit ging auch das Arbeitsfeld der Hirtenhunde verloren und es fehlte ihnen nun die Daseinsberechtigung. Dies wiederum führte zum fast vollständigen Verlust der bulgarischen Herdenschutz-Nationalrasse, dem Karakachan, dessen ohnehin kleine Population auch noch durch Tollwutepidemien dezimiert wurde. Statt mit den wenigen verbliebenen Tieren den Aufbau einer neuen Reinzucht zu starten, wurden diese in den letzten zwanzig Jahren mit diversen anderen Rassen gekreuzt. Dies waren u. a. Bernhardiner-Schläge, was der Gesundheit der Karakachan leider nicht dienlich war.

Seit 1989 wächst die Wolfpopulation in Bulgarien wieder an, was einen verstärkten Schutz der Herden notwendig macht. Man besinnt sich auf die alten Traditionen, doch leider sind nun nur noch wenige der ursprünglichen Hunde vorhanden. Seit 1992 betreibt die bulgarische Organisation „Semperviva" ein Zuchtzentrum für Karakachan-Hunde. Die dort geborenen Welpen werden frühstmöglich an Viehzüchter und Hirten gegeben. Aktiv engagieren sich auch die Brüder Atila und Sider Sedefchev, beides Biologen, die die Zuchtstätte „Kara-Kitan" betreiben. 1997 startete das Wolfschutzprojekt „Wolf-Man-Coexistence", welches durch „Euronature" finanziert wird und von der bulgarischen Naturschutzorganisation „Green-Balkans-Society Sofia" unterstützt wird. Das Ziel ist die Verringerung der Konflikte und Missverständnisse zwischen Wolf und Mensch und die Verbesserung des Herdenschutzes mittels natürlicher, traditioneller Methoden. Dieses Projekt ermöglichte es, eine Anzahl reinrassiger Karakachan in einigen Regionen des Landes in den Dienst an der Herde zu bringen. Genaue Untersuchungen der Hunde, ihrer körperlichen Verfassung und ihres Verhaltens, wurden vorgenommen, um nur die bestarbeitenden Hunde und deren Nachkommen weiter im Projekt zu führen. Gleichzeitig wurde die Wolfpopulation studiert und dokumentiert. Hauptaugenmerk galt den Angriffsstrategien und den durch Wölfe an Weidevieh verursachten Schäden.

Hirten, deren Herden häufig von angreifenden Wölfen heimgesucht wurden, erhielten ein Pärchen Karakachan-Welpen oder, wenn sie bereits einen solchen Hund hatten, einen Welpen des anderen Geschlechts dazu. Dies stellte sich als effektivstes Schutz-Team heraus, gleichzeitig wurde die Nachzucht von reinrassigen Hunden gesichert, die dann wiederum an andere Hirten gegeben werden konnten. Ein selbstfunktionierendes System hatte sich entwickelt. Die Hunde sind unter regelmäßiger Kontrolle und Beobachtung, auch die Besitzer werden regelmäßig befragt. Obwohl die Anzahl der Hunde in dieser Untersuchungsreihe noch relativ klein ist und die Hunde auch noch verhältnismäßig jung sind, lässt sich dennoch resümieren, dass die Hunde einen effektiven Schutz darstellen, einen vertrauensvollen und vertrauten Umgang mit der Herde pflegen und aufmerksam und zuverlässig ihre Aufgabe erfüllen. Eindeutig nimmt die Attraktivität der durch Hunde bewachten Herde für die Wölfe ab, es zeigt sich ein deutlicher Unterschied zu der Zeit, wo noch keine Hunde im Einsatz waren, bzw. zu den Herden, wo auch heute noch keine Hunde anwesend sind.

Bulgarische Weihnachtsgrußkarte, die die typischen Tiere des Landes zeigt: Karakachan-Hunde, Karakachan-Schafe, Wolf und Bär.

Karakachan Rüde „Buyan KaraKitan“.

Eine Akbash-Familie beim gemeinsamen Ausflug.

Türkei

In Bezug auf den realen Einsatz von Hunden zum Schutz von Herden in der Türkei ließ sich kaum verwendbares Material finden. Innerhalb des Landes gibt es viele kontroverse Meinungen, was überhaupt an ursprünglichen türkischen Hunderassen existiert und was eigentlich „nur" Schläge oder Varietäten sind. Die Wahrung und Aufrechterhaltung der Zucht obliegt einigen wenigen Zuchtstätten, doch (be-)verhindert diese Art der Zucht in den meisten Fällen einen Einsatz der Hunde als Herdenschutzhunde und damit die Möglichkeit der sozialen Akzeptanz anderer Tiere und der Integration in und Adaption an eine Herde.

Slowakei

In der Slowakei ist viel Wissen um das ursprüngliche Hirtenwesen und die Ausbildung der Hunde verloren gegangen. Veränderungen des politischen wie des sozialen Systems vertrieben einen hohen Prozentsatz der Landbevölkerung von den Feldern. Die einheimischen Herdenschutzhunde, die Slovenský Čuvač, werden unter Bedingungen gehalten, die ihrer Effektivität als Herdenbewacher und Beschützer von Anwesen hinderlich gegenüber stehen: Sie sind angebunden oder werden in Zwingern gehalten! In den Sommermonaten werden sie häufig an Hirten „vermietet", wenn die Herden in den Bergen auf den Sommerweiden sind. Als Welpen bleiben sie auf den Weiden bei den Menschen, haben eigentlich keinen rechten Kontakt zu den Schaf- oder sonstigen Tierherden. Später werden sie in die Mitte der Herde mit einem 2 bis 4 m langen Seil angepflockt. Laut Aussage der dortigen Hirten wird dies so gehandhabt, weil die

In der Slowakei bewachen nur noch wenige Hunde frei die Herde. Viele werden an einem langen Seil angepflockt und können somit ihrer ursprünglichen Aufgabe nicht mehr gerecht werden.

Hunde sonst eventuell jemanden beißen könnten oder in den Wald laufen, um zu jagen! Diese Methode ist nicht wirksam und förderlich, um einen sozialen Verbund zwischen Hunden und Nutztieren entstehen zu lassen, aus welchem heraus sie ihre Verteidigungsbereitschaft und die sonstigen geschätzten Eigenschaften des Herdenschutzhundes entwickeln könnten. Lediglich das warnende Bellen bleibt ihnen, was sie auch gern und ausgiebig in ihrer ausweglosen Lage tun. Dies alles ist jedoch nicht einer etwaigen Unfähigkeit des Hundes zuzuschreiben, sondern der Unfähigkeit des Menschen und dem verloren gegangenen Wissen. 1993 initiierte die Gesellschaft zum Schutz der Wölfe e.V. (GzSdW) ein Wolfschutzprogramm im Tatra-Nationalpark, TANAP, nahe der polnischen Grenze. Im Rahmen dieses Wolfschutzprojektes wurden einige Podhalanerwelpen in die Slowakei gebracht, wo sie auf Schafe sozialisiert wurden und ihre ursprünglichen Eigenschaften als Herdenschutzhunde wieder geweckt wurden. Sie zeigten nach anfänglichen Schwierigkeiten, die von Günther Bloch ausführlich und nicht ohne Unterhaltungswert in diversen Seminaren und Artikelveröffentlichungen beschrieben wurden, das erhoffte effektive Schutzverhalten. Mit akribischer Sorgfalt wurden alle Beobachtungen dokumentiert. Erstmalig wurden dabei auch HSH mit Radiohalsbändern ausgestattet, um überprüfen zu können, ob bewachende Hunde und die die Schafe angreifenden Wölfe direkten Kontakt haben. Die erhaltenen Forschungsergebnisse belegen, dass allein die Präsenz von HSH ausreicht, um Wölfe fernzuhalten und deren Interesse auf nicht geschützte Schafherden umzuleiten. Zu direkter Konfrontation in Form von Kämpfen zwischen HSH und Wölfen kam es nie.

Slovenský Čuvač Hündin „Gaia Bär vom Wolfshorn“.

Der Luchs ist ein weiterer Beutegreifer, der wie der Wolf auch in Deutschland wieder beheimatet ist.

Schweiz

Der eigentlich einzige Feind der Weidetiere in der Schweiz ist der Luchs, nachdem er zuerst Ende des 19.Jahrhunderts ausgerottet und ab 1970 wieder angesiedelt wurde. Wolf und Bär waren ebenfalls Ende des 19./Anfang des 20. Jahrhunderts ausgerottet worden. Dennoch gibt es heute wieder ein geringes Wolfvorkommen in der Alpenregion, Tiere, die Ende 1980 aus Italien eingewandert sein dürften und grenzüberschreitend Strecken von rund 200 km zwischen Italien und der Schweiz zurücklegten. Diese Tatsache führte zu großer Besorgnis, da der Umgang mit großen Beutegreifern nicht mehr gewohnt war und es einige größere Nutztier-Verluste Mitte 1990 zu beklagen gab. Da es durchaus möglich ist, dass die Wolfpopulation durch Zuwanderungen aus Italien und Frankreich noch anwächst, müssen Methoden des effektiven Herdenschutzes gefunden bzw. die Rückbesinnung auf die alten Traditionen in Erwägung gezogen werden. Eine dieser alten Traditionen wäre eben der Schutz durch Herdenschutzhunde. Die Renaissance dieser Tradition müsste aber vorangetrieben werden, bevor die Wolfpopulation anwächst, denn immerhin dauert es mindestens zwei Jahre, bis Hunde einen wirkungsvollen Schutz darstellen. Aus diesem Grund wurden zwei junge Pyrenäenberghunde zu einer Herde gegeben und genau beobachtet, wobei ihr Verhalten dokumentiert und analysiert wurde. Sie sollten Aufschluss über die Möglichkeit und Effektivität der Methode in den Schweizer Alpen geben, auch sollte überprüft werden, ob bodenständige Schweizer Hunderassen wie z. B. Großer Schweizer Sennenhund, Bernhardiner oder Berner Sennenhund ebenfalls einsetzbar sein könnten.

Deutschland

Der erfreuliche Umstand der Rückkehr des Wolfes nach Deutschland geht Hand in Hand mit der Notwendigkeit, auch in unserem Land über geeignete Schutzmaßnahmen für die wenigen noch existierenden Schafherden nachzudenken. Am 03.05.2002 berichtete die Westfälische Rundschau über eine Attacke von Wölfen, welche von Polen kommend nach Sachsen eingewandert waren und bei welcher zwanzig Schafe gerissen wurden. Als zukünftige Schutzmaßnahme wurden Gummigeschosse in Erwägung gezogen. Der Besonnenheit des „Sächsischen Staatsministeriums für Umwelt und Landwirtschaft" (SMUL) und der konstruktiven Zusammenarbeit dieses Ministeriums mit der Gesellschaft zum Schutz der Wölfe e.V. (GzSdW) ist es zu verdanken, dass über den Herdenschutz durch Hunde nicht nur nachgedacht wird, sondern diese alte Tradition auch in Deutschland wiederbelebt und ausprobiert wird! „Am 14.5.2003 hat deshalb das SMUL (vertreten durch Dr. Michael Gruschwitz) das Staatliche Umweltfachamt Bautzen (vertreten durch Friedhard Förster), das Staatliche Amt für Landwirtschaft und Gartenbau Großenhain (vertreten durch die Fachberaterin für Schaf- und Ziegenzucht, Carola Förster), das Wildbiologische Büro LUPUS (vertreten durch Gesa Kluth und Ilka Reinhardt) und den Vorstand der GzSdW (vertreten durch Dr. Peter Blanché und Dr. Rolf Jäger) zu einer Gesprächsrunde nach Dresden eingeladen, auf der die Möglichkeiten der Zusammenarbeit und Koordination im sächsischen Wolfsmanagement zwischen den genannten 'Parteien' besprochen und geregelt werden sollte. (...)
Im Rahmen der geplanten Schwerpunktaufgaben im laufenden Wolfsmanagement liegen

1) das wissenschaftliche Monitoring und die Vor-Ort-Betreuung und -Beratung der Schafhalter im Verantwortungsbereich des Wildbiologischen Büros LUPUS.
2) das Projekt „Herdenschutzhunde", die Organisation von fachlich orientierten Informationsveranstaltungen sowie die Erstellung geeigneter Informationsunterlagen im Verantwortungsbereich der GzSdW." (GzSdW, Rudelnachrichten 2 & 3/2003)

Jean Marc Landry vermittelte drei Pyrenäenberghunde aus der Schweiz, wo sich bereits deren Eltern im Arbeitseinsatz bei der Herde bewährten. Zusätzlich wurde noch ein Tornjakwelpe mit in das Projekt integriert. Zum jetzigen Zeitpunkt lässt sich noch nicht viel über die mögliche Effizienz der Hunde sagen, da sich altersbedingt erst die feste Anbindung an die Schafe entwickeln muss. Die Betreuungsgruppe der GzSdW, bestehend aus Gesa Kluth, Jean Marc Landry und dem GzSdW-Vorstand, hat aber ein wachsames Auge auf die Hunde und ihre Entwicklung und steht auch den Schafhaltern mit Rat und Tat zur Seite. Es bleibt zu wünschen und zu hoffen, dass diese Methode fruchten wird und auch die Skeptiker unter den Schafhirten überzeugen kann.

Tornjak Hündin „Jemina" aus dem Ursprungsland.

Frankreich

In Frankreich, einem der hundefreundlichsten, aber auch populationsstärksten Länder Europas, stellen streunende Hunde das größte Problem für Viehhalter dar. Laut französischem Landwirtschaftministerium fallen jährlich 10 % der Schafe Hundeattacken zum Opfer. In den Jahren 1980 bis 1985 wurde deshalb in Zusammenarbeit des Landwirtschaftsministeriums mit dem französischen Hundeverband ein Projekt ins Leben gerufen, bei welchem Nutztierherden von Pyrenäenberghunden, auch als Patou bezeichnet, geschützt werden sollten. Die Hunde wurden nach ihrer Herkunft ausgesucht, bereits ihre Eltern standen im Arbeitseinsatz. Die ersten Auswertungen 1988 zeigten, dass in den Herden, in welchen Hunde ihren Dienst versahen, die Überfälle durch streunende Hunde aufgehört hatten. Aufgrund dieser Erfolge organisierten sich die Schafzüchter in der

Der Pyrenäenberghund, auch als Patou bezeichnet, wird in Frankreich sehr gefördert.

Organisation „Association pour la Promotion des Animaux de Protection (APAP)“ und gründeten 1992 in Zusammenarbeit mit dem französischen Landwirtschaftsministerium und dem französischen Hundeverband den Verein „Chiens de Protection“.

Diese landesweit verbreitete Organisation macht es sich zum Hauptanliegen, den Einsatz von Herdenschutzhunden zu fördern und zu überwachen und die Informationen über diese Hunde und ihr spezielles Verhaltensrepertoire, vor allem „im Dienst“, zu verbreiten.

Seit der Wolf Anfang 1990 über Italien nach Frankreich zurückgekehrt ist und in den Schafherden eine günstige Nahrungsquelle wähnt, ergibt sich ein neues Problem. Die Organisation APAP, in Zusammenarbeit mit der Direktion des Nationalparks du Mercantour, startete daher 1994 ein Experiment, in welchem sie ein sechs Monate altes Pärchen Pyrenäenberghunde zu einer 2.000 Tiere zählenden Schafherde gab. Den ganzen Sommer verbrachten die Hunde und Schafe zusammen auf den Bergweiden und zum Ende der Weidesaison zeigte sich, dass die Herde nur zweimal angegriffen worden war und nur fünf Schafe gerissen wurden.

Seit 1992 beschäftigt sich eine weitere Organisation mit dem Herdenschutz durch Hunde: ARTUS, in welcher Wissenschaftler und Naturschützer arbeiten. Bis 2000 hatten sie bereits 27 Hunde in diverse Herdenverbände platziert.

Pyrenäenberghund „Mischa vom Berkahof" (Janosch).

Was ich persönlich besonders bemerkenswert finde, ist die hervorragende Aufklärung von Wanderern und sonstigen Besuchern der französischen (National-)Parks. Von der Regionalverwaltung der Umgebung Midi-Pyrenees, dem Landwirtschafts- und Fischerei-Ministerium und der Bezirksverwaltung für Landwirtschaft und Wälder des Departements Alpes-Maritimes (Seealpen) herausgegeben, erhalten Touristen ein zweisprachiges Merkblatt, welches auf die Anwesenheit und den Einsatz von Herdenschutzhunden hinweist. Aus einem solchen Merkblatt möchte ich einige Anmerkungen zitieren.

MERKBLATT FÜR TOURISTEN IN DEN FRANZÖSISCHEN NATIONALPARKS

Wanderer, auf euren Wanderungen werdet ihr wahrscheinlich große, weiße Hunde treffen, die euch vielleicht durch ihre Körpergröße beeindrucken werden. Oft „pastous“ oder „patous“ genannt, leben diese Hunde unter die (Schaf-)Herden gemischt und stellen deren Schutz sicher.

Der älteste Helfer des Schäfers

Er gehört zum Kulturerbe der Bergwelt. In Frankreich eingesetzt bis zum Ende des 19ten Jahrhunderts ist er immer mehr von unseren Weideflächen verschwunden, bedingt durch den Rückgang (Ausrottung) der großen Raubtiere (Bären, Wölfe, Luchse). Durch die natürliche Rückkehr des Wolfes im Nationalpark Mercantour und die Wiederansiedlung des Bären in den Zentralpyrenäen wurde das Interesse für diese Art von Hunden neu geweckt. Im Gegensatz zum Begleithund gehört es nicht zur Aufgabe des Schutzhundes die Herde zusammenzuhalten, sondern sie gegen Angriffe wilder Tiere und/oder streunender Hunde zu schützen. Der Herde die meiste Zeit vorausgehend, inspiziert der Hund das Gelände vor der Ankunft der Mutterschafe, baut dann um die Herde herum eine Schutzzone auf, die es ihm erlaubt, allen Störungen entgegenzuwirken.

Seine Familie – die Schafe

In der Schäferei geboren tritt der Hund in sehr engen Kontakt mit den Schafen. Die Beziehung zu den Mutterschafen baut sich in einer, sich wiederholend weiterentwickelnden Art bis hin zur totalen Akzeptanz auf. Der Schutzhund schläft, lebt und frisst mit seiner Herde.

Seine Waffe – die Abschreckung

Diese Hunde sind keine Angriffshunde, sondern arbeiten nach dem Prinzip der Abschreckung. Aufgrund ihrer bloßen Anwesenheit und ihrer Körpergröße entmutigen sie schon viele Raubtiere, Angriffe zu unternehmen.
Die erste Reaktion des Schutzhundes ist das Bellen (um den Fremden vor seiner Anwesenheit zu warnen, um den Schäfer und seine Herde zu alarmieren). Gleichzeitig stellt er sich zwischen seine Herde und den oder die Eindringlinge. Wenn diese Warnung nicht ernst genommen wird oder wenn das Raubtier tatsächlich aggressiv wird, kann der Hund bis zur körperlichen Auseinandersetzung gehen.

Wenn Sie den Patous begegnen

Ein guter Schutzhund, der seine Herde bewacht, warnt den Schäfer vor jeder Störung im nahen Umfeld der Schafe. Ein derart bellender und den Abhang herunterkommender Hund kann einen mächtig beeindrucken. Wenn das der Fall ist: Verhalten Sie sich ruhig! Schreien Sie nicht! Werfen Sie keine Steine! Drohen Sie nicht mit Ihrem Stock! Der Hund könnte das als Aggression auffassen. Bleiben Sie stehen oder setzen Sie Ihren Weg die Herde zu umgehen fort. Der Hund wird Sie wittern, einen Menschen erkennen, und dann, nachdem er Sie einen Moment begleitet hat, um sich von Ihren Absichten zu überzeugen, zu seiner Herde zurückkehren.

Mit diesen Worten, aus denen deutlich der Stolz und die Ehrerbietung klingt, welchen die Franzosen „ihren arbeitenden Patous“ entgegenbringen, möchte ich diesen ersten Teil abschließen. Klarer und zutreffender kann man das Wesen der Herdenschutzhunde, ihre Art der Feindesabwehr und den Umgang mit diesen Wächtern und Beschützern eigentlich nicht beschreiben.

Nun wollen wir schauen, wie wir den Weg vom Herdenbewacher zum Familienbegleiter beschreiten können, welche Hürden wir zu überwinden haben, welche Chancen und Gelegenheiten uns das herdenschutzhundtypische Naturell für den Familienhund bietet und welche typbestimmenden Eigenschaften uns (vielleicht) manchmal doch zu der scherzhaften Frage Anlass geben, ob in der Ahnenreihe dieser Hunde womöglich starrsinnige Esel und dickfellige Elefanten anzutreffen sind?

Alentejo-Hündin „Pantufa“ inmitten der Schafe. Das Bild zeigt eindrucksvoll, wie angeglichen das äußere Erscheinungsbild von Herdenschutzhunden und Nutztieren ist.

Zucht und Aufzucht

Die Zucht von Herdenschutzhunden

Der Sommer 2000 bescherte uns so viel unnütze Maßnahmen, Regelungen und an jeder Vernunft und wissenschaftlichen Erkenntnis vorbeigehende Vorschriften. Sinnvolle Richtlinien sind dagegen leider nicht oder kaum getroffen worden – und der Eindruck verdichtet sich, dass es auf politischer Seite darum auch gar nicht ging und geht. Eine sinnvolle Regelung wäre sicher der bundesweite Erlass eines Heimtierzuchtgesetzes, welches verantwortungsvolle, kompetente Züchter von Hinterhofvermehrern und Hundehändlern abgrenzt und letzteren endlich das Handwerk legt. Somit würden auch gutgläubige Welpenkäufer geschützt, die nach wie vor dem Charme trauriger Welpenaugen erliegen und vielfach einen Mitleidskauf tätigen, um einen Welpen aus unwürdigem Dasein „zu erlösen". Die Probleme für sich und die sie umgebende Gesellschaft kaufen sie in vielen Fällen gleich mit.

Da dieses Buch primär kein Ratgeber für Züchter und Zuchthandhabung darstellen soll, möchte ich mich mit dem Thema Zucht hinsichtlich Formalien, Deckung, Trächtigkeit und Geburt nur kurzgefasst und peripher beschäftigen. Es gibt auf dem Büchermarkt mittlerweile eine Fülle hervorragender Literatur zu diesem Thema, so dass ich auf diese verweise.

Doch möchte ich auf einige, im direkten Zusammenhang mit der Zucht von Herdenschutzhunden stehende Umstände aufmerksam machen, die ich für erwähnens- und beachtenswert halte!

Polski Owczarek Podhalanski Rüde „Senator z Butorowego wierchu" mit Severian. HSH erweisen sich in der eigenen Familie meist als sehr kinderfreundlich und geduldig. Die Akzeptanz von und den Umgang mit Besucherkindern müssen sie lernen!

Der Zentralasiatische Owtscharka ist in Deutschland weniger bekannt (Zentralasiat „Tagar“). 1

Und auch der aus Italien stammende Bergamasker ist hierzulande eher selten (Bergamasker Rüde „Gamo“). 2

Der Kuvasz stellt einen der populärsten HSH-Vertreter dar (Kuvasz Rüde „Mogli von Anka“). 3

Zucht der HSH

Einige der anerkannten HSH-Rassen werden in Deutschland gar nicht gezüchtet, andere eher selten und mit geringer jährlicher Welpenzahl. Interessant in diesem Zusammenhang ist ein themenentsprechender Auszug aus der „Welpenstatistik des Verbandes für das Deutsche Hundewesen (VDH) e.V.“ für die Jahre 2011 bis 2016 (https://www.vdh.de/ueber-den-vdh/welpenstatistik/). Er gibt Aufschluss über die im VDH bekanntesten und eher verbreiteten Herdenschutzhunde in Deutschland. Die vorangestellten Zahlen von 2002 zeigen den Einfluss der politischen Restriktionen nach dem Sommer 2000, der in Anlehnung an den Begriff „Pillenknick“ vielleicht als „Kampfhund-Hysterie-Knick“ bezeichnet werden kann. Manche Rassen haben sich davon nie erholt, einige sind zur Zeit komplett „verschwunden“. Deutlich macht diese Auflistung aber auch, dass es weit mehr HSH in Deutschland gibt, als hier gezüchtet werden. Das belegt die relativ hohe Zahl an Importhunden, sei es aus ausländischen Zuchtstätten (nicht ungewöhnlich bei ausländischen Rassen und daher nicht wertend zu verstehen) oder über diverse Tierschutzorganisationen. Die auffallend große Zahl HSH, vor allem HSH-Mixe in Tierheimen ist nicht zu übersehen.

Diverse Zuchtvoraussetzungen

Die Betreuung einer Rasse durch einen Verein mit oder ohne Verbandszugehörigkeit suggeriert zumindest eine Kontrolle der Zucht, Zuchthandhabung und der Zuchthunde. Häufig gilt ein bestimmtes Mindestalter für die Zuchtverwendung der Hunde und sie dürfen nur maximal bis zu einer bestimmten Altersgrenze in der Zucht eingesetzt werden. Dies ist meist das vollendete 8. Lebensjahr, zumindest bei den Hündinnen. Doch keine Regel ohne Ausnahme – und so lassen manche Zuchtordnungen hier auch „ausnahmsweise“ andere Regelungen zu. Mag das für Rüden noch weitestgehend unproblematisch sein, so ist es für Hündinnen mit Risiken verbunden.

Welpenzahlen (VDH von 2011 - 2016)

Rasse	Welpenzahl							
	(2002)	2011	2012	2013	2014	2015	2016	gesamt
Pyrenäen Berghund	(78)	43	73	79	32	95	41	363
Kuvasz	(158)	71	39	50	40	50	54	304
Maremanno-Abruzzese	(13)	28	9	36	6	16	26	121
Slovenský Čuvač	(7)	26	16	10	28	16	13	109
Do Khyi	(20)	15	24	26	6	33	0	109
Bergamasker	(5)	0	21	11	17	10	26	85
Owczarek Podhalanski	(12)	19	0	30	18	8	8	83
Kaukasiascher Owtscharka	(24)	9	4	15	22	14	0	64
Komondor	(5)	12	4	0	8	5	5	34
Anatolischer Hirtenhund	(13)	10	0	1	10	0	0	21
Mastin de los Pirineos	(6)	7	6	0	0	4	7	24
Südrussischer Owtscharka	(0)	0	0	0	4	3	0	7
Cao de Castro Laboreiro	(0)	0	0	0	0	0	0	0
Mastin Espanol	(11)	0	0	0	0	0	0	0
Kraški Ovčar	(10)	0	0	0	0	0	0	0
Šarplaninac	(0)	0	0	0	0	0	0	0
Zentralasiatischer Owtscharka	(0)	0	0	0	0	0	0	0
								1298 Hunde gesamt (ohne 2002)

In der Regel müssen Zuchthunde auch eine Zuchttauglichkeitsprüfung bestanden haben, bei einigen Vereinen beinhaltet diese auch eine Verhaltensüberprüfung oder setzt diese voraus. Hierbei werden das standardgerechte Äußere (Exterieur oder auch Phänotyp genannt) bewertet und auf psychische Stabilität (Fehlen von Unsicherheit und Aggression) geachtet. Oft sind Vereine auch bei der Auswahl der Zuchtpartner beratend behilflich und überwachen die Aufzucht der Welpen. Alles steht und fällt aber mit den ausführenden Kräften und stellt nicht automatisch eine Sicherheit und Garantie dar. Eine regelmäßige Schulung und Fortbildung von Züchtern (und hierzu gehö-

Ein ganzer Wurf Kuvasz Welpen (F-Wurf „vom Drachenfels").

ren auch Deckrüdenbesitzer!), sollte heutzutage und bei dem mannigfaltigen Angebot eine Selbstverständlichkeit sein und überprüft werden. Leider gibt es hierzu keine einheitlichen Vorschriften, wie sie z.B. durch ein generelles und unabhängiges (!) Heimtierzuchtgesetz landesweit etabliert werden könnten.

Gesundheitliche Voraussetzungen

Von zur Zucht vorgesehenen bzw. in der Zucht befindlichen Hunden sollten Ergebnisse von röntgendiagnostischen Untersuchungen der Hüftgelenke (Hüftgelenksdysplasie, HD), der Ellenbogen- (Ellenbogendysplasie, ED) und der Schultergelenke *(Osteochondrosis dissecans*, OCD) vorgelegt werden können. Da, wo Dispositionen innerhalb der Rasse für bestimmte Erkrankungen bekannt sind (z.B. Augenerkrankungen, Schilddrüsenprobleme u.a.), sollten auch hierzu spezifizierte Untersuchungen vor Zuchtverwendung erfolgen und nachgewiesen werden.

Der Inzuchtwert

Sinnvoll ist es auf jeden Fall auch, den Inzuchtkoeffizienten (IK) einer Verpaarung zu beachten. Verlorengegangene Gene sind verloren und nicht wieder einfach „herbeizuzaubern". Die Risiken von zu enger Verwandtschaftsverpaarung oder von Linienzucht sind hinlänglich bekannt und in diverser Literatur beschrieben. Es ist wissenschaftlich nachgewiesen, dass zwischen hohen Inzuchtgraden und physischen wie psychischen Auffälligkeiten ein kausaler Zusammenhang bestehen kann. So sollte dieser Erkenntnis in verantwortungsbewusster Hundezucht Beachtung geschenkt werden, umso mehr, als uns die Natur selbst lehrt, dass Inzucht bei wildlebenden Tieren

Maremmano Welpe „Jule" ("Bocca di Rosa di Selvaspina").

Castro Laboreiro Welpe mit Schafen.

weitestgehend vermieden wird! „Eine Verminderung der Heterozygotie bzw. die Erhöhung der Homozygotie (= Anteil der Loci mit zwei gleichen Allelen) führt nun zu mehr Risiko durch Schadfaktoren, die Defektgene, die als einzelnes Allel allein keine Wirkung zeigen. Das ist für jedes sich frei lebend fortpflanzende Tierpaar im Hinblick auf seine Nachkommenschaft alles andere als wünschenswert, daher hat die Natur bei den höheren Tieren – von speziellen Ausnahmefällen abgesehen – mit gutem Grund in verschiedenster Weise vorgesorgt, Inzucht nach Möglichkeit zu vermeiden.“ (Wachtel, 1997)

Anforderungen an den Züchter

Alle Voraussetzungen muss (!) ein Züchter aus seiner eigenen Überzeugung heraus leisten und nicht nur, wenn und weil eine Vorschrift ihm dies gebietet. Er ist verantwortlich für das Leben, das durch sein Dazutun entsteht. Und dieser Verantwortung MUSS er sich bewusst sein. Umfassende Kenntnisse in Bezug auf die Rasse (Standard), auf grundsätzliche Dinge rund um das Zuchtgeschehen, zu Anatomie, Genetik, auch Epigenetik (!), zur Welpenaufzucht und -sozialisation, muss ein Züchter sich aneignen.

Estrela-Berghund Welpen.

Immerhin steht der Züchter an erster Stelle, wenn der Welpenkäufer Sorgen, Fragen, Probleme hat. Und dieser darf erwarten, dass er seine Fragen und Probleme auch kompetent mit „seinem“ Züchter besprechen kann und nicht mit Halbwissen, hohlen Phrasen oder Achselzucken abgefertigt wird. Dieses eigene Verantwortungsbewusstsein eines Züchters garantiert letztlich eher eine kompetente Zuchthandhabung und sorgfältige und gewissenhafte Welpenaufzucht, als eine bestehende Vereinszugehörigkeit! Denn wie der Volksmund so treffend feststellt, haben Verein und Verstand nicht selten wirklich nur die erste Silbe gemeinsam...

Qualität vor Quantität

Da die Würfe bei den Herdenschutzhundrassen mit 6, 8 oder auch 10 Welpen (selten auch noch mehr!) je Wurf relativ groß sind, hat eine Mutterhündin und der dazugehörige Züchter hinreichend und ausgiebig zu tun, um den einen Wurf ordentlich aufzuziehen, zu sozialisieren und auf das spätere Leben inmitten unseres Alltagsstresses vorzubereiten. Wie wollte er das wirklich schaffen, wenn zeitgleich Welpen aus mehreren Würfen zur Welt kommen? Deshalb sollte jeder Welpeninteressent aufmerksam und hellhörig werden, wenn zeitgleich oder mit nur wenigen Wochen Abstand Welpen vorhanden sind bzw. angepriesen werden. Hier scheint der wirtschaftliche Aspekt höher angesetzt zu werden als die sorgsame und in Ruhe und mit Entspannung vonstatten gehende Welpenaufzucht!

Nach der Geburt von welpenzahlstarken Würfen (das sind in der Regel mehr als acht aufgezogene Welpen), sollten auch der Mutterhündin längere Pausen bis zur nächsten Zuchtverwendung gegönnt werden. Auch eine Zuchthündin möchte sicherlich nicht nur Mutter sein, sondern auch das unbeschwerte Leben eines ausgelassenen Hundes leben dürfen!

Sind die Welpen auf der Welt, so sorgen Wurf- und Aufzuchtkontrollen durch vereinsinterne Zuchtwarte, durch Tierärzte oder durch erfahrene Züchterkollegen für eine mögliche intensive Betreuung der Züchter und der Hundebabys. Dies kann besonders bei Zuchtanfängern sehr hilfreich sein und beruhigend wirken.

Häufig wird nach der 4. Lebenswoche der Welpen in die Welpenbetreuung auch schon der neue Besitzer mit einbezogen und findet so einen besseren und kompetenteren Einstieg in das zukünftige Leben als Hundehalter. Außerdem verschafft die aktive Anteilnahme des zukünftigen Besitzers an der Aufzuchtphase im Züchterhaushalt eine stärkere Beziehung, bietet Möglichkeit zur Einschätzung des potenziellen Hundekäufers, aber auch des Züchters selbst. Es sollen ja bekanntlich Theorie und Praxis auch schon mal auseinander klaffen und nicht alles zeigt sich so optimal, wie es am Telefon oder im Schriftverkehr geklungen hat. Sowohl Züchter als auch Käufer sollten auf ihre Stimme im Bauch hören und beim leisesten Grummeln überlegen, ob ihr „Kind" wirklich zu Herrn und Frau X passen bzw. ob Herr und Frau Y wirklich mit der Übernahme eines Welpen von Züchter Z gut beraten sind. Zwischen Züchter und Käufer sollte die sprichwörtliche Chemie stimmen, will man doch auch zukünftig harmonischen und freundschaftlichen Kontakt miteinander pflegen.

Slowensky Cuvac Hündin aus der Zucht der Autorin

Herdenschutzhundrassen

In eckiger Klammer finden Sie die Aussprache der Namen.

Rasse	**Akbaş** [Akbasch]	**Cane de Pastore Bergamasco**	**Cane de Pastore Maremmano-Abruzzese**
Ursprung	**Türkei**	**Italien**	**Italien**
FCI-Standard	**nicht anerkannt, gilt bei der FCI als Varietät des Anatolischen Hirtenhundes**	**194 / 1.1**	**201 /1.1**

Rasse	**Cao da serra da Estrêla (Estrela-Berghund)**	**Tornjak**	**Chien de Montagne des Pyrénées (Pyrenäenberghund)**
Ursprung	**Portugal**	**Kroatien, Bosnien, Herzegowina**	**Frankreich**
FCI-Standard	**173 /2.2**	**355 /2.2**	**137 /2.2**

Rasse	**Do-Khyi (Tibet Mastiff, Tibet Dogge)**	**Kaukasischer Owtscharka**	**Komondor**
Ursprung	**Tibet**	**Rußland**	**Ungarn**
FCI-Standard	**230 /2.2**	**328 /2.2**	**53 /1.1**

se	Anatolischer Hirtenhund (Coban Köpegi)	Kuvasz [Kuwass]	Mastin Español [Mastin Espanjol]
prung	Türkei	Ungarn	Spanien
Standard	331/2.2	54/1.1	91/2.2

se	Mastin de los Pirineos (Pyrenäen Mastiff)	Mittelasiatischer Owtscharka (Zentralasiat)	Polski Owczarek Podhalanski (Podhalaner)
prung	Spanien	Rußland	Polen
Standard	92/2.2	335/2.2	252/1.1

se	Šarplaninac [Scharplaninac]	Slovenský Čuvač [Slowennskie Tschuwatsch]	Südrussischer Owtscharka
prung	Macedonien	Slowakei	Rußland
Standard	41/2.2	142/1.1	326/1.1

Diese Auflistung erhebt keinen Anspruch auf Vollständigkeit. Vielmehr wurden diejenigen Rassen berücksichtigt, welche in Deutschland bekannt sind, bzw. in einschlägiger Literatur häufig genannt werden.

Läufigkeit und Belegung

Herdenschutzhunde werden häufig erst recht spät das erste Mal läufig. Es kommt durchaus vor, dass sich ein „junges Mädel“ damit bis zum 18. Monat Zeit lässt, doch kann die erste Läufigkeit – und das ist eher der Normalzustand – ab dem 7./8. Monat eintreten. Erst wenn sich nach einem Alter von 1,5 Jahren „nichts tut“, sollte man mit seinem Tierarzt über diesen Umstand sprechen und eine entsprechende Untersuchung veranlassen. Es kommt auch relativ häufig bei Herdenschutzhunden vor, dass die Intervalle zwischen zwei Läufigkeiten recht lang sind, manche HSH-Hündinnen werden sogar nur einmal jährlich läufig. Ich sehe darin ein Indiz für die Naturnähe dieser Hunde, denn auch „Stammmutter Wolf“ pflegt nur einmal im Jahr, günstig im Frühjahr, läufig zu werden.

Der optimale Deckzeitpunkt

Während der Läufigkeit differieren die Aussagen zum optimalen Deckzeitpunkt. Wird in der Literatur meist vom „günstigen Zeitpunkt“ zwischen dem 9. und 13. Läufigkeitstag berichtet, so hätte ich bei Berücksichtigung dieser Aussage wohl deutlich weniger Welpen in der Wurfkiste begrüßen können. Meine eigenen Hündinnen ließen sich eigentlich alle erst nach dem 14./15. Tag decken, teilweise auch erst am 18./ 19. oder 20. Tag der Läufigkeit. Doch sind mir auch Belegungen bekannt, die erfolgreich am 5. oder um den 9. Läufigkeitstag erfolgten. Sicher ist aber auch die Frage berechtigt, ob der Züchter jeweils wirklich den ersten Läufigkeitstag richtig mitbekommen hat, denn saubere Hündinnen sind recht emsig mit der Körperpflege, so dass – gerade in dunklem Fell – die ersten Anzeichen leicht zu übersehen werden. Man ist gut beraten, sich seine Hündin

Aufreiten und Hängen: Kuvasz „Mogli von Anka“ und „Brana-Bijou vom Drachenfels“.

genau anzuschauen und auf ihre Reaktionen zu achten bzw. dem Rüden zu vertrauen, vor allem dann, wenn er Deckerfahrung hat.

Herdenschutzhunde sind recht instinktsicher und wissen auch selbst „beim ersten Mal" wie „das" geht. Von der manchmal praktizierten (Un-)Sitte der Zwangsverpaarung, die einer Vergewaltigung gleichkommt, sollte man sich strikt distanzieren! Hündinnen wie Rüden, denen solches widerfahren ist, widersetzen sich zukünftigen Verpaarungen unter Umständen gänzlich. Eine Hündin, die sich nicht decken lässt, bzw. ein Rüde, der nicht deckt, haben eben in der Zucht nichts zu suchen. Es ist auch auffallend, dass Welpen aus manipulierten Verpaarungen häufig nur mit Geburtsschwierigkeiten zur Welt kommen, von der Mutter nicht oder schlecht angenommen und versorgt werden, eine verzögerte Entwicklung aufweisen und selber häufig Fortpflanzungsstörungen zeigen.

In Bezug auf eine künstliche Befruchtung sollte gelten, dass eine Hündin zumindest einmal vorher auf natürlichem Weg belegt worden sein sollte. Ein Rüde sollte bereits selbstständig gedeckt haben, bevor seine Spermien für eine künstliche Befruchtung in Betracht gezogen werden.

Auch sollten Hündinnen, die wiederholt Wehenschwäche gezeigt haben, weswegen ihre Welpen nur per Kaiserschnitt zur Welt kommen konnten, in der Zucht keine Verwendung finden.

Als Züchter sollte man beim Decken „den Dingen" seinen Lauf lassen, zwar durchaus ein wachsames Auge auf das Hauptdarstellerpaar halten, aber ansonsten weder großartig eingreifen, noch ungeduldig werden und Hektik verbreiten. Auch beim optimalen Deckzeitpunkt kann es mal zu längeren Vorspielen kommen. Ebenso kann es vorkommen, dass aufgrund des falschen Zeitpunktes nur ein ausgelassenes Spiel oder völliges Desinteresse bei den Hunden anzutreffen ist. Ein beruhigendes Wort oder ein Streicheln der Hunde beim „Hängen" kann durchaus sinnvoll sein und Verletzungen vorbeugen, gerade dann, wenn es sich um unerfahrene Hunde handelt, für die noch alles neu und unbekannt ist. Aber: Geduld und Ruhe sind erste Züchterpflicht, auch wenn es schwer fällt und die Erwartung und Aufregung den menschlichen Adrenalinspiegel nach oben treiben.

Risiko der frühen Zuchtverwendung

Das Thema Belegung abschließend, möchte ich noch auf den warnend erhobenen Zeigefinger Erna Mohrs aus dem Jahre 1956 hinweisen, die bereits damals auf die gesundheitlichen Risiken einer zu frühen Zuchtverwendung speziell des Rüden hinwies. Sie unterscheidet deutlich zwischen der biologischen Geschlechtsreife und der physiologisch/psychologischen Zuchtreife. Eine Argumentation, die mir aus vollstem Herzen spricht, jedoch leider in manchen Ländern und von manchem „Züchter", fast mag ich diese Leute so nicht

Cao de Gado Transmontano – die jüngste, national anerkannte portugiesische HSH-Rasse.

nennen, nicht berücksichtigt wird. In Bezug auf die Hündin stellt Erna Mohr fest, dass „ihr Körper (...) noch nicht voll entwickelt (ist und) (...) durch eine vorzeitige Zuchtnutzung in der Entwicklung zurückbleiben (würde), da die für den eigenen Körper nötigen Aufbaustoffe für die Leibesfrüchte verbraucht werden". „Auch der Rüde ist früher geschlechtsreif als zuchtreif. (...) Auch ihm schadet vorzeitige geschlechtliche Betätigung in seiner Entwicklung. (...) Das 'Werkzeug' ist noch nicht vollkommen gebrauchsfähig. Das Geschlechtsglied des Rüden enthält im Eichelbereich den starken Penisknochen. (...) Beim Welpen wird der Penisknochen zunächst knorpelig angelegt, verknöchert aber im Laufe der Zeit (...). Solange dieses komplizierte Gebilde nicht genügend verknöchert ist, nimmt es bei vorzeitiger Zuchtbenutzung Schaden und verbiegt. (...) Auch der verbogene Rutenknochen verknöchert, doch haben damit behaftete Rüden später nicht selten Schwierigkeiten beim Decken oder verweigern den Sprung völlig." (Mohr, 1956)

Wer jetzt mit „Natur" und „Wildcaniden" argumentieren möchte, der sollte sich vor Augen halten, dass gerade in der Natur eine so frühe erste Läufigkeit eigentlich nicht vorkommt und ein männliches Tier innerhalb der ersten zwei Lebensjahre allein aufgrund seines Alters kaum Chancen zu einem erfolgreichen Deckakt hat. Meist dürfen Hündinnen gemäß der Zuchtordnungen mit 24 Monaten in die Zucht, Rüden mit 18 Monaten. Doch sollte der verantwortungsvolle Züchter seinen Wunsch nach Welpen nicht in den Vordergrund stellen, sondern gründlich überlegen, ob seine Hündin bzw. sein Rüde bereits wirklich die physische und psychische Reife entwickelt hat. Auch sollte die Hündin nicht als Gebärmaschine fungieren, die Jahr für Jahr Welpen aufziehen muss und kaum Zeit zur Erholung findet.

Castro Laboreiro – Arbeitende HSH gebären manchmal sogar inmitten der ihnen anvertrauten Tiere.

Trächtigkeit und Geburt

Hat es mit der Belegung geklappt, so ist die Erwartungshaltung des Züchters – und der potenziellen Welpenkäufer – verständlicherweise groß. War der Deckzeitpunkt richtig, der Ablauf der Belegung geglückt und das „Hängen" mehr oder weniger ausgeprägt, so sollte man berechtigterweise hoffen dürfen. Ein Leerbleiben der Hündin ist meist durch einen falschen Decktermin begründet, selten spielen auch anatomische Missstände eine Rolle oder gar ein zwar deck-, aber nicht zeugungsfähiger Rüde.

Häufig vermeint man bereits kurze Zeit nach der Belegung in den Augen der Hündin den veränderten Status zu sehen, sie schauen irgendwie „verklärt" und „abwesend", eine Behauptung, der der wissenschaftliche Boden fehlen mag, die ich aber gut nachvollziehen und vertreten kann.

Belegte Hündinnen können von jetzt auf gleich derart faul und träge werden, als wären sie bereits kurz vor der Niederkunft, anstatt gerade mal in den ersten Tagen nach einer Belegung. Auch zeigen sie häufig ein großes Zärtlichkeitsbedürfnis, wollen schmusen und gestreichelt werden und verhalten sich extrem anhänglich.

Nicht selten ist eine Reizbarkeit bis offene Aggression gegen Artgenossen, speziell gegen andere Hündinnen, bei belegten Hündinnen feststellbar. Sie scheinen zu wissen, was in ihnen vorgeht, dass ihre Kräfte nun bald für andere Dinge gebraucht werden und dass andere Hündinnen unter Umständen ein Risiko für das eigene Leben und das der erwarteten Welpen darstellen. Gerade dort, wo mehrere Hunde in einem Haushalt leben, sollten solche Eventualitäten einkalkuliert werden.

Hirte mit Carpatin in Rumänien.

Feststellung der Trächtigkeit

Innerhalb der ersten drei bis vier Trächtigkeitswochen lässt sich der Erfolg oder Misserfolg der Belegung diagnostisch kaum nachweisen. Die Einnistung der befruchteten Eier (Nidation) erfolgt um den 18. Tag – und eigentlich beginnt erst jetzt die „richtige" Trächtigkeit. Um den 32. Tag nach Belegung lassen sich dann im Ultraschall auch schon winzige Babys erkennen, die in ihren Gebärmutterhüllen Purzelbaum zu schlagen scheinen und die auch ohne viel Phantasie als kleine Lebewesen zu identifizieren sind. Ultraschalluntersuchungen sind relativ gefahrlos, sieht man von dem eventuellen Stress für die Mutter ab, der natürlich gering gehalten werden sollte, aber bei derartiger Untersuchung auch kaum der Rede wert ist. Sinnvoll ist die Sonoruntersuchung allemal, da somit frühzeitig abgeklärt werden kann, ob womöglich eine Einfrüchtigkeit vorliegt, die eventuell zu Geburtskomplikationen führen könnte. Auf röntgendiagnostische Untersuchungen sollte unbedingt verzichtet werden, da diese schädigenden Einfluss auf die Entwicklung der Welpenorgane hat.
Muss aus medizinischen Gründen während der Trächtigkeit geröntgt werden, so sollte dies auf keinen Fall vor dem 52. Trächtigkeitstag erfolgen.

Da die eigentliche Trächtigkeit also quasi erst drei Wochen nach der Belegung einsetzt, sind bis zu diesem Zeitpunkt auch keine wesentlichen äußeren Veränderungen zu erwarten. Es kommt vor, dass die Hündin leichten Ausfluss hat, was eher ein gutes Zeichen ist als ein Grund zur Beunruhigung, vorausgesetzt, der Ausfluss ist klar und geruchlos.

Erkrankt die Hündin in der Mitte der Trächtigkeit oder fängt sich z. B. eine Infektion ein, ist sie besonderen Stresssituationen ausgesetzt oder plötzlich veränderten Lebenssituationen, so kann es vorkommen, dass sie ihre Welpen verliert. Aus diesem Grund sollten Unternehmungen mit der werdenden Mutter mit Bedacht gewählt werden. Ausstellungsbesuche, Turniere und Urlaubsreisen bergen durchaus auch Risiken in dieser Phase!

Die Hündin benötigt während der Trächtigkeit quantitativ nicht mehr Futter, aber qualitativ gutes Futter. Auch ist es ratsam, zum Ende der Trächtigkeit, wenn das Bäuchlein sich schon sichtlich gerundet hat, die tägliche Futtermenge auf mehrere Fütterungseinheiten zu verteilen. Die Welpen brauchen Platz und den nehmen sie sich auch aus der Region, in welcher sich ansonsten der vollgefressene Magen ausbreitet!

Es sollte sich von allein verstehen, dass die tragende, vor allem aber die kurz vor der Geburt stehende Hündin etwas geschont (aber nicht in Watte gepackt) wird, dass wüstes Spiel mit Artgenossen vermieden wird und auch das Springen in und aus dem Auto, von Mauern, über Zäune oder sonstige Hindernisse nicht gefördert und forciert werden sollte.

Die Welpen werden geboren

Einige Tage vor der Geburt ist ein deutlicher Einfall in der Flankengegend zu erkennen. Um den 55. Trächtigkeitstag fällt bereits die Temperatur kurzzeitig auf eine merklich tiefere, bleibt aber noch über 37 Grad: die ersten Senkwehen! Die „gen Ausgang“ wandernden Welpen liegen nun als dicke Kugel unter dem Bauch, was der Mama teils das Liegen sehr beschwerlich macht. Liegt die Hündin auf der Seite, kann man deutlich das Strampeln der Welpen unter der Haut sehen – ein spannendes und bewegendes Erlebnis. Die Welpen leben und kommen bald zur Welt!

Nach 61 bis 65 Tagen ist der Zeitpunkt dann endlich da und die mit Spannung erwarteten Welpen werden geboren. Große Würfe werden etwas früher geboren und können bereits nach dem 58./59. Tag zur Welt kommen, kleinere Würfe werden auch mal etwas länger getragen. Bei den meisten Hündinnen ist der Abfall der Körpertemperatur um Werte unter 37 Grad ein untrügliches Zeichen, dass die Geburt innerhalb der nächsten 24 bis 48 Stunden beginnt. Eine normal verlaufende Geburt ohne medizinische Probleme kann sich durchaus über etliche Stunden hinziehen, während derer die Hündin auch zwischenzeitlich in kurzen, erholsamen Schlaf fallen kann. Der Züchter sollte so wenig wie möglich eingreifen, aber seiner Hündin „psychisch“ zur Seite stehen, beruhigend mit ihr reden und sie streicheln, einfach da sein, ohne Hektik zu verbreiten. „Mama“ macht das schon! Und wenn doch Probleme auftauchen, dann sollte der Haustierarzt, der schon im Vorfeld über die zu erwartende baldige Geburt informiert wurde, schnell zur Stelle sein können.

Schauen wir nun im folgenden, wie es mit unseren Hundekindern Schritt für Schritt voran geht. Ich bitte zu berücksichtigen, dass die angegebenen Altersstufen immer nur ungefähre Richtwerte und nicht starr und strikt auf den Tag genau zu bewerten sind. Wir reden über Lebewesen, deshalb muss stets die Individualität berücksichtigt werden und außerdem – wie beim Menschen auch – gibt es Spätentwickler und ganz Pfiffige. Kleinere, leichtere Rassen sind unter Umständen etwas schneller in ihrer Entwicklung, ebenso kann es sich auch innerhalb einer Geschwisterschar mit einem dicken gemütlichen Welpen und einem leichteren Quirl verhalten.

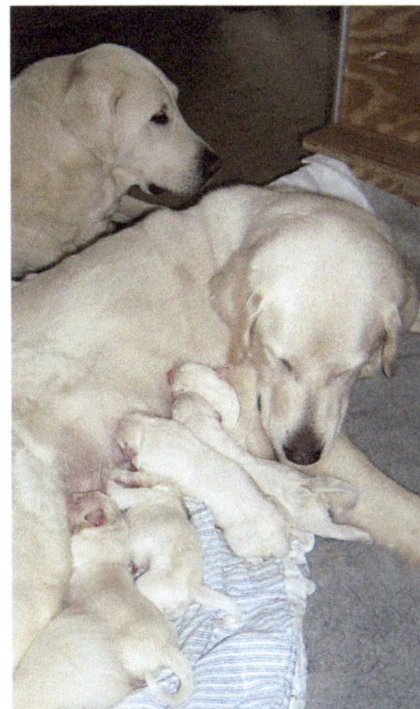

Familie Akbaş aus dem Zwinger „Aysberk Akbaş Dogs“: Vater „Sheepfields Can of Aysberk“, Mutter „Sheepfields Zoi of Aysberk“ mit A-Wurf.

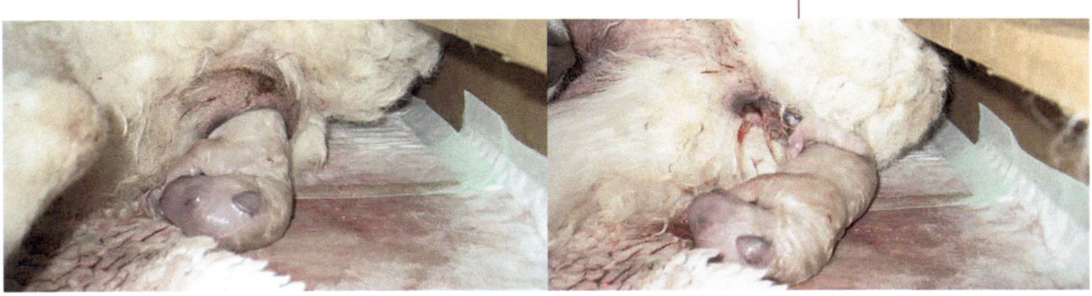

Austreibungsphase und Geburt eines Kuvasz Welpen.

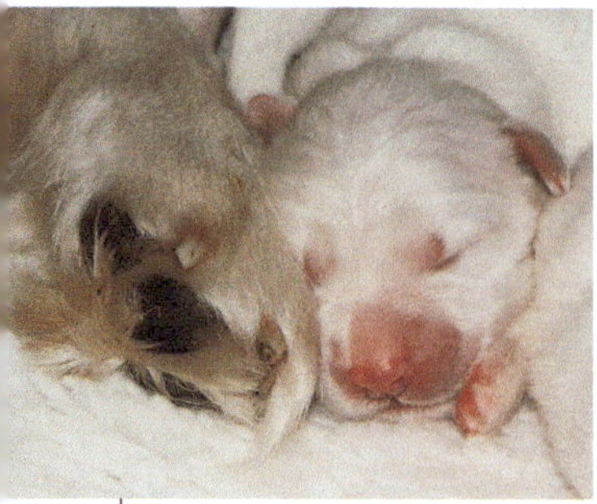

Ein Kopf, so groß wie Mamas Pfote! Slovenský Čuvač Welpe.

1. Lebenswoche

Hurra – die Welpen sind da!

Sind alle Welpen gesund und munter zur Welt gekommen, dann hat der Züchter Zeit und Gelegenheit, das Wurflager zu säubern und Mutter und Kindern „ein frisches Bett" in der Wurfkiste zu bereiten. Herdenschutzhundwelpen sind robust und zumeist schon nach der Geburt mit dichtem Fell geschützt, so dass Heizdecken und Infrarotlampen eigentlich nicht gebraucht werden. Dennoch sollte man auf Sauberkeit, Trockenheit und Wärme in der Wurfkiste achten und berücksichtigen, dass Wärme nach oben steigt und dass die Raumtemperatur nicht gleich der Temperatur am Boden ist. Da bei einem neugeborenen Welpen die Wärmeregulierung des Körpers noch nicht selbstständig funktioniert, der kleine Körper auch nur wenig Fläche bietet und der Welpe noch nicht sehr rege ist, ist er auf eine korrekte, kontrollierte Umgebungswärme angewiesen. Hundewelpen haben eine geringere Körpertemperatur als erwachsene Hunde. In der 1. Lebenswoche liegt diese zwischen 34,5 bis knapp über 37 Grad. Deshalb sollte die Raumtemperatur in der ersten Woche deutlich höher liegen als die übliche Zimmertemperatur. Inge Hansen empfiehlt in ihrem „Handbuch der Hundezucht", eine Raumtemperatur von 24 bis 28 Grad, bei mutterlosen Welpen noch darüber. Bei Winterwürfen hat sich eine isolierende Schicht aus Styropor unter der Wurfkiste bestens bewährt, obwohl die Gefahr einer Unterkühlung (führt leicht zu Durchfällen) geringer ist als die einer Austrocknung durch Überhitzung, verursacht z. B. durch übermäßige Bestrahlung von einer Wärmelampe.

Das Wärmebedürfnis der Welpen wird durch das enge Kontaktliegen bei der Mutter und untereinander gestillt. Hier können Probleme entstehen, wenn nur ein Welpe geboren wurde! Ein voller Bauch und ein enger Kontakt zu Geschwistern und/oder Mutter sind der

Drei Tage alte Slovenský Čuvač Welpen an der „Milchbar" und vier Tage alte Welpen beim Kontaktliegen.

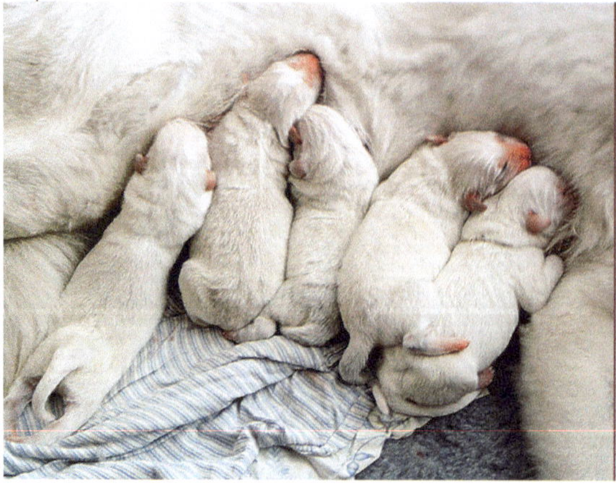

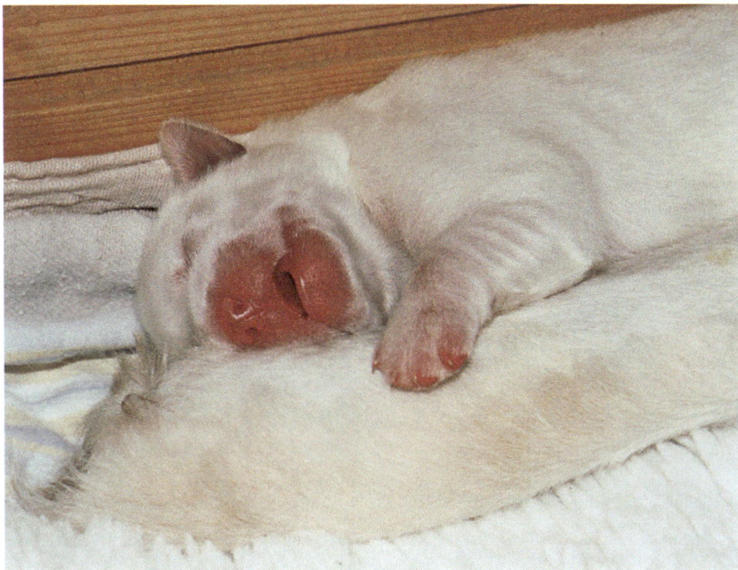

Mamas Bein eignet sich zum Kontaktliegen ebenso gut wie die Geschwister.

Inbegriff des Wohlbefindens schlechthin. Jegliche anhaltende Unruhe in der Wurfkiste stellt immer ein Alarmsignal dar. Und Geräusche und Laute des Wohlfühlens und des Unbehagens können die Welpen bereits kurz nach der Geburt von sich geben, worauf die Mutterhündin entsprechend sofort reagiert.

Kreiselnde Pendelbewegungen, die darauf abzielen, die mütterliche Milchbar oder den wärmenden Geschwisterhaufen zu finden, sind reflexartige Bewegungsabläufe, die noch nichts mit bewusster Steuerung zu tun haben. Zusammen mit dem Saugreflex bilden sie instinktveranlagte Handlungen beim gesunden Welpen, die er beherrscht, sobald er geboren ist.

Brutpflege ist für die Mama recht anstrengend: Säugen, Putzen, Wachen, Schützen. Doch ist die Arbeit getan, schlummern Mutter und Kinder zufrieden und tief. Slovenský Čuvač „Nessel z Cibika" mit ihren ersten Kindern, dem F-Wurf „vom Wolfshorn".

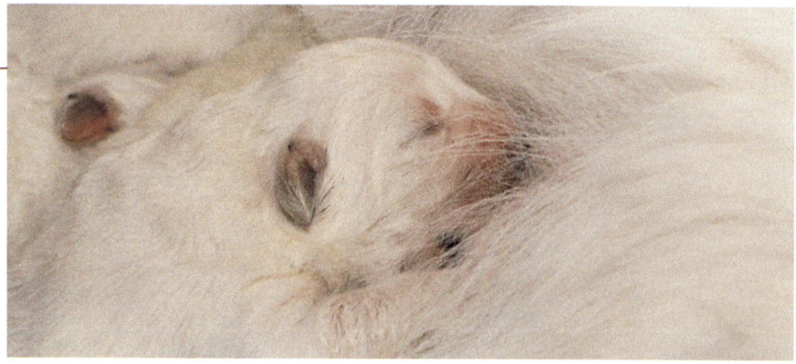

Saugen, Verdauen und Schlafen – Inhalt des Neugeborenenlebens, auch beim Welpen.

Und manchmal muss Mama auch als Klettergerüst herhalten! „Alba vom Wolfshorn“ mit ihren Welpen.

Säugen der Welpen

Da der Welpe noch unbeholfen, ungelenk und schwerfällig in seinen Bewegungen ist, sollte vom Züchter darauf geachtet werden, dass sich die Mutterhündin, vor allem bei unerfahrenen oder etwas „trampeligen“ Müttern, nicht auf einen Welpen legt oder setzt und auf ihn tritt. Eine „Rundum-Betreuung“ mindestens innerhalb der ersten drei bis vier Tage und eine entsprechend sinnvoll gebaute Wurfkiste sind daher dringend anzuraten. In den ersten Tagen, manchmal die gesamte 1. Lebenswoche, verlässt die Mutterhündin die Wurfkiste freiwillig nicht. Selbst zum Lösen muss sie gegebenenfalls mit dem Halsband von den Kindern weggezogen werden, um sogleich nach „verrichtetem Werk“ in die Wurfkiste zurückzusprinten. Dabei wird die Hürde der Wurfkistenumrandung unter Umständen wenig vorsichtig im gestreckten Sprung genommen, weshalb der Züchter ein wachsames Auge auf die vielleicht im Weg liegenden Welpen haben sollte. Auch die Verdauung des Welpen unterliegt noch keiner bewussten Steuerung und bedarf der Stimulation durch die mütterliche Zunge. Das emsige Belecken der Welpen erzielt aber noch einen weiteren Effekt: Nicht nur die Verdauung und die Ausscheidungsprozesse werden in Gang gesetzt, auch die Atemreflexe werden stimuliert. Die Atmung wird tiefer, kräftiger und schneller.

Manche Welpen zeigen um den 5. Tag herum leichten Durchfall. Sofern dieser nicht anhält und den Welpen merklich schwächt, mag dies eine Reaktion des jungen Verdauungstraktes auf die Veränderung in der Muttermilch sein. Die Kolostralmilch der ersten vier Tage, die für einen Welpen enorm wichtig ist, hat einen höheren Anteil an Eiweiß (Immunglobulinen), verschiedenen Vitaminen, Mineralstoffen und Leukozyten. Die Aufnahme dieser Stoffe bedeutet für die Neugeborenen eine wichtige passive Immunisierung, da sie selber bei der Geburt noch nicht über eigene Abwehrkräfte verfügen.

Schon innerhalb der ersten sieben Lebenstage verändern sich die Welpen auffallend. Man kann ihnen quasi beim Wachsen zusehen und die empfehlenswerte tägliche Gewichtskontrolle zeigt, dass die Welpen rasant an Gewicht zunehmen.

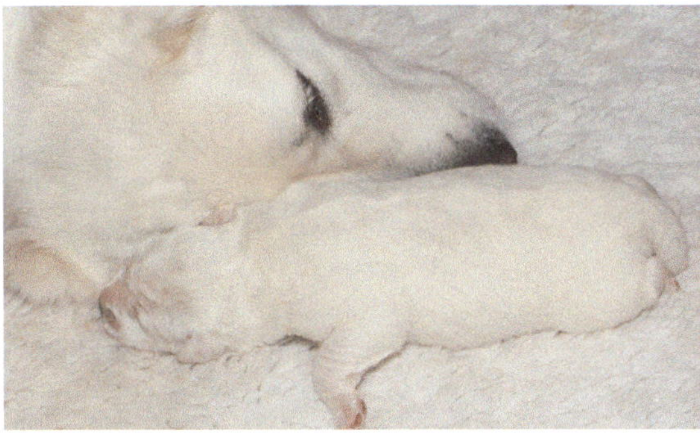

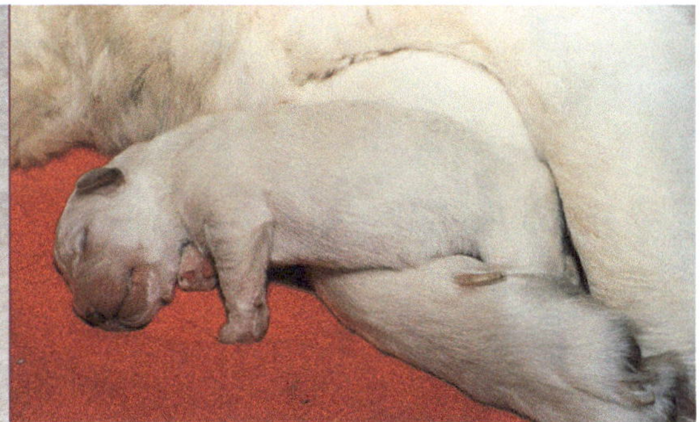

In der ersten Zeit liegt die Mutterhündin fast ausschließlich bei ihren Welpen in der Wurfkiste. Zufriedenes Grunzen und leichtes Schnarchen signalisieren: „Alles OK!“

2. Lebenswoche

Auch in der 2. Lebenswoche spielt sich die Welt der Welpen noch ausschließlich in der Wurfkiste bzw. im Wurflager ab. Zwar werden die Bewegungen kraftvoller und behänder, doch unterliegen sie noch immer bestimmten Reflexmustern. Auch die Lungen sind nun schon viel kräftiger und lassen laute wimmernde Töne zu, wenn sich ein Hundebaby mal „verlaufen“ hat und den Kontakt zu Mutter und Geschwistern sucht. Und noch immer gilt: Unruhe = Alarm!

Die Mutterhündin liegt nun meist in unmittelbarer Nähe, aber nicht mehr ausschließlich in der Wurfkiste, wobei es aber auch hierbei deutlich individuelle Unterschiede gibt. Doch sobald Aufruhr und Geschrei einsetzen, ist sie besorgt und bemüht zur Stelle und beginnt ihr Werk, kontrolliert, pflegt und säugt ihre Kinder.

Optimale Förderung der Welpen – wissenschaftlich betrachtet

Eine solche Zeit der ausgesprochenen Hilflosigkeit der Welpen lässt auch für die Wissenschaft einigen Raum zu Spekulationen, die zu beweisen und zu belegen interessant und spannend wären. Zwei konträre Aussagen möchte ich hier kurz anführen:

In den USA wurden in Anlehnung an humanbiologische Untersuchungen postnatale Versuchsreihen bei Welpen mit der Fragestellung gemacht, ob verstärkter Körperkontakt zum Menschen beim Welpen Entwicklungsbeschleunigung zur Folge hat. Eine Freundin von mir hat diese Versuchsreihe „im kleinen Stil“ nachgestellt und bei ihren Würfen ab der Geburt täglich mehrmals jeden Welpen für kurze Zeit einzeln genommen und im engsten Körperkontakt gehalten und liebkost. Obwohl die kleine Anzahl der so beobachteten Welpen sicherlich keine signifikante Aussagekraft haben kann, waren aber Unterschiede feststellbar, die eigentlich nicht als zufällig zu bewerten sind: Die Welpen öffneten ausnahmslos rund zwei Tage früher als andere Würfe die Augen, reagierten früher auf Geräusche, ohne dabei ausgesprochen schreckhaft zu sein, und zeigten auch im

Wichtig

Die ersten 14 Tage des Lebens nennt man „Neugeborenenphase“ oder auch „Vegetative Phase“. Sie sind gekennzeichnet von der Befriedigung der elementaren Grundbedürfnisse „Saugen“, „Wärme“, „Verdauen“.

späteren Leben eine verstärkte Bindungsbereitschaft zum Menschen! Das ergibt Sinn, funktionieren doch Tast- und Geruchssinn von Geburt an und bilden damit eine Basis für tiefe, anhaltende Eindrücke.

Dem sei eine andere These gegenüber gestellt, nach welcher Welpen, die zuviel, vor allem auf falsche Art und Weise, im frühen Alter vom Menschen in die Hand und in die Höhe genommen werden, physiologische Verspannungen entwickeln sollen. Eine österreichische Tierärztin erarbeitet zur Zeit eine Studie zum Thema „Energiepotenzial bei Welpen“, in welcher sie auf diese Gefahr hinweist. Nach ihrer Feststellung entwickeln Welpen durch unsachgemäßes Hochnehmen leicht Blockaden und „Verkippungen“ im Kreuzbeinbereich und im Bereich des 7. Halswirbels. Zu dieser These kam sie aufgrund diverser Bio-Tensor-Untersuchungen, die sie an sieben Wochen alten Welpen vor und nach Welpenkäuferbesuchen vornahm. In diesem Zusammenhang sollte daher darauf hingewiesen werden, dass Welpen immer unter Brustbein und Gesäß fassend aufgenommen werden sollten, um die noch weichen Gelenke und die unfertige Wirbelsäulenkonstruktion nicht zu belasten.

Entwurmung

Um den 10. Lebenstag sollte die erste Entwurmung der Welpen erfolgen. Hündin und Umgebung können noch so sauber gehalten werden, Würmer bei Welpen sind etwas „Normales“ und auf keinen Fall ein Indiz für eine schlechte Haltung! Bei mir hat sich der 10-Tage-Entwurmungs-Rhythmus bestens bewährt, doch gibt es dazu, wie auch zum Thema „Impfungen“, verschiedene Theorien. Wichtig ist, dass in Absprache mit dem Tierarzt das Wurmmittel auch mal gewechselt wird, da sich leicht Resistenzen bilden können und dann das Verfüttern von Wurmpaste oder -sirup nur noch der Pharmaindustrie, nicht aber der Gesundheit des Welpen dient.

Zehn Tage alte Castro Laboreiro Welpen (links) und zwölf Tage alte Estrela-Berghund Welpen (rechts), beide aus Arbeitslinie.

Zehn Tage alte Slovenský Čuvač Welpen. Die Nasen-, Lefzen- und Pfotenpigmentierung ist bereits satt vorhanden.

Öffnen der Augen

Zwischen dem 10. und 12. Tag öffnen sich die Augen der Welpen. Zuerst sieht man nur einen winzigen, wässrig glänzenden Punkt in den inneren Augenwinkeln, der dann langsam größer wird und das zumeist strahlend blaue Äuglein freigibt. Das geöffnete Auge ist aber noch kein sehendes Auge, dazu braucht es noch einige Tage. Aber auf Hell-Dunkel-Effekte lässt es unseren Welpen nun schon sehr schnell reagieren.

Körperpflege

Bereits zu Beginn der 2. Lebenswoche, spätestens aber um den 10. Lebenstag ist es in der Regel auch höchste Zeit für eine erste „Pediküre“. Die Krallen der Welpen wachsen enorm schnell und sind derart scharf, dass schon manches Gesäuge einer Hundemutter schwer unter den kratzenden Welpenpfötchen zu leiden hatte.

In die Körperpflege der Welpen, das tägliche Wiegen, die Wurfkistensäuberung und Neueindeckung lassen sich die potenziellen Welpenkäufer bereits wunderbar miteinbeziehen und sei es auch nur als Zuschauer, Schreiber oder „Handlanger“. Das schafft Bindung zum Welpen, Verständnis für und Vertrauen zum Hund, Chance zur Beratung und Information und Ausbildung einer guten freundschaftlichen Basis zwischen Züchter und Welpenkäufer. Sollten sich aber bei diesen Dingen bereits Meinungsverschiedenheiten oder extrem konträre Ansichten zeigen, so sollten beide Seiten überlegen, ob sie wirklich die richtigen „Partner“ sind, um eine „Familie“ zu gründen und ob grundsätzlich ein solcher Typus Hund der geeignete Vierbeiner für die eigenen Vorstellungen und Intentionen ist. Es sollte niemals um den Verkauf (oder Kauf) eines Hundes gehen, sondern immer um die Suche nach (oder das Angebot zu) dem geeigneten Zuhause für den richtigen Hund bei passenden Menschen.

Wichtig

Bei den meisten HSH-Rassen sollte die Pigmentierung der Nase um den 10. Tag deutlich vorhanden und aus den rosa oder grauen „Stöpseln“ schwarze „Knöpfe“ geworden sein. Auch die Pfotenunterseiten zeigen deutliches Pigment.

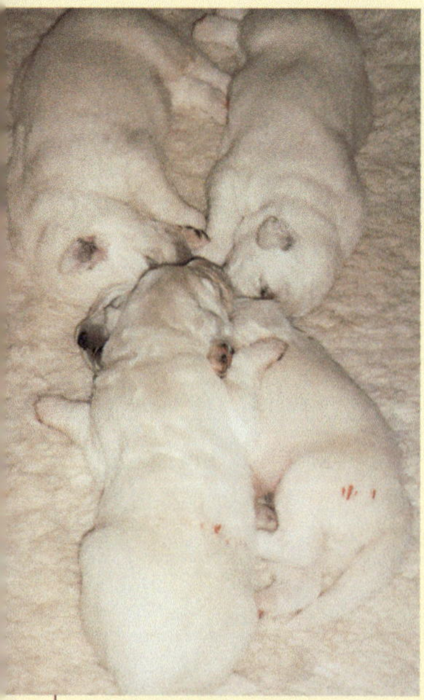

Der enge Kontakt zu den Geschwistern ist für die Entwicklung der Welpen ebenso wichtig wie...

Züchter und Welpenkäufer

Das ist eine schwierige und kontrovers diskutierte Frage. Mancher Züchter will Welpenkäufer nicht vor der 6. Woche zu den Welpen lassen, andere nicht vor der 3. Woche, und wieder andere haben nichts gegen einen Besuch unmittelbar nach der Geburt einzuwenden. Ich denke, es ist sicher immer eine individuelle Entscheidung, die mit von der Hündin abhängig ist. Sicherlich sollte eine Mutterhündin nicht unnütz und extrem unmittelbar nach der Geburt aufgeregt werden. Es gibt Mütter, die dann selbst ihre eigenen Herrschaften extrem skeptisch und wachsam beäugen und gerade in den ersten Tagen so richtig „durch den Wind" sind. Sie fühlen sich selbst noch geschwächt und haben die Verantwortung für die Kinderschar – da ist die treusorgende Mutter eben bestrebt, alle möglichen Gefahren und Gefährdungen möglichst fern zu halten. Andererseits gibt es auch Mütter, die begeistert und selber fasziniert von dem, was sie da zustande gebracht haben, jeden zweibeinigen Menschenfreund zur Wurfkiste manövrieren wollen, um dort stolz den Nachwuchs zu präsentieren.

Gerade bei den Herdenschutzhundrassen halte ich es für wichtig, Mutterhündinnen behutsam daran heranzuführen, dass Besucher kommen und die Welpen anschauen, anfassen, mit ihnen spielen und sich mit ihnen beschäftigen – und das ab einem frühen Zeitpunkt. Wenn die Hündin die Chance hat, dies im vertrauensvollen Umgang mit dem Züchter, ohne Druck und ohne Überrumpelung sowie unter Rücksichtnahme und Akzeptanz ihrer eigenen Vorstellungen von Distanz und Nähe, Kontaktaufnahme und -verweigerung zu erleben und zu erlernen, dann sollte sie bis zu dem Zeitpunkt, zu welchem die Welpen die mütterlichen Reaktionen miterleben und darauf reagieren, sicher und souverän den Geschehnissen der Umgebung folgen. Und daran orientieren sich die Welpen!

Auch die Welpenkäufer müssen natürlich lernen und akzeptieren, dass sie sich in einem bestimmten Distanzradius von der Wurfkiste aufzuhalten haben und nicht ohne den Züchter zum Wurflager gehen. Sie müssen an der Wurfkiste den Anweisungen des Züchters folgen und nicht in wilde „Heiteitei-Zuckungen" verfallen und mit hysterisch-begeisterten „Oh, wie niedlich, ach, wie süß!"-Ausrufen kombiniert die Nerven der Hundemama – und des Züchters! – übermäßig strapazieren! Immerhin ist eine Wurfkiste kein Kasperle-Theater.

Hat die Hündin die Chance, Besucher früh als etwas Normales, nichts Bedrohendes im Alltag einer Mutter mit Kindern kennen lernen und erleben zu können, so sollte sie dann, wenn die Welpen mit ihren eigenen Sinnen die Welt erfahren können und auf Mutter und Umwelt reagieren, souveränes Vorbild für ihre Kinder sein und die zu Besuch kommenden Menschen begrüßen oder zumindest in der Nähe der Welpen dulden. Somit lernen die Kleinen von Welpenbeinchen an, dass der Mensch doch ein nettes Wesen ist, vor dem man sich nicht zu fürchten braucht, der Spiel- und Streicheleinheiten bedeutet und vielleicht sogar ein Leckerchen in der Tasche mitbringt! Diese früheste positive Erfahrung in Bezug auf den Menschen ist sehr wichtig und prägt den Welpen für sein ganzes Leben. Die Gegner des frühen Kontaktes von Welpen mit Fremdpersonen führen zumeist das hohe Infektionsrisiko der Welpen mit dem noch schwachen Immunsystem an. Übrigens ein Argument, welches auch häufig gegen den Besuch von Welpenspielgruppen genannt wird. Hierzu sei gesagt, dass das Risiko einer schlechten oder mangelhaften Prägung vergleichsweise höher ist, außerdem auch die Hündin und eventuell andere im Haushalt mitlebende Hunde und nicht zuletzt der Mensch selber von draußen diverse Bakterien usw. mit ins Haus bringt, mit denen sich das Immunsystem des Welpen auch auseinandersetzen muss. Und diese Auseinandersetzung fördert und stärkt das Immunsystem!

Auch Gansloßer weist darauf hin, dass leichter, gezielter Stress bei jungen Säugetieren dazu führt, dass die Widerstandsfähigkeit des Organismus erhöht wird. Er empfiehlt darum gerade Welpen gelegentlich in Belastungssituationen zu versetzen, z. B. sie für kurze (!!!) Zeit von der Gruppe zu separieren, sie aus dem Pulk der kontaktliegenden Welpen herauszunehmen und mit kühlerer Umgebung zu konfrontieren u.ä. Betont sei nochmals, dass es sich um kurzzeitige Belastungen handeln soll, die sich nicht über mehrere Minuten und länger andauernd hinstrecken sollten.

...der frühe enge Kontakt zum Menschen.

Wichtig

Die dritte Lebenswoche bezeichnet man als „Übergangsphase", da sich alles im Umbruch und in der Entwicklung befindet.

3. Lebenswoche

In der 3. Lebenswoche scheint schon alles deutlich koordinierter: Die Entwicklungssprünge sind enorm und die Bewegungen werden schon zielgerichteter, kraftvoller, erfolgen nicht mehr nur rein zufällig. Jetzt wird die Welpenaufzucht erst so richtig spannend. Aus den bauchrutschenden Kriech- und Robb-Bewegungen werden die ersten, meist kläglich verlaufenden Versuche, sich auf die eigenen Beinchen zu stellen. Und wurde es doch geschafft, dann scheint das Hundekind damit oft weder glücklich, noch bewegungstechnisch erfolgreich, denn außer einem wackligen Stand mit schwankender Statik bringt die geleistete Anstrengung einen nun auch nicht recht weiter. Das Ganze endet in einem ermatteten Zusammensinken in die gewohnte Bauchlage oder in einem Umfallen in die „stabile Seitenlage" mit frustrierten Unmutsäußerungen und einem fast verduzt anmutenden Gesichtsausdruck. Doch Übung macht den Meister!

Die Sehfähigkeit setzt ein und führt zum „Uih, da sind ja noch mehr"-Erlebnis unter den Geschwistern, die sich nun gegenseitig begrüßend „ins Maul zu nehmen" beginnen, bewusst und gezielt Kontakt aufnehmen. Auch die Stimme wird kräftiger und erste Belllaute lassen erkennen, dass aus „Zappelwürsten", manchmal auch respektlos, aber liebevoll als „prallgefüllte Tennissocken" bezeichneten Wesen „richtige" Hundekinder werden.

Erwachen der Sinne

Dass ein erfolgreicher Beller unter Umständen das Erschrecken der Geschwister zur Folge hat, zeugt von der einsetzenden Hörfähigkeit. Die bislang als kleine Lappen fest am Kopf angesetzten Ohren formen sich aus, öffnen sich und bilden die Hörmuschel. Fortan ist es sinnvoll, zuerst leise und wohl dosiert, doch abwechselnd mit er-

Sobald die Sinne erwachen, wird die Welt erst richtig interessant! Neugierde und Entdeckergeist breiten sich aus, soziales Miteinander wird initiiert und die eigenen Möglichkeiten der Lautäußerung erschrecken, erstaunen und begeistern gleichermaßen! (Slovenský Čuvač Welpen).

sten Geräuschkulissen die erwachenden Sinne der Welpen zu trainieren. Auch das Gespräch mit den Welpen wird nun wichtig, erleben sie dadurch doch die menschliche Stimme, dies umso angenehmer, wenn die Stimme mit Behaglichkeiten in Verbindung steht. Streicheln und sprechen Sie z. B. sanft und ruhig mit den Welpen, wenn diese saugen! Bedenken Sie: Berührungs-, Geschmacks- und Geruchssinn sind schon längst voll entwickelt und „aufnahmebereit“, positive Eindrücke speichern sich im Gehirn des Welpen wie auf einer Festplatte. Der Welpe kann durch den Züchter bereits im frühesten Alter olfaktorisch (den Geruchssinn betreffend), taktil (den Tastsinn betreffend), akustisch (den Hörsinn betreffend) und optisch (den Sehsinn betreffend) fördernd und angemessen fordernd geprägt werden. „Die zusätzlichen Sinneswahrnehmungen, die aus dem menschlichen Umgang mit Welpen entstehen, helfen, das Sinnessystem und die neurologischen Funktionen der Junghunde zu entwickeln.“ (Mugford, 1992)

„Uih! Da ist ja noch jemand!“

Besucher aller Art

Auch Besucher sollten nun spätestens im Züchterhaushalt willkommen geheißen werden. „Vom verhaltensbiologischen Standpunkt her gesehen sind Besucher aller Art ein absolutes Muss.“ (Wild, 2003) Das frühzeitige Kennenlernen von Menschen aller Art – junge, alte, große, kleine, dicke, dünne, weibliche, männliche, kindliche, mit Hut und Stock, vielleicht auch mal mit Gipsbein oder verbundenem Arm, laufende, stehende, sitzende, springende, im Kinderwagen oder Rollstuhl fahrende u.a.m. – führt beim Welpen zu einem breiten Vorstellungsspektrum zum Thema „Mensch“. „Welpen, die in frühester Jugend mit allerlei Menschen konfrontiert wurden, werden später bei ihrem neuen Besitzer leichter in den Alltag integriert werden können als solche, die in Abgeschiedenheit im Hinterhof aufwachsen.“ (Wild, 2003)

Kuvasz „Brana-Bijou vom Drachenfels“ und ihre drei Wochen alten Drachenfels-Kinder erhalten gern Besuch.

In Bezug auf unsere Herdenschutzhundwelpen gibt es noch einen zusätzlichen Punkt zu beachten. Wie bereits angesprochen, reagieren diese Hunde zwischen Dämmerung und Sonnenaufgang tendenziell merklich wachsamer und aufmerksamer auf Unbekanntes und Ungewohntes. Mit dem Wissen darum fällt es leicht zu verstehen, warum es sich als sinnvoll erweist, bereits den Welpen mit Besuch zu verschiedenen Tages- bis Abendzeiten bekannt zu machen. Fällt dies im Herbst und Winter aufgrund der früher einsetzenden Dunkelheit noch in relativ moderate Zeiten, so muss in den Sommermonaten mit unserer Sommerzeit auch schon mal ein Besuch etwas länger ausgedehnt oder später empfangen werden. Verbinden Sie das Nützliche mit dem Angenehmen und laden Sie einfach Freunde und den Nachbarn zu einem lustigen Nachtessen im Garten ein!

Die Mutterhündin reagiert nun auch nicht mehr auf jegliches Gequieke und Gequake aus der Wurfkiste, sondern richtet sich nach ihrer eigenen inneren Uhr, besser gesagt, dem prallen Gesäuge, wann es Zeit für die nächste Runde Milch ist. Dies ist ziemlich genau alle 3 bis 4 Stunden der Fall. Zwar leckt und pflegt die emsige Mutter ihre Kinder zu diesem Zeitpunkt noch immer, doch funktioniert die Verdauung nun schon recht selbstständig. Solange die Welpen noch bei der Mutter trinken und von dieser ausschließlich genährt werden, frisst diese auch den Kot ihrer Kinder weitestgehend auf.

Stubenreinheit

Ungefähr am Ende der 3. Lebenswoche fällt die Entwicklung einer ersten Form der Stubenreinheit auf. Bei meinen eigenen Welpen habe ich immer wieder feststellen können, dass sie plötzlich sehr unruhig wurden und versuchten, irgendwie aus der Wurfkiste zu kommen oder zielstrebig immer wieder dieselbe etwas entfernte Ecke im Welpenauslauf anzuvisieren. Setzte ich sie dann aus der Kiste oder in die angestrebte Ecke, so versuchten sie bald, noch etwas wackelig und mit Anstrengung verbunden, ein Würstchen aus sich herauszudrücken, also Kot außerhalb der Lagerstätte abzusetzen. War es gelungen, konnte ich meinen Welpen wieder zurück in die Wurfkiste geben, wo er sich bald im wahrsten Sinne des Wortes erleichtert auf ein Neues zur Ruhe begab. Greift der Züchter dies Verhalten auf, begleitet die Reinlichkeitsbemühungen stets mit dem gleichen Wort (z. B. „Pipi“ oder „Mach“ o. ä.), setzt den Welpen evtl. auf ein Stück Zeitung oder in eine mit Sand gefüllte, flache Kiste und lobt begeistert und überschwänglich das vollbrachte Werk, so gewöhnt sich das kleine Hundekind schnell an den Begriff und den erwünschten Ort für die „wichtigen Geschäfte“. Der Welpenkäufer kann später einen fast stubenreinen Welpen übernehmen, dem er dann lediglich im neuen Zuhause das dort vorgesehene „Hunde-WC“ anzeigen muss. Bei einer kontinuierlichen Beobachtung des Welpen und entsprechenden Fortführung des „Toiletten-Rituals“ sollte es dem Welpen leicht und schnell möglich sein, das bereits Erlernte auch im neuen Umfeld zu beherrschen.

1 „Unsere Mama ist die Beste!“

2 Fünfzehn Tage alter Slovenský Čuvač Welpe. Die Augen sind bereits geöffnet, doch besteht noch keine vollständige Sehfähigkeit.

3 Die „Welpenbande“ wird größer und an der Milchbar deutlich ruppiger.

4 Satt und zufrieden lässt es sich im Pulk wunderbar träumen!

4. Lebenswoche

Jetzt ist „action“ in der Wurfkiste angesagt, die nun schon nicht mehr für den Bewegungs- und Entdeckerdrang der Welpen ausreicht und daher einseitig geöffnet und erweitert werden muss. Erste Inspektionsrunden noch kleineren Kreises, aber schnell ausschweifender werdend, erfolgen rund um die bekannte und vertraute Umgebung der Wurfkiste. Langsam aber sicher pirscht man sich in neue Räume, entlang von Fluren oder Korridoren, umso mutiger, wenn „Mama Hund“ oder „Mama Mensch“ mit von der Partie sind.

Entwicklung der Beißhemmung

Die vier Milcheckzähne (Canini) brechen durch und alles wird nun einer oralen Untersuchung unterzogen. Geschwister werden angenuckelt, es wird sich gegenseitig in die Ruten, die Ohren, das Fell gezupft. Da die kleinen Milchzähnchen nadelspitz sind, kommen auch die ersten Unmutsregungen, wenn der Kontakt mit diesen mal zu heftig ausgefallen ist. Sofort wird der Kontakt abgebrochen und sich vom Verursacher des Schmerzes abgewandt. Die Basis für die

Vorsicht

Während der „Expeditionen ins Menschenreich“ erfolgen diverse „Oralinspektionen“: Teppiche werden angelutscht, Stuhlbeine untersucht, Steckdosen kontrolliert – hier sollte gefahrenvermeidend Vorsorge getroffen werden!

Castro Laboreiro Welpe wird auf seine „Arbeitskollegen“ geprägt.

1

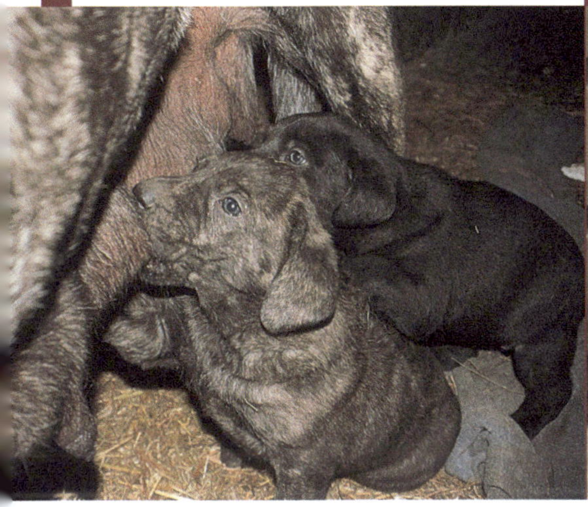

2

1. Laboreiro Welpen beim Saugen. Deutlich zu sehen die in diesem Alter typische Blaufärbung der Augen.

2. Šarplaninac Welpen aus der Zucht „Crni Biser Šar-planine“.

Entwicklung einer Beißhemmung wird gelegt! Sollte es noch immer Hundebesitzer geben, die der Meinung sind, dass die Beißhemmung automatisch im Hund veranlagt ist (oder eben nicht), dem sei ausdrücklich gesagt, dass dies nicht der Fall ist! Beißhemmung muss gelernt werden, und das geschieht sehr früh innerhalb der Geschwisterschar und im Umgang mit der Mutter. Die Methode ist relativ einfach: Bist du zu rabiat, „Aua-Quieker“! Dann geh ich von dir weg und du bist allein!

Gewöhnung an Alltagsgeräusche

Die Sinnesleistungen und der Bewegungsapparat arbeiten nun schon recht ordentlich und zuverlässig, so dass aus wackeligen Laufbewegungen nun Hopser, Sprünge und sogar schnelle, kurze Läufe werden, auch wenn diese noch hier und da von einem Stolpern gekrönt sind. Innerhalb des Hauses sollte nun mit der allmählichen Konfrontation mit Alltagsgeräuschen begonnen werden, vorerst leise und nicht anhaltend, aber unterschiedlichster Ursache. Radio- und Fernsehgeräusche, Telefon und Hausklingel, in Entfernung ein kurz laufender Staubsauger oder eine Küchenmaschine stellen die ersten Begegnungen mit menschlichem Utensil dar. Erstes Spielzeug in Form von Papprollen, Kartons, mit Sand oder Kieseln gefüllte Kunststoffflaschen werden gerne angenommen und in den Beschäftigungsradius integriert. Ausrangierte Schuhe und Kleidungstücke stellen kein sinnvolles Welpenspielzeug dar. Hat der Hund erst mal Gefallen daran gefunden, ist es für ihn schwer begreiflich, warum Sie seine Begeisterung nicht teilen, wenn er sich statt der „genehmigten Lumpen“ gerade Ihren neuen modischen Modellen widmet!

Dass das angebotene Spielzeug keine Verletzungsgefahr darstellen darf, versteht sich von selbst.

Drei Wochen alte „Aysberk Akbaş Dogs" Welpen bei ihrem ersten Ausflug. Familienverband gibt Sicherheit!

Zufütterung bei großen Würfen

Solange die Mutterhündin über ausreichend Milch verfügt, z. B. bei kleineren Würfen oder sehr milchleistungsstarken Müttern, muss man sich als Züchter noch keine Gedanken um die Zusatznahrung machen. Muttermilch ist und bleibt die beste Ernährung und bietet dem Welpen alles, was er zum Wachsen und Gedeihen braucht. Die regelmäßige Gewichtskontrolle dokumentiert, ob der Welpe ordentlich zunimmt oder kümmert. Und auch die Mutterhündin selbst bemerkt normalerweise, wann ihre Milch nicht mehr ausreicht und der Zeitpunkt für zusätzliche Nahrungsquellen gekommen ist: Sie beginnt ihren Kindern das selber aufgenommene Futter vorzuwürgen und somit anzubieten. Schnell stürzt sich die Kinderschar darauf und schlingt hinunter, was zu ergattern ist, und Mama „guckt in die Röhre", wenn sie nicht einen Anteil für sich selbst beansprucht hat. Ist sie gar zu freigiebig, so sollte der Züchter ihr Extraportionen zukommen lassen, damit sie nicht vom Fleisch fällt, während ihre Kinder kugelrund werden.

So sollte nun auch durch den Züchter mit einem leichten Zufüttern welpengerechter Nahrung begonnen werden. Das selbstständige Fressen muss ja auch erst erlernt werden, auch für den Verdauungstrakt bedeutet die Aufnahme zusätzlicher Nahrung eine Umstellung. Am Anfang landet der Hauptanteil des Futters trotz einer welpenge-

Wichtig

Ab der 4. Lebenswoche spricht man von der Sozialisationsphase mit prägendem Charakter.

eigneten Futterschüssel im Fell der Hundekinder, die sich deshalb nach einer erfolgten „Bäuchlein-Befüllungs-Aktion" umso lieber gegenseitig abschnuckeln. Eignen sich doch die ersten Mahlzeiten mit Welpenmilchbrei auch hervorragend als Welpen-Fußbad! Und es ist ja auch gar nicht so einfach, das gewohnte und reflexveranlagte Saugen in ein gezieltes, koordiniertes Lecken und Schlucken umzuwandeln und dabei auch noch die Nase aus der Schüssel zu halten!

Entwicklung sozialer Kontakte

In dieser Zeit, die den Beginn der Sozialisierungsphase darstellt und prägenden Charakter für das gesamte Leben hat, beginnt die Entwicklung sozialer Kontakte, die sich zuerst auf die Mutter und die Geschwister beschränken. Man spricht von der „Prägung auf Artgenossen". Die Welpen laufen gezielt hintereinander und hinter der Mutter her, was aber auch schon den Menschen mit einschließt. Gansloßer spricht deshalb auch von der Phase der „Nachlaufprägung", die wiederum hervorragende Ansätze für die ersten Erziehungsschritte beinhaltet. Daher ist der Züchter spätestens jetzt gefordert, seinen eigenen Alltag mehr oder weniger zu vergessen, im Haushalt mal „Fünfe grade" sein zu lassen, und sich mit Zeit, Geduld und Muße den Welpen zu widmen. Bei dem, was einem die Welpen so alles zu sehen und zu erleben bieten, fällt das wahrlich nicht schwer! Wie einfach ist es, diese Ambition des Nachlaufens mit dem Namen, einem Kommando sowie einer Belohnung zu verbinden und dem Welpen damit zu zeigen, dass es sich lohnt, dem Menschen zu folgen, sich an ihn zu binden und das Wort für den eigenen Namen zu lernen und zu beachten. Bei solchen kurzen, kleinen Übungen ist es leicht und nützlich, sich auch immer wieder jedem Welpen einzeln zu widmen, ihn separat zu nehmen, mit ihm getrennt von den Geschwistern und der Mutter einige Schritte in der Wohnung oder im Garten zu machen. Das stärkt das Selbstvertrauen des Welpen, vor allem aber die Bindung an den Menschen.

1 Trinken aus der Schüssel will gelernt werden. Bevor allerdings die Perfektion erreicht wird, ...

2 ... landen alle Extremitäten samt Bauch und Kopf mindestens einmal im süß-klebrigen Milchbrei.

3 Was, schon alles aufgeschlabbert!

Vier Wochen alter Slovenský Čuvač Welpe.

Ab jetzt etablieren sich auch Unterschiede in der gewünschten und angestrebten Entwicklung zwischen dem für die Arbeit an der Herde vorgesehenen „Herdenschutz-HSH“ und dem im Familienverbund der „Familie Zweibein“ integrierten „Familienbegleit-HSH“. Deshalb wird im Folgenden nun auch ein Unterschiedskästchen A (Arbeiter) / F (Familie) zu finden sein.

ARBEITSHUND / FAMILIENHUND

A > Beginn des Kontaktes zu Nutzvieh sinnvoll, Kontakt zum Menschen weniger.

F > Vermehrter Kontakt zum Menschen, Beginn der Konfrontation mit menschlichen Alltagsgeräuschen, Beginn der Konfrontation mit olfaktorischen, taktilen, akustischen und optischen Reizen.

Fünf Wochen alte Slovenský Čuvač Welpen auf Erkundungsausflug.

5. Lebenswoche

Die Umwelt wird immer interessanter und für die prägende Erlebniswelt des Welpen immer wichtiger. Dort, wo die Welpen bislang ausschließlich innerhalb des Hauses untergebracht waren, sollte die Kinderschar nun spätestens die ersten Ausflüge in den Garten machen, zunächst nur kurz, dann langsam steigernd. Die ersten Reaktionen der Welpen mögen keine echten Begeisterungsstürme sein, doch lernen sie bald, diese neue Umgebung und die neuen Eindrücke zu lieben. Ihr Entdeckerdrang wird so richtig gefordert und gefördert und bald ist nichts mehr vor ihnen sicher. Besonders kostbare (oder giftige!) Zier- und Nutzpflanzen sollten dem Zugriff, besser „Zubiss", der Welpen verwehrt werden. Und was den Zierrasen anbelangt: Keine Bange, der wird in den nächsten Wochen systematisch in einen Naturacker verwandelt!

Die Zeit der Welpen im Freien muss langsam gesteigert werden, denn mit – womöglich direkter – Sonneneinstrahlung kommen sie nicht sogleich zurecht. Die noch unbekannten Umweltgeräusche können am Anfang unheimlich und beängstigend sein, auch an diese muss die Gewöhnung erst erfolgen.

Tunnel und Zelt sind tolle Versteckmöglichkeiten für die Welpen.

Konditionierung auf Pfiff

Noch immer werden die Welpen zeitweilig von der Mutter gesäugt, doch nimmt die Milchleistung rapide ab und es reicht längst nicht mehr, um einen zahlenmäßig starken Wurf satt zu bekommen. Das Fressen aus der Schüssel klappt schon recht gut und es stellt sich als ausgesprochen sinnvoll dar, die nun schon mehrmals täglich erfolgenden „Raubtierfütterungen" mit einem Pfiff aus der Hundepfeife (bitte keine lautlose und/oder per Justierungsring verstellbare Pfeife verwenden) zu begleiten. Wie von alleine gewöhnt sich der Welpe an den Pfiff, der mit etwas äußerst Positivem verbunden ist

Frühe Konditionierung auf Pfeife durch den Züchter verhilft den Welpenkäufern zu einem tief verankerten Rückrufsignal.

und daher ein eiliges Herankommen auslöst. Im kynologischen Fachjargon wird dies als „Konditionierung", hier auf die Pfeife als Ruforgan, bezeichnet, was das spätere gezielte Heranlocken des Hundes deutlich vereinfacht.

Gleichzeitig stärken wir weiter die Bindung an den Menschen, denn dessen Hand ist es, die nach dem „Kommen auf Pfiff" die besonders leckeren und begehrten Futterbröckchen parat hält. „Bei jeder Begrüßung sollte man dem Welpen ein kleines Futterbröckchen geben, dies erhält und festigt die Erwartung, dass von der Hand des Menschen immer Gutes ausgeht." (Mugford, 1992)

Dieser Aspekt, dass der Welpe das Futters aus der Hand erhält, kann nicht hoch genug geschätzt und bewertet werden; eine Methode, die Bindung stärkt, Abhängigkeit aufzeigt und auch für die Rangkonstellation Aussagekraft hat. Daher sollte auf die Art und Weise der Handfütterung durchaus mehr Gewicht gelegt werden und sie sollte auch für kürzere oder längere Zeitintervalle eingesetzt werden, wenn es in den gerade angesprochenen Bereichen zu Problemen oder „Missverständnissen" kommt/gekommen ist. Es gibt kein Gesetz, welches besagt, dass ein Hund aus einem bestimmten Gefäß zu einer bestimmten Uhrzeit und an einem bestimmten Ort sein Futter einzunehmen gebeten werden muss. Obwohl so mancher Hundebesitzer den Eindruck erweckt, dass er von der Existenz einer solchen Vorschrift überzeugt ist!

Auch Maßnahmen der Fell- und Körperpflege sollten bereits beim Züchter eingeübt werden.

Einbeziehung der Welpenkäufer in die Welpenpflege

Der intensive Kontakt zum Menschen, der in dieser Zeit und in den folgenden Wochen so immens wichtig ist, sollte förderlich für die Mensch-Hund-Beziehung sein und für erste Konditionierungen und Bindungsaufbau genutzt werden. Auch hierbei lassen sich die zukünftigen Welpenbesitzer wieder wunderbar „mit Kind und Kegel" einbinden: Mit einer weichen Bürste kann das Bürsten des Welpen bzw. – aus der Perspektive des Welpen formuliert – das „Gebürstet-Werden" geübt werden. Spielsachen können mit einem „Aus" abgenommen und mit einem „Nimm´s" angeboten werden. Der Welpe

Akbaş „Sheepfields Zoi of Aysberk" mit vier Wochen altem A-Wurf.

Estrela-Berghund Welpen „Ribeira" und „Leão". Interessant hierbei, dass beide Welpen kurzhaarig sind, obwohl die Eltern langhaarig waren. Genetisch dürfte das eigentlich nicht vorkommen, da bei Verpaarung von langhaarigen (rezessiv!) Estrelas theoretisch nur langhaarige Welpen geboren werden dürften.

ARBEITSHUND / FAMILIENHUND

A >
- Vermehrter Kontakt zum Nutzvieh, geringer Kontakt zum Menschen. Aufenthalt des Welpen im beabsichtigten Umfeld des Nutzviehs.
- Futtervorwürgen der Mutterhündin, Welpen saugen u. U. sogar an Mutterschafen.
- Beginn der Zufütterung durch den Hirten.
- Beginn des Aufbaus von Beißhemmung untereinander.

F >
- Intensivierung des Kontaktes zum Menschen (schmusen, streicheln, reden usw.) und Bindungsaufbau durch Handfütterung.
- Ausbau der Erlebniswelt des Welpen von drinnen nach draußen.
- Beginn des Aufbaus von Beißhemmung untereinander.
- Beginn der Zufütterung durch den Züchter, begleitet von ersten „erzieherischen" Maßnahmen (z. B. Konditionierung auf Pfiff).
- Futtervorwürgen der Mutterhündin.

kann gestreichelt und an allen Körperteilen berührt und auch mal sanft auf den Rücken gedreht werden. Jedoch sollte es nicht gestattet werden, dass kleinere Kinder den Welpen vom Boden hoch und auf den Arm nehmen. Die Verletzungsgefahr für den Welpen, wenn dieser sich wehrt, zappelt und womöglich vom Arm fällt oder springt, ist dabei zu groß. Immerhin wiegt ein 5 Wochen alter Herdenschutzhundwelpe schon zwischen 4 bis 6 Kilo und es tut auch nicht gut, wenn ein Kind (oder Erwachsener!) den Welpen unsachgemäß an seinen Schulter- oder Ellenbogengelenken in die Höhe hebt. Der Züchter hat die Möglichkeit, die Menschen entsprechend zu schulen, auch für hundliche Verhaltensweisen zu sensibilisieren. Und wie segensreich es für den Erfahrungshorizont der Welpen ist, wenn mit den vielen unterschiedlichen Menschen gleichzeitig viele unterschiedliche Menschentypen kennen gelernt werden können, wurde bereits ausgeführt! Wie sagt der Volksmund bereits: Gewohnheit ist die andere Natur! Und unserem jungen Hund diese andere Natur zu bieten, um ihn auf ein stressfreies und souverän zu meisterndes Leben vorzubereiten, das sollte des verantwortungsbewussten Züchters oberstes Gebot sein!

6. Lebenswoche

Die Welpen sind nun schon sehr sicher auf ihren Beinen, zeigen ausgeprägten Bewegungs- und Entdeckerdrang und untersuchen alles und jeden. Deshalb sollte beim angebotenen Spielzeug darauf geachtet werden, dass Plastik nicht zerstörbar ist (könnte für den Welpen tödlich sein), dass Gegenstände nicht verschluckt werden können und erreichbares Holz nicht splittert. Auch gestapelte Dinge

1

2

1 Der sechs Wochen alte Slovenský Čuvač Rüde „Buk Bär vom Wolfshorn".

2 In einem Welpenauslauf kann man bereits die ersten Sonnenstrahlen genießen.

sollten so gesichert sein, dass sie nicht auf Welpen stürzen und diese verletzen könnten. Aktivität, Ausdauer und Erfindungsreichtum von Welpen sind schier grenzenlos!

Auch die Phantasie des Züchters darf sich in der Gestaltung und Anordnung des Welpenspielplatzes so richtig austoben: Flatternde Betttücher auf der Leine sind einfache und preiswerte optische Reize, sich schnarrend drehende Windräder kombinieren optischen und akustischen Reiz. Röhren (z. B. Betonröhren aus dem Baumarkt) und Stofftunnel (z. B. Kinderspieltunnel) bieten Gelegenheit zum Durchlaufen, Verstecken, Dösen und stärken Körpergefühl und Selbstvertrauen. Auch umgekehrte U-Gestelle, fest im Boden verankert, bieten kreative Einsatzmöglichkeiten: Flatterbänder lassen sich daran befestigen oder klappernde Blechdosen. Eine flache Wippe, einige ausgelegte Gitterroste, ein Sandhaufen, dicke Äste oder Baumstümpfe, alles eignet sich gut für den Hundekinder-Abenteuer-Spielplatz. Sinnvoll ist es dabei auch, den Spielplatz so zu konzipieren, dass er leicht veränderbar ist und somit jeden Tag unterschiedliche Reize bietet oder bestimmte Reize immer an verschiedenen Stellen auftauchen.

In der Schweiz wurden spezielle Lern- und Spielgeräte für Welpen und Junghunde entwickelt. Diese reichen von Spielkugelkästen über Röhren und Tunnel, verschiedene Rampen und Gitter bis zu Balanceflächen, Wackelbrettern und schiefen Ebenen. Da diese Geräte nicht ganz billig sind, lässt sich das eine oder andere Element auch selber bauen oder improvisieren. Sicherlich sind derartige Dinge aber wunderbar geeignet, um Körpergefühl, Gleichgewichtssinn, psychische Belastbarkeit und physische Behändigkeit zu erlangen und zu trainieren.

Mit Welpenspielgeräten kann der Garten zum Abenteuerspielplatz werden.

1

2

1 **Sechs Wochen alte Akbaş Welpen. Es zeigt sich schon die Vorliebe für erhöhte Liegeplätze!**

2 **Herdenschutzhunde lieben Kampfspiele und das Messen der eigenen Kräfte.**

Spielend lernen

Die Sozialspiele werden ausdauernder und rauer. Dabei hinterlassen die bereits durchgebrochenen nadelspitzen Zähnchen Schmerzempfindungen beim Gegenüber, auf welche adäquat reagiert wird, im Zweifelsfalle mit Spielabbruch und Weglaufen des „Gepiesackten“. Dadurch lernt der Welpe seine Zähne und Körperkraft gezielter bzw. dosierter einzusetzen, was den weiteren Ausbau der Beißhemmung bedeutet, die – wie bereits gesagt – entgegen vielfacher Meinung von Hundebesitzern nicht angeboren ist. Der Mensch tut gut daran, diesem Vorbild der Mutter und der Geschwister zu folgen und seine Reaktion auf zu heftige Beißattacken der Hundekinder analog zu gestalten: Spiel- bzw. Kontaktabbruch! Aufgeritzte Unterarme, durchlöcherte Hosenbeine oder Pulloverarme und leicht bläulich verfärbte Hautstellen können somit von vornherein und frühzeitig vermieden oder zumindest stark reduziert werden!

Kürzere Rennspiele und ausgeprägtere körperbetonte Spiele nehmen zu, auch besteht in diesem Alter durchaus Interesse an bewegten Objekten, denen nachgesetzt und die gefangen werden können. So zeigen sich die im Erwachsenenalter häufig als spieldesinteressiert erscheinenden HSH begeistert von Bällen, Frisbees, Spiel-Kongs u.a. Beim arbeitenden Hund wäre ein Interesse, oder gar Begeisterung für bewegte Objekte eher kontraproduktiv und unerwünscht. Daher werden Reaktionen auf diese Reize gar nicht erst geweckt oder gelockt. Beim Familien-HSH liegt das anders und so finden sich unter den diversen Hunden der HSH-Rassen und -schläge auch einige, die aufgrund be- und verstärkter Spielerfahrungen mit bewegten Objekten (mehr oder weniger) begeistert apportieren und Stöckchen, Körbe oder Spielzeug durch die Gegend tragen. Resultierend aus diesem Verhalten entwickelt sich aber auch der Spaß am Nachlaufen von bewegten Objekten, so dass die Folge bei nicht in erwünschte Bahnen gelenkter Erziehung schnell der Hund ist, der Joggern, Autos, Katzen, Wild u.a. nachsetzt. Der häufig pauschal propagierte Slogan „Herdenschutzhunde jagen nicht“ ist falsch.

Es finden sich viele Dinge, die bestens geeignet sind, um die Welpenwelt abwechslungsreich zu gestalten.

Man lernt nicht für sich, sondern fürs Leben. Das ist bei Hundekindern nicht anders.

Lernerfahrungen sammeln

Zur Förderung und Stabilisierung der Welpenpsyche ist ausreichender Kontakt zum Menschen und die Konfrontation mit Umweltreizen dringend notwendig. All dies stellt erste Lernerfahrungen dar, die bestmöglich positiv verlaufen sollten! Nichts ist so schädlich für die psychische Entwicklung wie Isolation und/oder Reizarmut in dieser sensiblen Entwicklungsphase. Gleichzeitig muss aber auch gesagt werden, dass auf eine eventuelle Reizüberflutung ebenso zu achten ist! Reize, die zuerst einmal unbekannt und ungewohnt sind, verursachen Stress beim Hund. Dieser Stress setzt Stoffwechselprozesse in Gang, die wiederum Auswirkungen auf die Weiterbildung und Entwicklung „von Körper-, Nerven- und Gehirnsubstanz“ haben (Sieber, Aldington, 1984). Daher ist es wichtig, hier das richtige Maß zu finden!

Der Stolz über die vollbrachte Leistung steht dem Slovenský Čuvač Welpen regelrecht im Gesicht geschrieben!

Denn diese 6. Lebenswoche stellt auch in einer anderen Hinsicht eine besondere Phase dar: Viele Welpen zeigen in diesem Alter plötzlich ängstliches Verhalten, Unsicherheit und Scheu. Auf dieses Verhalten sollte zwar nicht übermäßig eingegangen werden, wodurch es sich womöglich verstärken würde, doch muss darauf geachtet werden, dass dem Welpen nicht gerade jetzt zuviel zugemutet wird und er sich womöglich nachhaltig erschreckt oder stark verunsichert wird. Ein Welpe in der 6. Lebenswoche zeigt hohe Sensibilität und geringere Stressfähigkeit (Gansloßer, 2003).

In diesem Alter orientieren sich die Welpen extrem am Verhalten und an den Reaktionen ihrer Mutter. Daher macht es sich nun bezahlt, dass der Züchter der Mutterhündin ausreichend Gelegenheit gegeben hat, sich an die Vorgänge im Haus zu gewöhnen und dem nun stetigen Kommen und Gehen der Welpenbesucher gelassen gegenüber zu stehen. Was Mama nicht beeindruckt, beeindruckt auch die Welpen nicht, und wenn Mama begeistert reagiert, ist auch die Begeisterung der Welpen gewiss.

Klettern, Laufen, Balancieren, sich Verstecken, Scheue überwinden usw. – alles formt und trainiert.

Zufütterung

„Mamas Milchbar" ist zwar noch immer interessant, doch bietet sie nicht mehr sehr viel mehr als einen kurzen, guten Geschmack auf der Zunge. Der Mensch wird zum „Oberkellner", häufig unterstützt von der Mutterhündin, die nach eigener Futteraufnahme pflichteiligst zu ihren Welpen strebt, um diesen ihr Futter wieder vorzuwürgen. Manche Hündinnen beanspruchen davon wieder einen Teil für sich selbst und zeigen dies ihren Kindern deutlich und unmissverständlich an. Auch wenn sich Knurren und Drohen der Hündin gefährlich und dramatisch anhören und ein äußerst kecker und uneinsichtiger Welpe mal kurz von Mama etwas massiver „auf den Boden der Tatsachen" gebracht werden muss, sollte der Mensch sich hier nicht einmischen, sondern lieber durch genaues Beobachten der Szene lernen, wie nachhaltig korrektes, zeitgenaues Maßregeln wirkt! Laut quiekend wird unser „Welpe Oberfrech"

1

2

1 Zum Einsatz an der Herde muss bereits im Welpenalter Unterwürfigkeit dem Nutztier gegenüber gezeigt werden.

2 Mastin Español „Marisol Coto de Vera“ mit Labbi-Kumpel in der Welpengruppe.

zur Seite hechten, aber seine Lektion wird er gelernt haben und zukünftig respektvollen Abstand zur fressenden Mutter halten. Wie rabiat wirkt dies doch im Vergleich zu den kläglich zaghaften und unfruchtbaren Disziplinierungsmaßnahmen des Menschen, die zudem meist noch falsch „getimet“ sind!

Gansloßer (2003) weist darauf hin, dass es sinnvoll und wichtig ist, verschiedene Arten und Sorten von Futter anzubieten. Er bezeichnet dies als „Futterprägung“. Mugford (1992) erklärt, dass „eine vielseitige Ernährung in diesem Alter hilft, eine vielfältige Darmflora aufzubauen, welche den Welpen einen guten Start gegenüber künftigen Infektionsgefahren im weiteren Leben bietet.“

Erste kleine Lernschritte

Auch die Grunderziehung sollte nicht aus den Augen verloren werden – die Zeit ist günstig für die feste Grundsteinlegung. Sitzt der Welpe gerade mal schön ruhig, so streicheln wir ihn, geben ein Leckerli und benennen, was er gerade tut, nämlich „Sitz“. Dabei bitte auf einen aussageleeren Wortschwall à la „Ach, du lieber, süßer Fratz! Da machst du aber fein Sitz!“ verzichten und sich auf den einzelnen, prägnanten Begriff beschränken.

Ebenso lässt sich mit „Platz“, „Steh“ u.a. verfahren und auch das begeisterte Heraneilen mit einem „Hier“ kombinieren. Der Hund lernt so leicht, sein Handeln mit dem entsprechenden Begriff zu verknüpfen.

Inge Hansen weist so eindringlich wie richtig in ihrem empfehlenswerten Buch „Handbuch der Hundezucht“ darauf hin, dass „die in dieser Zeit ablaufenden Lernvorgänge (...) Einfluss auf den Motivationsbereich, die spätere Aggressionsbereitschaft, auf die Bindungsfähigkeit, das Geselligkeitsbedürfnis und auf die Fähigkeit des Welpen, sich in eine Gruppe einzugliedern (haben).“

Schäfer und Züchter „Coto de Vera" José Maria Marzal Pacheco aus Merida (Extremadura) mit seiner Familie und den Mastin Español Welpen „Marisol" und „Mechthild".

ARBEITSHUND / FAMILIENHUND

A>
- Ausbau des Kontaktes zum Nutzvieh, Kontakte zum Menschen beschränken sich auf den Hirten und evtl. dessen Familie.
- Aufenthalt des Welpen beim Nutzvieh und im späteren aufgrund des Alters noch geschlossenen Arbeitsumfeld (Stall, Viehgatter).
- Konfrontation und Auseinandersetzung mit den Umweltreizen des späteren Arbeitsfeldes und der zugehörigen Tiere.
- Entwicklung und Ausbau der Beißhemmung gegen Artgenossen und Nutzvieh.
- Unterdrückung des evtl. durch Nutzvieh ausgelösten Spielverhaltens.
- Orientierung an Althunden.

F>
- Kontakt zum Menschen wird weiter ausgebaut und intensiviert und schließt unterschiedliche Menschentypen mit ein.
- Bindungsstärkung durch Handfütterung.
- Durch phantasievoll gestalteten Welpenspielplatz wird ein breites Spektrum an Erfahrungen geschaffen, welches sich auf die physische und psychische Entwicklung des Welpen positiv fördernd und stabilisierend auswirkt.
- Entwicklung und Ausbau der Beißhemmung gegen Artgenossen und Menschen.
- Durch den Menschen initiierte Spiele.
- Orientierung an Mutterhündin und Menschen.
- Aufgreifen von Welpenverhalten, um erste erzieherische Maßnahmen anzusetzen.

Beobachten – Lernen – Nachahmen 1

Neugierde – Entdeckergeist – Experimentierfreude 2

Eine gut sozialisierte „Tante“, die reglementiert, diszipliniert, … 3

… oder einfach mal den „großer Kumpel“ spielt. 4

7. Lebenswoche

Die Erlebniswelt des Welpen sollte täglich verändert und gesteigert werden. Erste Fahrten mit dem Auto, vielleicht anfangs noch in Gesellschaft der Hundemama, können unternommen werden, eventuell auch kleinere Ausflüge an interessante Plätze in der Natur wie z. B. an einen flachen Bach, in ein Waldstück, zu anderen Tieren usw. Natürlich darf auch jetzt keine Reizüberflutung stattfinden und es sollte klar sein, dass der Welpe nun nicht aus dem bekannten Welpenauslauf gleich in die Fußgängerzone der nächsten Großstadt oder ins vollbesetzte Eiscafé gezerrt wird! Der Welpe ist psychisch noch instabil und eine Überforderung ist ebenso schädlich wie eine Unterlassung der Konfrontation mit Umweltreizen.

Sinnvoll für unseren Familienhund ist es auch, ihn in dieser Zeit positiv besetzt an ein Halsband zu gewöhnen. Verbindet man dieses z. B. mit der Fütterung, so wird der Welpe bald überaus begeistert auf dieses Ding am Körper reagieren. Hat er sich damit angefreundet, kann man für einige Sekunden bis zu einer Minute auch schon eine leichte Leine einklinken und ihn z. B. zur begehrten Futterschüssel führen. Gestalten wir daraus ein immer wieder gleich ablaufendes Ritual, lassen den Welpen vor der Schüssel und vor dem Lösen der Leine kurz sitzen, geben ihn mit einem „Lauf“ oder „Friss“ frei, dann haben wir wieder sinnvolle Erziehungsarbeit geleistet, die dem Hund „von Kindesbeinen an“ Routine und Gesetzmäßigkeiten vermittelt. Und wie entscheidend – positiv wie negativ – Alltagsroutinen gerade das Leben unserer Herdenschutzhunde bestimmen, wird ab S. 210 ausführlich beleuchtet.

Die Milchschneide- (Incisivi) und Vormahlzähne (Prämolaren) brechen durch, was bei dem einen oder anderen Welpen (wie auch bei Kindern) schon mal körperliches Unbehagen verursachen kann; die Welpen machen einen etwas „drömmeligen“ Eindruck. Dies wiederholt sich eventuell zum Zeitpunkt des eigentlichen Zahnwechsels noch einmal. Auch fällt in diese Zeit in der Regel die erste Impfung des Welpen und das eventuelle Chippen. Dabei ist zu bedenken, dass derartige Erlebnisse und Einwirkungen auf den jungen Organismus das Immunsystem kurzzeitig herabsetzen können. Aus diesem Grund sollten an den Tagen, an welchen solche Maßnahmen erfolgt sind, den Welpen nicht noch zusätzliche psychische und physische Anstrengungen abverlangt werden.

Auch beuteorientierte Spiele nehmen zu, sollten jedoch nicht zusätzlich vom Menschen initiiert werden, zumal die recht beliebten Zerr- und Ziehspiele schon manchem Welpen – und Junghund – ein deformiertes Gebiss und eine nicht korrekte Zahnstellung beschert haben. Und wenn schon um Beute gekämpft wird, dann tut der Besitzer eines HSH gut daran, bereits beim Welpen den Sieg auf seiner Seite zu verzeichnen und die Beute als letzter in der Hand zu halten.

1 Der enge Kontakt zu Mensch und Tier …

2 … bildet einen soliden Grundstock für eine optimale Entwicklung.

Der Welpentest

In Amerika ist seit William E. Campbells Buch „Behaviour Problems in Dogs“ ein Welpentestverfahren bekannt, welches von vielen Züchtern angewandt wird. Dieser Test soll helfen, bestimmte Veranlagungen bei Welpen aufzudecken, um ihnen die „Adoption“ durch entsprechende (im Sinne von zu ihnen passenden) Menschen zu ermöglichen. Ziel ist also, die Mensch-Hund-Passung zu optimieren. Im günstigsten Fall wird der Test durchgeführt, wenn die Welpen sieben Wochen alt sind und noch weitestgehend unbeeinflusst von differenzierenden Erfahrungen; sie sollen beim Test, der durchaus nicht unumstritten ist, ihr „wahres Gesicht“ zeigen.

Jack und Wendy Volhard entwickelten auf der Basis dieses Campbell-Tests einen Welpentest, der als „PAT“ (Puppy Aptitude Test) bezeichnet wird und der Duldungsbereitschaft, soziale Bindungsfähigkeit und Arbeitseignung des Welpen aufzeigen soll. Diesem PAT wurde durch Gail Tamases Fisher noch ein „Hindernis-Test“ beigefügt, welcher Intelligenz und Kombinationsvermögen von Welpen untersuchen soll. Der Aufbau des Tests wird eingehend in dem Buch „Livestock Protection Dogs“ von David E. Sims und Orysia Dawydiak, 1990, beschrieben.

Slovenský Čuvač – Tante „Gaia Bär vom Wolfshorn" beteiligt sich nicht nur gern, sondern auch sehr geschickt bei der Welpenaufzucht, obwohl sie selbst nie Welpen hatte.

Sinngemäß übersetzt heißt es dort: Der PAT wird von einer den Welpen fremden Person durchgeführt. Die Umgebung sollte unbekannt, begrenzt und frei von Ablenkungen sein. Ein Wiesenstück oder ein kleiner Raum mit Bodenbelag sind gut geeignet. Für den Test wird folgendes Zubehör benötigt: einige zusammengeknüllte Papierbälle oder weiche, kleine Softbälle, ein Löffel, ein Schirm, eine Metallpfanne, ein Stoffstreifen, ein Stück Schnur und der Welpenzahl entsprechende Anzahl von Bewertungsbögen.

Die Welpen werden der Reihe nach in das Testfeld gebracht, wobei behutsam und vorsichtig mit ihnen umgegangen werden muss. Ein freundliches und ruhiges Sprechen mit den Welpen vor und während des Tests verschafft eine entspannte Atmosphäre. Urin- und/oder Kotabsatz während des Tests sollen ignoriert werden, ebenso ist direkter Blickkontakt zum Welpen zu vermeiden, außer bei bestimmten Bestandteilen des Testverfahrens. Der Welpe soll sich wohlfühlen können und Spaß haben und weder bedroht noch bedrängt werden.

Der Test umfasst fünf Teile, die jeweils mit bestimmten Punktesystemen die Reaktion des Welpen beurteilen.

Teil 1 – Soziale Fähigkeiten

Dieser erste Testteil unterteilt sich wiederum in fünf Untersuchungsbereiche.

1. Zuerst wird das Interesse am Menschen getestet. Dazu wird der Welpe vom Prüfer in die Mitte der Testfläche gesetzt. Der Prüfer geht nun vom Welpen weg und animiert ihn stimmlich oder durch Gesten aus der Entfernung zum Kommen. Die Art und Weise des

Herankommens bildet das Bewertungskriterium für die erreichte Punktzahl und die Abstufung: „Kommt schnell und springt herbei“ = 1 Punkt bis „Kommt überhaupt nicht“ = 7 Punkte.

2. Danach wird die Folgebereitschaft getestet. Dazu platziert der Prüfer den Welpen neben sich und geht dann von ihm weg. Unter Umständen muss der Prüfer einige Male zum Welpen zurückgehen und sich erneut entfernen, um die Reaktion des Welpen beurteilen zu können. Hierbei ergibt ein „Folgt“ = 1 Punkt bis „Folgt überhaupt nicht“ oder „Läuft weg“ = 6 Punkte.

3. Nun wird die Unterwerfungsbereitschaft getestet. Dazu wird der Welpe auf den Rücken gerollt und die Hand des Prüfers hält den Welpen am Brustkorb auf dem Boden. Ist es möglich, den Welpen für ca. 30 Sekunden in dieser Position zu halten, ohne dass er sich wehrt? Oder wie lange dauert es, bis er eine eventuelle Gegenwehr einstellt? Dokumentiert wird, ob der Welpe sich wehrt oder die Position akzeptiert.

4. Als nächstes wird die Dominanz getestet. Der Prüfer kauert sich zum Welpen und beginnt mit Blickkontakt und freundlicher Ansprache den Welpen vom Kopf über den Rücken bis zum Po sanft zu tätscheln und zu streicheln. Dies wird solange fortgesetzt, bis der Welpe ein Verhalten zeigt, das bewertet werden kann. Lässt er sich bereitwillig oder freudig und entspannt streicheln? Zeigt er unterwürfiges Verhalten, womöglich mit Signalen der Beschwichtigung? Verhält er sich ignorant oder sogar abwehrend?

5. Der letzte Test bewertet die Reaktion des Welpen auf totalen Kontrollverlust. Dazu wird der Welpe vom Prüfer ca. 20 Sekunden hochgehoben und zwar derart, dass die Hände den hinteren Brustkorb umfassen und der Kopf des Welpen vom Prüfer abgewandt ist. Bei Welpen großwüchsiger Rassen kann das ganz schön anstrengend für den Prüfer sein!

Berührung und Manipulation durch den Menschen muss der Welpe erdulden lernen. Das gut sozialisierte Hundekind genießt den Kontakt mit dem Menschen in vollen Zügen!

Hier erweist ein Welpe Papa „Eyko Bär vom Wolfshorn“ den gebührenden Respekt.

„Aga Temiz Aysberk Akbaş Dogs“ im Alter von elf Wochen.

Die körperliche Entwicklung kann mit einfachen Mitteln gefördert werden.

Teil 2 – Eignung zur Erziehbarkeit

Auch im zweiten Testbereich finden sich fünf Unterteilungen:

1. Reaktion auf Bewegung – Ein kleiner Papier- oder Softball wird dem Welpen ein kurzes Stück vorangekullert. Seine Reaktion auf den Ball wird als Hinweis auf seine Kooperationsbereitschaft notiert. Reagiert der Welpe gar nicht, so wird der Test zweimal wiederholt. Nimmt er den Ball womöglich auf, so versucht der Prüfer ihn zum Bringen zu locken.

2. Empfindsamkeit: Der Prüfer nimmt einen Vorderlauf und spreizt zwei Zehen auseinander. Dann drückt er auf das zwischenliegende Gewebe, bis der Welpe eine Reaktion zeigt. Der Druck ist anfangs sanft und wird vorsichtig gesteigert, während der Prüfer bis zehn zählt. Sobald der Welpe Anzeichen von Unwohlsein zeigt, wird abgebrochen.

3. Geräuschempfindlichkeit: Der Prüfer entfernt sich einige Schritte vom Welpen und verursacht ein scharfes, lautes Geräusch. Er kann einen Löffel gegen etwas Metallisches schlagen oder etwas klimpernd fallen lassen. Dieser Test kann einige Male wiederholt werden, um einen Eindruck von der Reaktion des Welpen zu erhalten.

4. Jagdverhalten: Der Prüfer setzt den Welpen in die Mitte des Testareals. Ein Stück Stoff wird an einer Schnur in kurzem Abstand vor dem Welpen hergezogen. Sein Verhalten darauf wird notiert.

5. Stabilität und Seh-/Beobachtungsvermögen: Wieder wird der Welpe in die Mitte des Testareals platziert. Ein geschlossener Schirm wird einen knappen Meter vor dem Welpen langsam geöffnet und abgesetzt. Es ist dem Welpen erlaubt, sich diesen Schirm anzusehen und ihn zu untersuchen. Es ist ohne Bedeutung, wenn der Welpe sich zuerst erschreckt. Es soll sein Verhalten beobachtet werden, wenn der geöffnete Schirm auf dem Boden abgesetzt wird.

Der Schirm ist Bestandteil des PAT-Welpentests.

WELPEN-TESTBOGEN

Ira Vaculik, Züchterin von „Aysberk-Akbaş“, hat auf Basis des PAT einen Welpen-Testbogen entwickelt, der mit ihrer freundlichen Genehmigung nachfolgend abgedruckt ist.

Test	Beschreibung	Bewertungsschema	Erreichte Punktzahl des Welpen
Menschenbezug	Welpe wird 1 m entfernt hingesetzt und herangelockt.	1 kommt zügig, Rute hoch, springt 2 kommt zügig, Rute hoch, leckt Hände 3 kommt zügig, Rute hoch 4 kommt zögernd, Rute hoch 5 kommt zögernd, Rute geklemmt 6 kommt erst nach mehrmaliger Aufforderung 7 kommt überhaupt nicht	
Folge-bereitschaft	Prüfer steht neben dem Welpen, geht weg und lockt ihn.	1 folgt sofort, Rute hoch, läuft zw. die Beine 2 folgt sofort, Rute hoch 3 folgt zögerlich, Rute hoch 4 folgt zögerlich, Rute gesenkt 5 folgt nach mehrmaliger Aufforderung 6 folgt gar nicht oder geht weg	
Bewegungs-einschränkung	Welpe wird auf den Rücken gerollt und für mindestens 20 Sek. festgehalten.	1 kämpft wild, winselt, beißt 2 strampelt, winselt 3 duldet, strampelt leicht, duldet mit Blickkontakt 4 strampelt, dann Duldung 5 kein Kampf 6 kein Kampf, Vermeidung von Blickkontakt	
Soziale Beeinflussung	Der Prüfer sitzt vor dem sitzenden Welpen, streichelt vom Kopf über den Rücken bis zum Hinterteil.	1 springt, pfötelt, beißt, knurrt 2 springt, pfötelt 3 kuschelt sich an Prüfer, leckt dessen Gesicht 4 rollt sich herum und leckt Hände 5 legt sich hin und zeigt keine Reaktion 6 geht weg und kommt nicht wieder	
Kontrollverlust	Der Prüfer hält den ihm abgewandten Welpen unterm Brustkorb für mindestens 20 Sek. in der Luft.	1 kämpft und strampelt wild, beißt, knurrt 2 strampelt leicht 3 kein Kampf, zeigt sich entspannt 4 leichtes Strampeln, dann Duldung 5 kein Strampeln, leckt Hände 6 kein Strampeln, erstarrt	

Test	Beschreibung	Bewertungsschema	Erreichte Punktzahl
Reaktion auf Bewegung	Ein Ball wird 1 m nach vorn vor den Welpen geworfen.	1 jagt den Ball, nimmt ihn, geht weg 2 jagt den Ball, kommt nicht wieder 3 jagt den Ball und bringt ihn zum Prüfer 4 jagt den Ball, kommt ohne Ball zurück zum Prüfer 5 beginnt die Jagd auf den Ball, verliert dann das Interesse 6 jagt den Ball nicht, beobachtet ihn aber 7 zeigt keinerlei Interesse	
Berührungs-empfindsamkeit	Prüfer presst das Gewebe zwischen den Zehen, zuerst sanft, dann Druck verstärkend.	1 Prüfer kann bis 10 oder weiter zählen, bevor Reaktion 2 Prüfer kann bis 7 – 9 zählen bis Reaktion 3 Prüfer kann bis 4 – 6 zählen bis Reaktion 4 Prüfer kann bis 1 – 3 zählen bis Reaktion	
Geräusch-empfindlichkeit	Welpe wird in die Mitte des Testfeldes gesetzt, dann wird ein lautes Geräusch verursacht.	1 lokalisiert das Geräusch, geht hin, bellt 2 lokalisiert das Geräusch, bellt 3 lokalisiert das Geräusch, zeigt Interesse, geht hin 4 lokalisiert das Geräusch 5 duckt sich, zieht sich zurück, versteckt sich 6 ignoriert das Geräusch, zeigt kein Interesse	
Jagdinstinkt	Welpe wird in die Mitte des Testfeldes gesetzt. Ein Stück Stoff wird schnell über den Boden gezogen.	1 schaut, attackiert, fasst danach 2 schaut, bellt, Rute hoch 3 schaut neugierig, beobachtet 4 schaut, bellt, Rute geklemmt 5 läuft weg, versteckt sich 6 ignoriert, zeigt kein Interesse	
Stabilität	Ein Schirm wird langsam geöffnet und so auf den Boden gestellt, dass der Welpe ihn untersuchen kann.	1 geht nach vorne, Rute hoch, berührt den Schirm 2 geht nach vorne, Rute hoch, berührt den Schirm 3 geht nach vorne, untersucht den Schirm 4 schaut neugierig, bleibt stehen 5 geht weg, Rute gesenkt, versteckt sich 6 ignoriert, zeigt keinerlei Interesse	
Hindernistest	Welpe wird hinter ein Gitter gesetzt, bei welchem 3 Seiten geschlossen, 1 Seite offen sind. Welpe wird gelockt.	Es werden die Sekunden notiert, die der Welpe zur Wegfindung braucht.	

Bewertung des Welpen im 1. und 2. Teil

Zentralasiat „Leia“ mit ihren ca. sechs Wochen alten Welpen.

Bewertung mit 1

Wird ein Welpe in den Untersuchungssequenzen des 1. und 2. Teils häufig mit einer 1 bewertet, so lässt dies auf einen sehr dominant veranlagten Hund schließen, der mit all seinen zur Verfügung stehenden Mitteln versuchen wird, seinen Willen durchzusetzen. Ein solcher Hund sollte nicht gerade in eine unerfahrene Familie mit kleinen Kindern vermittelt werden. Zeigt er auch eine niedrige Punktzahl in den Übungen zur Empfindsamkeit, so wird eine schwierigere Erziehbarkeit vermutet.

Bewertung mit 2

Eine Häufung der Bewertung 2 lässt auf einen dominanteren Hund schließen, der sich zu verschiedenem Verhalten animieren, motivieren und provozieren lässt. Bei entsprechender Haltung ist er durchaus zu korrektem Handeln anzuleiten, was aber den verständigen, konsequenten Anleiter voraussetzt! Solch ein Hund sollte ebenfalls nicht zu kleinen Kindern platziert werden, da er dort gern seine Überlegenheit ausspielt.

Bewertung mit 3

Die Welpen der 3er-Bewertung akzeptieren den Menschen und seine Führungsposition, falls der Mensch diese positive Anlage nicht durch falsches menschliches Handeln zunichte macht. Diese Welpen gewöhnen sich leicht an neue Situationen und kommen gut mit kleineren und größeren Kindern zurecht. Welpen dieser Kategorie bieten die besten Aussichten für den „normalen“ Hundehalter und seine Familie und ein relativ problemfreies Zusammenleben.

Bewertung mit 4

4er-Welpen sind eher unterwürfig veranlagte Hunde und integrieren sich in die meisten Haushalte. Diese Hunde zeigen sich als gute Kameraden für Kinder und lassen sich auch leichter erziehen und trainieren.

Zentralasiat-Welpen

Bewertung mit 5

Die Welpen mit häufiger 5er-Bewertung sind extrem unterwürfig bis ängstlich. Aus ihnen werden Hunde, die sich schwerlich locken lassen und die allem eher skeptisch gegenüberstehen. Sie brauchen Routine, um sich im Leben zurechtzufinden und nicht permanent im Stress zu stehen. Derartige Hunde sollten nicht zu unerfahrenen Menschen kommen, da die Gefahr sehr groß ist, dass durch falsche Reaktionen des Menschen Unsicherheiten verdichtet und Ängste manifestiert werden, was einen pathologisch neurotischen Hund zur Folge haben kann.

Acht Wochen alte „Aysberk Akbaş Dogs".

Bewertung mit 6 und 7

Die Hunde auf der Bewertungsskala 6 und 7 sind ausgesprochen unabhängig und fast unnahbar. Engen Körperkontakt zum Menschen mögen sie nicht besonders und es ist schwer, mit ihnen in Kontakt zu kommen. Auch diese Hunde sollten nicht in einen Haushalt mit Kindern platziert werden – die Probleme wären vorprogrammiert. Ebenso sollte der „Hundeneuling" seine Finger von solchen Welpen lassen.

Anhaltspunkte für das passende Umfeld des Welpen

Eine breite Palette an Reaktionen zeigt sich dem Prüfer – hierbei gibt es auch eine Vielzahl individueller Unterschiede innerhalb eines Wurfes. Berücksichtigt werden muss bei der Bewertung auch, dass ein Welpe, der sich unwohl fühlt, verschleierte, unklare Ergebnisse zeigt. Solche Welpen sollten lieber nach einigen Tagen nochmals getestet werden. Wichtig ist, dass es in dem Test nicht um „Bestehen" oder „Durchfallen" geht, sondern lediglich darum, bestimmte Veranlagungen, Fähigkeiten und Eignungen aufzudecken. Somit ergibt sich aus den erzielten Punkten in den verschiedenen Testbereichen ein Anhaltspunkt, in welches Umfeld der Welpe passen würde – oder eben nicht.

David E. Sims und Orysia Dawydiak berichten, dass nach ihren Untersuchungen, die sich hauptsächlich auf Akbaş stützen, Herdenschutzhunde meist in die Kategorien 3 bis 5 fallen. Kategorie 1 fanden sie nur ausgesprochen selten. Sie stellten fest, dass die ruhigeren, selbstzufriedeneren Welpen, die nicht so interessiert am Kontakt zum Menschen sind, durchaus gut in der Herden-Arbeitsroutine Verwendung finden. Dies gilt auch für die selbstbestimmteren Hunde der Bewertungskategorie 6 und 7. Für das geschäftige Treiben und Leben in der menschorientierten Umgebung empfehlen sie die aktiveren, neugierigen, aufgeweckten Hunde, die den Kontakt zum Menschen suchen und genießen.

Teil 3 – Allgemeine Beurteilung des Temperaments

Hierbei wird beobachtet, ob der Welpe sehr temperamentvoll oder eher ruhig und besonnen bis womöglich phlegmatisch agiert.

Slovenský Čuvač Rüde im Alter von sieben Wochen.

Teil 4 – Der Hindernis-Test

Dieser Test untersucht das Verhalten, wenn es um Problembewältigung geht. Der Welpe wird hinter ein durchsichtiges Gitter gesetzt, welches an einer Seite oder an der Rückfront einen Ausgang hat. Nun wird der Welpe durch Zurufe einer ihm bekannten Person, Spielzeug oder Futter gelockt. Als Indikator gilt die Zeit, die der Welpe benötigt, um das Hindernis zu umlaufen und zum Menschen zu gelangen – oder eben nicht. Um zu verhindern, dass später getestete Welpen den eingeschlagenen Weg der Vorgänger erschnüffeln, sollte das Gitter im Raum an verschiedene Stellen versetzt werden.

Teil 5 – Arbeitsbefähigung als aktiver Herdenschutzhund

Dieser Test ist in den USA noch in der Erprobungsphase. Er findet in direkter Konfrontation mit Nutzvieh statt. Da dies nicht Thema meines Buches ist, möchte ich zwar die Existenz derartiger Untersuchungsmodalitäten ansprechen, jedoch nicht weiter vertiefen.

Slovenský Čuvač Hündin „Gaia Bär vom Wolfshorn“ im Alter von neun Wochen.

Acht Wochen alter Slovenský Čuvač Rüde demonstriert die Leichtigkeit des Seins!

8. Lebenswoche

Mit der 8. Lebenswoche unserer Welpen befinden wir uns schon fast in der 2. Hälfte der „Sensiblen Phase", der für die Prägung und Sozialisierung des jungen Hundes so ausschlaggebenden und nicht rückholbaren Zeit. Die in dieser Phase kennen gelernten und erlebten Reize und Konfrontationen, die erlernten Sequenzen und durchlebten Stressfaktoren haben eine ausgeprägte Konstanz für das gesamte spätere Leben. Die gemachten Erfahrungen sind kaum auslöschbar, es besteht eine „geringe Gefahr der Extinktion" (Gansloßer, 2003).

Leider sind sich manche Züchter (und auch viele Welpenkäufer) dieser Zusammenhänge und ihrer daraus resultierenden Verantwortung nicht bewusst. „Alles, was (den Hund) später dann zum 'Spezialisten' macht, seine Erziehung zum Haushund oder zum Polizeihund, zum Rennhund oder zum Jagdhund, beginnt – in der 3. bis 8. Woche – bereits beim Züchter. Und nun bekommen auch die früher bereits erwähnten Auswertungen, wonach ein Wolf, aber auch ein Hund, bereits mit acht Wochen den Phänotyp seines Verhaltens voll ausgebildet hat, ihre eigentliche Bedeutung: In diesen wenigen Wochen entscheidet sich endgültig, wie sich der Hund, mit seinen gewiss genetisch bedingten Vorgaben, im künftigen Leben verhalten wird: Ausgeglichen, sicher, aufmerksam, vertrauensvoll oder ängstlich, leicht erschreckbar, aggressiv, unkonzentriert, eigensinnig." (Sieber, Aldington, 1984)

In den fast zwanzig Jahren, die seit Veröffentlichung dieser Aussage verstrichen sind, hat es einige weiterführende Untersuchungen zu diesem Thema gegeben, die die Kernaussage des Zitats bekräftigen. Würden sich unsere Politiker mit diesem Tatbestand auseinandersetzen, so dürften all die in sich falschen Rasselistungen und Pauschalverurteilungen hinfällig sein und sinnvolle Inhalte eines Heimtierzuchtgesetzes wären vorgegeben. Doch hat ja leider die angestrebte politische Lösung nicht das geringste mit einer fachkompetenten Lösung gemein.

Wurfabnahme

Am Ende der 8. Lebenswoche erfolgt bei den kontrolliert und organisiert gezüchteten Hunden die Wurfabnahme durch einen erfahrenen Zuchtwart der jeweiligen Rasse. Zu diesem Zeitpunkt ist der Hund (zumindest in Deutschland) geimpft und gechippt. Bei dieser Wurfabnahme soll nicht nur auf die äußere Erscheinung und die Entwicklung, auf Gebiss- und Hodenanomalien, eventuelle Nabelbrüche, Fehlfarben, Knickruten, Entropium / Ektropium u.a. geachtet werden, sondern auch und gerade auf die psychische Stabilität des Welpen, seine Zutraulichkeit, seine Neugierde und Unbeschwertheit, seine Sicherheit in Bezug auf Geräusche und optische Eindrücke, seine Aufgeschlossenheit und altersentsprechende Souveränität. Gerade bei unseren Herdenschutzhunden ist darauf zu achten, dass die ursprünglich arttypische Vorsicht und Zurückhaltung nicht bereits beim Welpen in diesem Alter ausgeprägt anzutreffen ist, was sicherlich Fehler in der Aufzucht demonstriert und z. B. bei in Zwingern großgewordenen HSH aus den Ursprungsländern nicht selten vorkommt. Und erst recht ist derartiges Verhalten von Welpen nicht mit dem Argument: „Diese Hunde sind halt so!“ zu entschuldigen oder gar zu rechtfertigen, denn wir wollen hier nicht den für die Arbeit an der Herde geprägten HSH, sondern den umweltsicheren und für unseren Alltag tauglichen Hund.

Sieben Wochen alter Bergamasker Welpe aus dem Zwinger „Bacio blu di Bergamo“.

ARBEITSHUND / FAMILIENHUND

A >
- Kontakt zum Nutzvieh und Aufenthalt des Welpen dort.
- Entwicklung von Respekt und Demut dem Nutzvieh gegenüber.
- Welpen spielen untereinander, lernen aber auch, dass sie auf Nutztierverhalten nicht reagieren sollen/dürfen.
- Umwelterfahrungen beschränken sich auf das Umfeld der Nutztiere und auf die spätere Nutzungseinordnung der Hunde.

F >
- Intensive Kontakte zum Menschen und Aufenthalt in dessen Umfeld.
- Entwicklung von Respekt, Vertrauen und Duldungsbereitschaft dem Menschen gegenüber.
- Gewöhnung an Halsband, Leine, Bürste usw.
- Weiterführung des Erziehungseinmaleins.
- Spiele untereinander und durch den Menschen initiiert, Reaktion auf den Menschen nimmt zu.
- Ausbau der Umwelterfahrungen und Kennenlernen anderer Tierarten.

Auch wenn HSH-Welpen voll und ganz dem Kindchenschema entsprechen und wie kleine Bärchen aussehen, sie sind Lebewesen und kein Spielzeug!

Wichtig

Auch wenn gerade unsere HSH-Welpen zu niedlich und knuddelig aussehen und das Teddybären-Image verkörpern, so ist es dringend erforderlich, vom ersten Tag an zu berücksichtigen, dass aus „Bärchen" bald ein „Bär" wird und der HSH so seine speziellen Wesenseigenschaften hat, die es frühzeitig zu kanalisieren gilt. Und wieder steht die Forderung nach der Auseinandersetzung mit diesem speziellen Naturell an oberster Stelle! Natürlich fällt es schwer, dem plötzlich verwaisten, mutterseelenallein in der Welt stehendem Welpen ein kompromissloses „Nein", „Pfui" oder „Aus" entgegenzusetzen. „Er ist ja noch so klein! Und er schaut ja auch so drollig beim Tapeten-von-den-Wänden-Lösen!" Doch gilt: Wehret den Anfängen!

3. Lebensmonat

Im 3. Lebensmonat verändert sich die kleine Welpenwelt zum ersten Mal so richtig – der Auszug aus dem Züchterhaushalt und die Übersiedlung in das neue Zuhause stehen an. Dieser einschneidende Schritt wird dem Welpen dadurch erleichtert, dass er seine „neuen Eltern" bereits bei ausgiebigen und häufigen Besuchen im Vorfeld kennen lernen konnte. Auch eine mitgegebene Decke vermittelt heimatliche Gefühle im neuen Zuhause.

Der richtige Zeitpunkt der Welpenabgabe

An dieser Stelle möchte ich kurz auf die Gretchenfrage: „Welches ist der richtige Tag zur Abgabe des Welpen?" eingehen. Grundsätzlich gibt es zu dieser Frage – wie zu vielen (allen?) Fragen rund um den Hund – keine allgemein gültige und glückseligmachende Antwort. Trumler folgerte gemäß seiner Einteilung der Entwicklungsstufen, dass die Abgabe unmittelbar nach dem 56. Lebenstag den optimalen Zeitpunkt darstellt. In der Schweiz z. B. durfte aber bislang aufgrund des dort praktizierten Impfschutzprogramms die Welpenabgabe erst nach vollendeter 10. Lebenswoche erfolgen. Meiner Erfahrung nach kann das eine ebenso zu früh, wie das andere zu spät sein oder selbst mit 11 Wochen noch kein geeigneter Zeitpunkt erreicht sein, obwohl das eher seltener der Fall ist. Letztlich ist es eine individuelle Entscheidung, die sich am jeweiligen Entwicklungsstand des Welpen orientieren muss. Berücksichtigt werden muss aber auch die Frage „Wo kommt der Welpe her?" hinsichtlich der Möglichkeiten und Chancen einer optimalen Förderung und Prägung, bzw. „Wo geht der Welpe hin?". Die Frage nach dem richtigen Zeitpunkt sollte daher der Züchter entscheiden, der aufgrund seiner (hoffentlich vorhandenen) Kompetenz am ehesten seine „Pappenheimer" kennt und sich weder von quengelnden Kindern noch drängelnden Welpenkäufern beirren lässt. Sinnvoll ist es auch, die Geschwisterschar schrittweise aufzulösen, da sich sowohl Mutter als auch Geschwister mit dem sich dezimierenden Familienverbund auseinandersetzen müssen. Und dem Züchter fällt die Abgabe auch nicht gerade leicht.

Die ersten Tage im neuen Zuhause

In den ersten Tagen nach Übernahme des Welpen sollte man ihm Zeit geben, sein neues Zuhause zu erkunden. Konsequente Weiterführung der beim Züchter gelegten Basis wie z. B. der Pfiff in Verbindung mit Futter, gleiche Verhaltensregeln wie spielerisch eingeübtes „Sitz“ oder „Platz“ vor der Futterschüssel, Belohnung und Bestätigung für ein Reagieren auf Zurufen des Namens oder das freudige Herankommen stärken die Bindung an den neuen Besitzer und festigen die bereits erlernten Dinge. Viel Lob und Bestätigung für erwünschte Verhaltensweisen, Ignoranz gegenüber bedingt unerwünschten Verhaltensweisen, aber auch klare Negierung massiven unerwünschten Verhaltens sind von den neuen zweibeinigen Hundeeltern zu leisten. Bedenken Sie, auch die Rolle der Hundemutter veränderte sich in den letzten Wochen: Aus einer duldsamen, führsorgenden Pflegerin ist eine strenge, konsequente „Gouvernante“ geworden. Diesen Part erfüllen nun Sie, werte Welpenbesitzer!

Der Welpe war bislang nie allein. Mama, Geschwister, evtl. „Tanten“ und „Onkel“ oder vielleicht auch der Papa waren zugegen, außerdem der vertraute Züchter-Mensch mit der Menschenfamilie und die vielen Besucher. Nun erst recht muss der Welpe viel Nähe

Tipp

Meine Welpenkäufer erhalten immer die sinnbildliche Empfehlung: „Binden Sie sich den Welpen das erste Lebensjahr ans Bein.“ Gemeint ist, dass der Hund die Chance erhalten soll, alles Mögliche und Unmögliche kennen zu lernen und in seinen Erfahrungshorizont aufzunehmen. Dass hierbei gemachte negative Erfahrungen prägende negative Auswirkungen haben, muss hoffentlich nicht besonders erwähnt werden!?

Zehn Wochen alte Bergamasker-Geschwisterschar von „Bacio blu di Bergamo“ starten ihren Erkundungsausflug mit dem Auto.

Ist der Kontakt zwischen Hund und Kind positiv besetzt, profitieren beide Seiten gleichermaßen davon!

und Körperkontakt vom Menschen erhalten, dem neuen Besitzer, der neuen Familie, nach und nach den Freunden dieser Familie, den Nachbarn usw. Wieder sollte man sich deutlich vor Augen führen, dass es ja das Fremde und Unbekannte ist, worauf der HSH die Tendenz zeigt zu reagieren. Er muss alle Eventualitäten des Menschenalltags kennen lernen, um aus diesem Erfahrungsschatz Selbstsicherheit, Souveränität und Routine zu entwickeln. Gerade dort, wo Kinder mit im Haushalt leben, muss der Herdenschutzhund es von klein auf lernen, dass Besucherkinder im Hause ein- und ausgehen und die Spiele der Menschenkumpels auch schon mal rau, heftig, laut und hektisch verlaufen, ohne dass dies eine Gefahr darstellt, auf die zu reagieren es nötig wäre.

Welpenprägungsspiele

Sinnvoll und empfehlenswert ist es, sich schon vor Übernahme eines Welpen nach einer geeigneten Welpenprägungsspielgruppe umzusehen. Gerade für die Herdenschutzhunde halte ich den Besuch einer solchen für ausgesprochen hilfreich und nützlich. Bedenken wir wieder die Vorsicht gegenüber unbekannten Dingen, Situationen und Personen. Hier hat unser kleiner Hausgenosse spaßbringende Gelegenheit, vieles ihm noch Unbekannte kennen zu lernen und zu erproben. Gleichzeitig bietet der Kontakt zu relativ gleichaltrigen Hunden verschiedener Größen und verschiedenen Typs die Chance, die innerartliche Kommunikation zu verfeinern. Für einfarbige Rassen und Schläge ist die Begegnung mit andersfarbigen Hunden eine ausgesprochen wichtige Lernerfahrung, um nicht als „Rassist" heranzuwachsen. Weitere Lernerfahrungen bieten sich im Spiel mit den Artgenossen dergestalt, dass unsere Herdenschutzhundwelpen nun auch andere Formen des Spieles und damit der Körperbeherrschung und des Körpereinsatzes kennen lernen. Wir erinnern uns an den kurzen Exkurs zum Spielverhalten (siehe Seite 73), innerhalb dessen auf die unterschiedlichen Spielweisen und Praktiken hingewiesen wurde. Einem Welpen diese Erfahrungen zu verweigern bedeutet, ihm wertvolle Lernmöglichkeiten zu nehmen, die ihn auch zu neuen körperlichen Fähigkeiten führen könnten. Gleichzeitig ist der Besuch der Welpengruppe hervorragend geeignet, die Kunst des Auto(mit)fahrens zu intensivieren oder sogar, je nach Gelegenheit, die Anreise einmal mit dem Zug oder dem Bus zu gestalten.

Der Besuch in der Welpenspielgruppe verschafft dem 14 Wochen alten Südrussen „Sarisin's Zabavney Pavel Popov" Konfrontation mit unterschiedlichen Umweltreizen, Kontakt zu gleichaltrigen Artgenossen und vielen fremden Menschen und stärkt die Bindung zum eigenen Besitzer.

4. Lebensmonat

Im 4. Lebensmonat ist unser Welpe schon ein recht „keckes Bürschchen", welches aufgrund seiner bis jetzt hoffentlich optimal verlaufenen Sozialisierung und Prägung seiner Umwelt mit Interesse und Neugierde begegnet. Die Konfrontation mit mannigfaltigen Eindrücken, mit belebten und unbelebten Objekten, mit Menschen, Tieren, Umweltreizen erfolgt weiterhin und für den Hund positiv besetzt. Hat der Hundebesitzer die vom Hund selbstständig und selbstverständlich entgegengebrachten Verhaltensweisen bislang konstruktiv aufgegriffen, so zeigt der Welpe nun schon gute Bindung, Folgebereitschaft und Aufmerksamkeit. Die ersten erzieherischen Maßnahmen sollten dazu geführt haben, dass der Welpe bereits willig an der Leine läuft, vor Straßenüberquerungen absitzt, auf seinen Namen reagiert und zurückkommt, wenn er vom Besitzer gerufen wird und für das Herankommen überschwänglich gelobt wird. Vom Welpenalter an sollte darauf geachtet werden, dass der Hund im angeleinten Status keinen Kontakt zu anderen Hunden aufnimmt und mit seiner Aufmerksamkeit ganz beim Menschen ist. Wird dies von Anfang an geübt und befolgt, der Kontakt zum Menschen lohnenswert und interessant gestaltet, so schützt es Mensch und Hund davor, später bei jeglicher Sichtung von Artgenossen, ungestüm und schwer zu bremsen, dorthin stürmen zu wollen. Anton Fichtlmeier zeigt in seinem Video „... Der Weg des Vertrauens" eindrucksvoll und nachvollziehbar, wie die Kooperation zwischen Mensch und Hund in den ersten 4 Lebensmonaten gestaltet werden kann und wie sinnvoll

Zehn Wochen alter Bergamasker Welpe aus der Zucht „Bacio blu di Bergamo".

Aus dem begeisterten Folgeverhalten des Welpen lässt sich das bereitwillige „Fuß“-Laufen leicht entwickeln. Sechs Wochen alter Podhalaner Welpe und erwachsene Slovenský Čuvač Hündin.

die jeweiligen Verhaltensweisen des Welpen aufgegriffen, modifiziert und konstruktiv genutzt werden können. Petra Führmann und Nicole Hoefs geben im „Kosmos-Erziehungsprogramm für Hunde“ ebenfalls sinnvolle Tipps, wie die Entwicklung des Welpen gefördert und seine Umwelterfahrungen summiert werden können. Auch wenn unsere Herdenschutzhunde eher zu den Spätentwicklern gehören, so sei nochmals an die Untersuchungsergebnisse von Coppinger, Feddersen-Petersen und anderer erinnert, die eindringlich die immense Bedeutung der ersten vier Lebensmonate unterstreichen. Das gilt auch und gerade für unsere HSH!

Ausbildung des vollständigen Gebisses

Gegen Ende des 4. Monats und zu Beginn des 5. Monats erleben wir häufig eine weitere, sehr sensible Phase beim jungen Hund. Mag sein, dass dies kausal mit dem einsetzenden Zahnwechsel zusammenhängt, denn die bleibenden Zähne lösen nun die Milchschneidezähne ab und auch die Milchvormahlzähne werden von bleibenden Zähnen ersetzt. Wie bei Menschenkindern kann man Unpässlichkeit, Unwohlsein, leichte Temperatur und Unzufriedenheit beobachten. Sicherlich ist der Zahnwechsel auch beim Hund eine Phase, die ihn körperlich und seelisch beeinflusst. Manche Hunde zeigen in dieser Zeit Futtermäkeligkeit, Abgeschlagenheit und allgemeine Unlust und werden gelegentlich sogar von Durchfällen geplagt. Gönnen Sie Ihrem Hund etwas mehr Ruhe, bieten Sie ihm für eine gewisse Zeitspanne weicheres Futter an und achten Sie darauf, dass nicht Milchzähne und bleibende Zähne doppelt stehen, was die korrekte Gebissstellung behindern würde.

Anpassungsfähigkeit zeichnet den HSH aus! Das befähigt ihn zum Arbeitshund, aber auch zum Familienbegleiter im menschlichen Alltag – vorausgesetzt, diese Fähigkeit wird entsprechend gefördert und den jeweiligen Lebensumständen angepasst!

ARBEITSHUND / FAMILIENHUND

A >
- Der Welpe ist von Geschwistern getrennt und lebt mit den Althunden kontinuierlich beim Nutzvieh.
- Die enorme Anpassungsfähigkeit (Adaption) der HSH erlaubt es ihnen, Bindung und Zugehörigkeit zu den unterschiedlichsten Arten von Nutztieren aufzubauen.
- Unterwürfigkeit und Demut dem Nutztier gegenüber wird deutlich gezeigt.
- Sozialer Kontakt wird beim Nutzvieh gesucht und in Form von Kontaktliegen und Schnauzenzärtlichkeiten (auch Futterbettelverhalten) demonstriert.
- Der Welpe ist mit allen seinen Sinnen wach und lernt schnell durch gemachte Erfahrungen und Nachahmung.

F >
- Der Welpe ist von Mutter, Geschwistern und Züchterfamilie getrennt und lebt beim neuen Besitzer.
- Umsichtiger Umgang mit dem Welpen, klare Regeln und Grenzen von Anfang an führen zu Bindung, Zugehörigkeitsgefühl und Unterordnung.
- Sozialer Kontakt wird beim Menschen gesucht und in Form von Kontaktliegen, Schnauzenzärtlichkeiten (Lecken von Händen, Füßen, Gesicht des Menschen), Nachlaufen und Suchen demonstriert.
- Der Welpe ist mit allen seinen Sinnen wach und lernt durch gemachte Erfahrungen, Nachahmung und gezielte Herausforderungen.
- Erziehung wird ausgebaut und auf verschiedene Umfelder übertragen (generalisiert) und zur Festigung wiederholend trainiert.
- Ausgeweiteter Kontakt zum Menschen zu unterschiedlichen Tageszeiten.
- Teilnahme an Welpenprägungsspielstunden empfehlenswert.

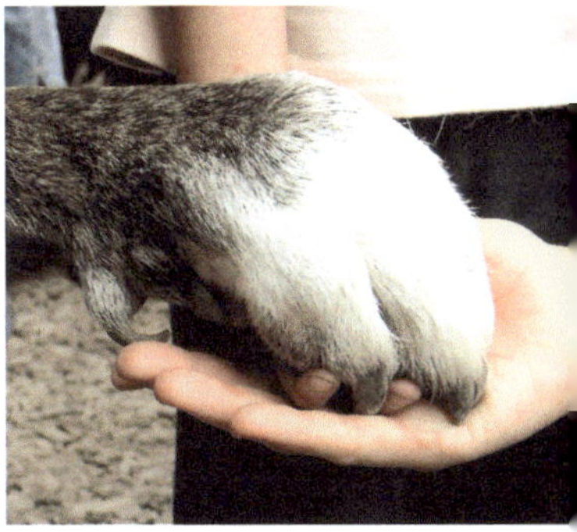

5. und 6. Lebensmonat

Bis zu diesem Alter haben Sie vielleicht die Erfahrung gemacht, dass Ihr HSH doch ein ganz „einfaches“ und unkompliziertes Hundekind ist, das sich überhaupt nicht wesentlich von anderen Hundekindern unterscheidet. Vielleicht ein bisschen vorsichtiger, vielleicht ein bisschen ruhiger und nicht so ungestüm wie Hundekinder anderer Rassen. Vielleicht wundern Sie sich über die „Unkenrufe“ und die hier und da zu vernehmenden Warnungen, doch stehen Sie mit Ihrem Vierbeiner noch immer relativ am Anfang einer langen Entwicklungszeit, auch wenn die grundlegenden Dinge der Prägung nun weitestgehend abgeschlossen sind. In welche Richtung es nun weitergeht, welche Verhaltenstendenzen positiv wie negativ ausgeprägt und manifestiert werden, wie die bis jetzt verankerte Kooperationsbereitschaft des Hundes weiter gefestigt und ausgebaut wird (werden kann), das alles liegt in Ihren Händen und bedarf umsichtiger, konsequenter und einfühlsamer wie weitsichtiger Führung Ihrerseits.

War Ihr Hundebaby bislang noch bereit, Ihnen zu folgen und vertrauensvoll mit Ihnen den Weg gemeinsam zu gehen, so wird es nun langsam aber sicher versuchen, sich im weitesten Sinne „auf die eigenen Beine“ zu stellen und zu machen, was der eigene Kopf gerade vorgibt. Für den Besitzer fast unbemerkt, werden Radius und Verhaltensweisen Tag für Tag ausgedehnt, ein Verhalten, das leicht zur Verselbstständigung des Hundes führt. Und hat sich unser gern selbstständig agierender Herdenschutzhund erst einmal erfolgreich verselbstständigt, dann sind die ersten Probleme mit ihm vorprogrammiert und weitere vorhersehbar.

Beim HSH muss man darauf achten, dass er sich nicht verselbstständigt, sondern Bindung und Vertrauen aufgebaut werden. Slovenský Čuvač Hündin „Inuit Bär vom Wolfshorn“.

Freude am/beim Lernen – tägliches Üben in kurzen Intervallen und zeitgenaue Bestätigung durch Stimme, Mimik und Leckerchen – bilden die Basis für Erfolg versprechende Erziehungsmaßnahmen.

Die Schlüssel der Erziehung

In den ersten vier Lebensmonaten sollte der Hund wesentlich über Belohnung positiver und Ignorieren von unerwünschten Verhaltensweisen gelenkt werden. Natürlich muss auch in dieser Zeit schon regelnd eingegriffen werden, wenn der Welpe über das Ziel hinausschießt und das Mobiliar systematisch zerlegen will, sich am Tisch freimütig selbst bedient, im Spiel zu übermütig wird oder die Stromkabel neu verlegen will. Die menschlichen Hundeeltern tun gut daran, sich mit Hundesprache und menschlicher Körpersprache auseinander zu setzen, um in diesen Fällen hundgerecht und hundeverständlich reagieren zu können. Die „Verwandlung in eine Tibetanische Gebetsmühle“ mit unaufhörlichem „Aus“, „Nein“, „Pfui“, wird den gewünschten Erfolg nicht erzielen, eher das Gegenteil. Klare Unterschiede in der Stimmlage wie hohe, säuselnde, quietschende Begeisterung als Lob und tiefe, grollende, sonore Stimme mit hundlichem Knurr-Charakter zur Unterbindung unerwünschter Verhaltensweisen, gekoppelt mit anschließender Ignoranz, zeigen dem Hund die Richtung, in welcher das gute Einvernehmen mit dem Menschen liegt. Diskutieren und Argumentieren können Sie mit Ihren Kindern, die wollen und sollen Sie zur Selbstständigkeit erziehen und zu so genannten mündigen Bürgern heranwachsen lassen. Sollten Sie mit diesem Verständnis an Ihren Hund herangehen, vor allem, wenn es ein HSH ist, so haben Sie bereits im Vorfeld verloren und beweisen, dass Sie wesentliche Zusammenhänge des hundlichen Sozialverhaltens und -lebens nicht kennen! Der Hund muss immer, Zeit seines Lebens, das unselbstständige, unmündige „Kind" bleiben, welches von Ihnen als Besitzer wie von einem Elternteil geführt und gelenkt wird und dem klare Grenzen gesetzt und Regeln abverlangt werden. Und in diesem Bild ist unser HSH eher der renitent aufmüpfige Teenager als das nur kurz trotzig auftretende Kindergartenkind.

Einen 50 kg (und mehr!) Hund an der Ausziehleine spazieren zu führen, ist nicht unbedingt eine gute Idee. Meist geht dann eher der Hund mit dem Menschen spazieren.

Verselbstständigung der Hunde

Um der räumlichen Verselbstständigung vorzubeugen empfiehlt es sich, ab dem 5. Lebensmonat den Hund außerhalb des Grundstücks im Wald oder auf der Wiese mit einer Schleppleine laufen zu lassen. Der Hund muss erkennen, dass sein Frauchen oder Herrchen so „gewaltig" ist, dass auch aus der Entfernung heraus Einfluss auf den Hund genommen werden kann. Häufig höre ich das Argument, das sei „grausam" und der Hund müsse doch „seine Jugend genießen" können. In den meisten Fällen bezahlt der Hund für diesen Genuss einen hohen Preis: Er kann spätestens ab Erreichen des 1. Lebensjahres gar nicht mehr von der Leine, weil er, statt zu gehorchen, seinen Menschen symbolisch den Stinkefinger zeigt und macht, was er will. DAS ist grausam und für meinen Geschmack ein zu hoher Preis!

In Ländern, in denen HSH noch als Arbeitshunde eingesetzt werden, kann man es sich nicht leisten, eine Verselbstständigung des Hundes (und die daraus resultierende Entfernung von der Herde nach Gutdünken) zu akzeptieren. Dort wird dieser Entwicklung häufig derart Einhalt geboten, dass den Hunden eine querhängende Holzlatte am Halsband befestigt wird, die bei schnellerem Lauf vor die Vorderläufe schlägt. Diese Latte wird in den USA als „dangle board" bezeichnet. Der Hund lernt dadurch, dass schnelleres Laufen unangenehm für ihn ist, langsames Trotten oder gänzlich ruhendes Verhalten am Ort jedoch unproblematisch. Diese Maßnahme erscheint vielleicht drastisch. Bedenkt man aber, wie existenziell wichtig der bei der Herde verweilende Hund für den Hirten ist und wie schnell der Hund sein Verhalten anpasst und lernt (was den späteren Gebrauch dieser Latte in der Regel überflüssig macht), so sollte diese Methode nicht verurteilt werden, sondern eher zur Überlegung anregen. Die Beschränkung des Radius und die Vermittlung von erlaubten und von nicht genehmigten Distanzen ist auch für den Familien-HSH von großer Bedeutung! Daher sollte zumindest die Schleppleine ein steter Begleiter in dieser frühen Jugendzeit für Ihren Hund sein, es sei denn, Sie sind aufmerksam, konsequent und ausreichend geschult, über Körpersprache und Stimme eine unsichtbare Leine zu Ihrem Hund aufrecht zu erhalten. Doch mal ehrlich: wer ist das schon, vor allem beim geselligen Spaziergang in der Gruppe?

In den USA wird einer möglichen Verselbstständigung von HSH mit so genannten „dangle-boards" oder „dangle-sticks" vorgebeugt. Manchmal wird der Radius auch durch angehängte Reifen beschränkt. Wichtig ist, dass diese Beschränkung in der frühen Jugendentwicklung des Hundes stattfindet, also *bevor* eine Verselbstständigung eintreten kann!

1

2

1 Als angehender Arbeitshund lebt „Tejo“ nun kontinuierlich beim Nutzvieh.

2 Vier Monate alter Castro Laboreiro mit Namen „Pastor“. Er wurde aber umbenannt in „Duracell“ (nach den Batterien), weil er immer „in action“ war! Wahrscheinlich hatte er sich dem quirligen Verhalten der Ziegen angepasst.

ARBEITSHUND / FAMILIENHUND

A >
- Die Bindung zum Nutzvieh wird weiter gefestigt und verstärkt, deshalb ausschließlicher Kontakt zu diesem.
- Verhinderung von Verselbstständigung (z. B. „dangle board“, Einsperren beim Nutzvieh oder dortiges Anbinden des Hundes).

F >
- Die Bindung zum Menschen wird gefestigt und verstärkt, Mensch und Hund sind immer, wenn möglich, zusammen.
- Umwelterfahrungen werden gefestigt und ausgebaut und beinhalten, wie bereits in den zwei Monaten zuvor, wiederholt andere Tiere, Menschen, Stadt- und Landausflüge, Fahrten mit Auto, Bus, Bahn, Besuch von Restaurant, Café, Besucher im häuslichen Umfeld zu verschiedenen Tageszeiten.
- Vorsichtiger und vorausschauender Umgang mit Privilegien.
- Intensivierung der Grundkommandos.
- Besuch einer mit HSH-Naturell vertrauten Junghundgruppe ist vorteilhaft.

7. bis 12. Lebensmonat

Überforderung vermeiden

Die Milcheckzähne werden von bleibenden Zähnen ersetzt und der Zahnwechsel ist nun komplett abgeschlossen. Der vergleichbar winzige P1 und der letzte Backenzahn im Unterkiefer, der M3, können in seltenen Fällen aber auch noch etwas später durchbrechen. Der junge Herdenschutzhund hat mittlerweile bereits eine stattliche Höhe und ein Gewicht von 26 Kilo und mehr, je nach Rasse, erreicht. Sein Wachstum ist noch lange nicht abgeschlossen und es gilt

1

2

1 Familie „Aysberk Akbask Dogs“ mit Vater „Can“ und Mutter „Zoi“ im Vordergrund und sieben Monate altem Sohn „Aga Temiz“ im Hintergrund.

2 Wie in jeder Familie gibt es auch einmal Meinungsverschiedenheiten zwischen Hundemutter und Sohn, aus welchen sich Papa Akbaş eher desinteressiert heraus hält.

aufzupassen, dass der jugendliche und unfertige Organismus und Bewegungsapparat nicht überfordert wird. Es ist manchmal schwer sich vorzustellen, dass dieser Koloss ja noch jung und nicht voll belastbar ist. Gerade in der Zeit vom 5. bis 10. Monat zeigen sich nicht selten Wachstumsbeeinflussungen, die zeitweise die Bewegungsfähigkeit behindern bis stören. Läufe wachsen ungleichmäßig, so dass der Hund ein schiefes Aussehen bekommt und hinten höher als vorne oder links niedriger als rechts erscheint. Auch können Wachstumsschübe durchaus Schmerzen verursachen und der Hund zeigt sich zeitweise bewegungsunlustig. Das gesamte Zusammenspiel von Bändern, Sehnen, Gelenken ist noch nicht optimal und das kann auch schon mal zu Auffälligkeiten und pathologischen Problemen führen. Sicherheitshalber sollte man dann den Tierarzt seines Vertrauens konsultieren, den Hund untersuchen lassen, um schlimmere Verletzungen oder Erkrankungen auszuschließen und mit ihm die weiteren Modalitäten in Bezug auf Fütterung, Bewegung und Training besprechen.

Vorsicht aber bei Aussagen wie: „Schwerste Hüftgelenksdysplasie, am besten sofort einschläfern!“ Bei solchen Aussagen sollte sich der Hundebesitzer gerade beim jungen Hund nicht nur auf einen Tierarzt verlassen, mag der auch noch so kompetent sein! Leider sind mir mehrere Fälle bekannt, wo solche Aussagen gemacht wurden und diese Diagnosen bei Untersuchungen durch andere Tierärzte nicht bestätigt wurden. Eine angeblich fast bewegungsunfähige Junghündin wurde immerhin 15 Jahre alt und starb an Altersschwäche, ein Jungrüde mit angeblich schwerer HD (Hüftgelenksdysplasie) hatte „nur“ eine Gelenkkapselentzündung und wurde im Alter von 18 Monaten beim offiziellen HD-Röntgen sogar mit A (HD-frei) ausgewertet. Ein anderer Junghund litt an einer Panostitis (Knochenentzündung), welche erst durch den dritten konsultierten Tierarzt festgestellt (und erfolgreich) behandelt wurde.

Die Pubertät

Ab dem 7./8. Monat kann die Pubertät bei unseren Herdenschutzhunden einsetzen. Wie bei „Menschen-Teenies" wird nun alles und jedes in Frage gestellt, Trotz und Flegelei sind an der Tagesordnung. Rüden beginnen das Bein zu heben und markieren nun auch selbstbewusst in höhere Regionen, frei nach dem Motto: „Hier bin ich, was kostet die Welt". Bei vielen (Herdenschutz)Hunden setzt mit Beginn der Pubertät erst das „richtige" Bellverhalten ein. Vorher gab es mal hier und da ein „Bluff" oder „Wuff", dafür steigert sich das Ganze nun ins andere Extrem. Gerade bei den bellfreudigen Rassen, zu denen eben auch die HSH gehören (wir erinnern uns daran, dass Bellen zum Verteidigungsrepertoire des HSH zählt!), kann es nun recht extrem werden und wieder ist der Mensch gefordert, dies Bellverhalten zu regulieren und notfalls auch stoppen/unterbinden zu können. Sollten Sie ihren Hund frei laufend auf dem Grundstück halten, so wird er pflichtbewusst längs des Zaunes patrouillieren und jede unbekannte Bewegung und Regung verbellen. Sollte dies in der Beliebtheitsskala Ihrer Nachbarn oder von Ihnen selbst nicht auf den oberen Rängen rangieren, so sollten Sie entsprechende Vorsorge treffen: Sichtschutz oder andere Rasse! Der HSH wird beobachten, kontrollieren, bellend melden und warnen. Und ihm dies ständig zu verbieten oder zu sanktionieren bedeutet, eine seiner wesentlichen Eigenschaften zu verkennen. Wohlgemerkt, dies wäre arttypisches Verhalten für einen HSH, dennoch gibt es auch Individuen, die Bellverhalten nicht ausgeprägt zeigen. Es bleibt nun einmal jeder Hund eine eigenständige Persönlichkeit, die arteigene Verhaltenstendenzen eben mehr oder weniger aufzeigen kann. Aber solche Tendenzen im Verhalten sollte der Besitzer eben kennen und berücksichtigen.

HSH sind u. U. recht bellfreudig. Bellen gehört zum Verteidigungsrepertoire dieser Hunde und stellt somit eine typengebundene Verhaltenstendenz dar, wie von Kurzhaar-Estrela „Jardel" demonstriert wird.

LÄUFIGKEIT

Bei Hündinnen kann man ab dem 7. Monat mit der ersten Läufigkeit rechnen. Es ist aber bei den HSH-Rassen keine Seltenheit, dass Hündinnen erst mit 9, 10, 12 oder gar 15 bis 18 Monaten die erste Läufigkeit durchleben. Erst wenn die Hündin bereits 18 Monate alt ist und keinerlei Anzeichen einer baldigen Läufigkeit feststellbar sind, sollte der Tierarzt befragt werden. Auch haben einige HSH-Hündinnen einen recht langen Abstand zwischen den Läufigkeiten, manche werden sogar nur einmal im Jahr läufig. Eine läufige Hündin gehört in jedem Fall für die drei Wochen der Läufigkeit an die Leine!

Der Versuch ist erst einmal legitim, doch muss der Mensch nun reglementierend eingreifen, will er zukünftig nicht um jede Scheibe Brot auf dem Tisch bangen müssen. Wehret den Anfängen!

Wer ist hier der Boss?

Die Zeit der Pubertät stellt den Besitzer wieder einmal vor eine harte Probe. Er muss sich konsequent und umsichtig, mit klaren Regeln als Führungsidol behaupten, doch ohne körperliche Gewalteinwirkung, auf welche HSH ohnehin nur mit Verweigerung und Verachtung reagieren. Auch und gerade in dieser Zeit bewährt sich die Schleppleine und die 5 m Arbeitsleine, so dass der Hund erfährt, dass er auch aus der Distanz für den Menschen erreichbar und durch ihn regulierbar ist. Hilfreich zur Bindungsstärkung ist auch die vermehrte Handfütterung, bei welcher sich der Hund sein Futter durch das Reagieren auf den Menschen und das zu ihm Zurückkommen „verdient“. Nochmals: Es gibt keine Vorschrift, die besagt, dass Hunde ihr Futter aus einer Futterschüssel zu sich nehmen müssen. Jedoch kann es unschätzbare Dienste leisten, dem Hund durch die Handfütterung Abhängigkeit und Status deutlich zu machen. Und

Kuvasz „Nadjeschda-Nelly von Anka“ (links) und Slovenský Čuvač „Inuit Bär vom Wolfshorn“ (rechts).

Pimenikos Hellenikos Hündin „Ouranitsa".

will er dies nicht akzeptieren, dann muss er sich unter Umständen mit dem eigenen knurrenden Magen auseinandersetzen. Doch aufgepasst: Unser schlauer, zur Selbstständigkeit neigender HSH wird nach anderen Möglichkeiten der Nahrungsaufnahme suchen und die Selbstbedienung ins Kalkül ziehen. Also Futtertonnen und Mülleimer aus seinem Einwirkbereich entfernen und ein wachsames Auge auf den gedeckten Abendbrottisch haben.

Sollte unser HSH auch noch so gut erzogen sein und sicher unseren Anweisungen folgen (soweit das bei einem HSH überhaupt möglich ist, denn Kadavergehorsam ist ihm fremd), bei Anbruch der Dunkelheit gehört er an die Leine! Mit Beginn der Pubertät erwachen auch die Instinkte der aktiven Verteidigungsbereitschaft, die aus seiner Historie heraus nun mal besonders in der Dunkelheit gefordert sind. Auch wenn diese Verteidigungsbereitschaft eben nicht in der augenblicklichen Attacke besteht, so ist es dennoch riskant, ihn in der Dunkelheit seinem eigenen Verhaltensrepertoire zu überlassen. Ein eventuell zügig um die Ecke kommender Passant wird es nicht sehr spaßig finden, wenn plötzlich ein sich aufbauender Hunderiese im Weg steht, der vehement knurrt, warnt, abgrenzt und die Einhaltung einer gewissen Distanz einfordert. Gefährlich werden kann es dann, wenn dieser Mensch dem Warnverhalten keine Bedeutung beimisst und seinen Weg auf Hund und Mensch unbeirrt fortführen will. Auch dieser Verhaltenstendenz sollte der Besitzer Beachtung zollen, selbst wenn es unter den HSH auch Hunde gibt, die sich nicht verteidigungsbereit zeigen. Ich spreche jeweils von Tendenzen, aber auch von individuellen Unterschieden!

ARBEITSHUND / FAMILIENHUND

A >
- Evtl. auftretendes Jagdverhalten muss gestoppt werden (beeinträchtigt die Effizienz des HSH).
- Problematische Phase der Pubertät.
- Der junge Hund darf nicht ohne Einwirkmöglichkeit sich selbst überlassen werden.
- Aufkommendes Bellverhalten = Warnsystem, akustische Kommunikation mit möglichen Predatoren: „Hier wache ich" bei potenzieller Gefahr.
- Zunehmende Wachsamkeit von Dämmerung bis Sonnenaufgang („Arbeitszeit" des HSH).
- Einsetzendes Markierverhalten, auch bei Hündinnen möglich = chemische Kommunikation mit möglichen Predatoren: „Hier wache ich", Schutzmechanismus des HSH, Revierabgrenzung und Entwicklung von Territorialität.
- Entwicklung von deutlichem Imponiergehabe, vor allem bei Rüden = optische Kommunikation mit möglichen Predatoren: „Hier wache ich".

F >
- Evtl. auftretendes Jagdverhalten muss erzieherisch kanalisiert werden (Reizumleitung, Auslastung des Junghundes).
- Problematische Phase der Pubertät.
- Der junge Hund darf nicht ohne Einwirkmöglichkeit sich selbst überlassen werden (Schleppleine, Arbeitsleine, gezieltes Training unter kompetenter Anleitung).
- Aufkommendes Bellverhalten = Warnsystem, akustische Kommunikation mit möglichen Predatoren: „Hier wache ich"-Haltung bei potenzieller Gefahr muss erzieherisch kontrollierbar und durch viele Erfahrungen sowie Reduzierung von Unbekanntem, auf das reagiert wird, eingegrenzt werden.
- Zunehmende Wachsamkeit von Dämmerung bis Sonnenaufgang („Arbeitszeit" des HSH) – der Hund gehört unter Kontrolle/an die Leine.
- Einsetzendes Markierverhalten, auch bei Hündinnen = chemische Kommunikation mit möglichen Predatoren: „Hier wache ich", Schutzmechanismus des HSH, Revierabgrenzung und Entwicklung von Territorialität.
- Entwicklung von deutlichem Imponiergehabe, vor allem bei Rüden = optische Kommunikation mit möglichen Predatoren: „Hier wache ich".

Estrela-Berghund „Bolero".

2. Lebensjahr

Nach dem ersten Lebensjahr liegt die Hauptarbeit der Erziehung eigentlich hinter dem Besitzer. Das bedeutet aber nicht, dass nicht immer wieder bereits Erlerntes gefestigt werden muss und Neues darauf aufgebaut werden könnte. Auch wenn der Herdenschutzhund kein arbeits- und gehorchwilliger Gebrauchshund ist, so kann er doch vortrefflich ein gut gebräuchlicher und auch familientauglicher „Alltagshund" sein. Das kleine Einmaleins der Grunderziehung sollte er – wie jeder Hund – beherrschen. Dazu gehören die Kommandos „Sitz", „Platz", „Bleib", „Steh", „Hier", „Bei mir" oder „Fuß" in der Freifolge und zumindest das lockere An-der-Leine-Gehen, auch wenn dies kein korrektes „Fuß" sein muss.

Der umweltsichere HSH kann uns überall hin begleiten! Und das macht nicht nur Spaß, sondern auch stolz. Denn mit einem gut erzogenen Hund wird man gern gesehen und freundlich empfangen.

Sinnvolle Beschäftigung für den Herdenschutzhund

Ist das 1. Lebensjahr vollendet, so kann man seinen eigenen Hund und seine Fähigkeiten und Begabungen gut abschätzen. Darauf Rücksicht nehmend kann überlegt werden, was Mensch und Hund nun Spaß machen würde und eine sinnvolle Beschäftigung darstellt. Wie jeder Hund, so braucht auch der HSH Beschäftigung und Auslastung, auch wenn dies nicht vergleichbar ist mit den Anforderungen eines Jagd- oder Schlittenhundes. Da die wenigsten der in

Deutschland, der Schweiz, in Österreich oder den Benelux-Ländern lebenden Herdenschutzhundbesitzer ihren Hunden Nutzviehherden zum Schutz anvertrauen und auch nicht immer zig 1000 m² große Grundstücke zur Bewachung an die Hunde abtreten können, sollte es andere entweder vergleichbare oder gänzlich anders geartete, aber dem Naturell der Hunde entgegenkommende Auslastungsmöglichkeiten für den Familien-HSH geben. Das Betätigungsfeld ist groß und der Möglichkeiten gibt es viele, es sollte halt nur dem Gusto des Hundes und seines Menschen entsprechen. Manche HSH bewähren sich im Breitensport, zeigen sich zwar nicht als schnell, aber als ausdauernd im Agility, Apportieren oder Arbeiten in der Fährte, lernen diverse Kunststücke mit dem Clicker, tragen Packtaschen oder laufen neben dem Fahrrad. Auch sind mir HSH bekannt, die als Rettungshunde arbeiten und im tschechischen Riesengebirge finden sich Musher, die mit Slovenský Čuvač und Česky Horsky pes an Schlittenhunderennen teilnehmen.

Heutzutage gibt es eine derart breite Palette an Freizeitbeschäftigungen mit dem Hund, dass sich darunter – oder aus der Kombination verschiedener Dinge – eigentlich auch für einen eher unsportlichen Hund (oder Mensch) etwas finden lässt. Mich fasziniert z. B. der CSC (Combination Speed Cup), den ich für wesentlich interessanter, hundefreundlicher und familientauglicher halte als Agility.

Auch Verkehrssicherheitstraining gehört zur Umwelterziehung dazu. Bei unsicheren und/oder sehr kräftigen Hunden empfiehlt sich zur besseren Kontrolle die Führung des Hundes über ein Kopfhalfter (Halti).

Kaukase „Schacki" ist Experte im gezielten „Such" nach Richtungsweisung. 1

Bringen eines Gegenstandes, hier ein Apportel, welches mit Futterbrocken gefüllt ist. 2

Vorsitzen auf Sichtzeichen. 3

Um das Geben zu erleichtern, kann mit dem Hund „getauscht" werden: Gegenstand gegen Futterbrocken oder alternativ Spielzeug. 4

Die Hürden und Sprunghindernisse sind niedriger, weiter auseinander gezogen, auch mit dem angeleinten Hund zu bewältigen und dennoch anspruchsvoll in Bezug auf Geschicklichkeit und Kooperation zwischen Mensch und Hund. Meine eigenen Hunde laufen diesen Parcour begeistert mit, sowohl die Jüngste, als auch, altersgemäß angepasst und entsprechend langsamer, die Älteste.

Begeisterte Mitmachbereitschaft ernte ich bei meinen Hunden auch mit Suchspielen, bei welchen sie geworfene Futterbröckchen aufspüren müssen, dabei auf das Startkommando „Such" warten müssen und/oder auch verschiedene Futterbrocken in verschiedenen Richtungen mit Richtungsanweisung nacheinander suchen. Mit diesem Spiel kann ich auch meine jagdlich motivierte Hündin im Wald beschäftigen.

Egal welche Beschäftigungsarten man sich auch aussucht, eines sollte überprüft und kontrolliert werden, nämlich die Skelettgesundheit für die diversen Aktivitäten des Hundes. Daher ist es ratsam, den Hund nach Erreichen des 18. Lebensmonats auf Hüftgelenksdysplasie (HD) untersuchen zu lassen. Häufig höre ich das Argument, dass diese Untersuchung doch überflüssig und nur für einen Züchter von Wert sei, doch diese Sichtweise ist nicht richtig! In erster Linie ist es der Hundebesitzer, der wissen sollte, wie es um die Skelettgesundheit seines Hundes bestellt ist und was er ihm zumuten und abverlangen kann und was nicht. Weitere Anmerkungen finden Sie auch im Abschnitt „Gesundheit des Herdenschutzhundes" (siehe S. 173).

Von einer „Beschäftigungsart" sollte man sich allerdings mit einem HSH besser fern halten, nämlich vom Schutzdienst. Egal, ob man diesen als Sport ansieht oder nicht. Meiner Meinung nach sollte diese Arbeit mit dem Hund – zumindest solange keine einheitlich kontrollierte Ausbildung besteht – den Wach- und Diensthundeführern vorbehalten bleiben. Für den HSH bleibt der „Feind" auch dann Feind, wenn dieser den Schutzärmel abgelegt hat. Die Figurantenkleidung kann er nämlich ausziehen, nicht jedoch seinen Geruch unterbinden!

ARBEITSHUND / FAMILIENHUND

A >
- Der HSH hat sich voll in seine Herde integriert und fühlt sich als Bestandteil derselben. Er beginnt nun, zuverlässigen Schutz zu gewährleisten.
- Schützendes Verhalten stellt sich aufgrund fester Bindung automatisch ein. Die Schutzmechanismen (Bellen, Markieren, Abgrenzen, Imponieren) und deren Anwendung müssen nicht speziell erlernt werden.
- Stärkung von Selbstvertrauen, Aufbau von Routine und Entwicklung von eigenständigem Handeln.

Zentralasiat „Leia" döst in der Sonne und irritiert mit ihrer Anwesenheit in keiner Weise die Nutztiermutter mit Fohlen. Demonstration einer 100 %ig geglückten Symbiose.

F >
- Der HSH hat sich voll in seine Familie integriert, fühlt sich als Bestandteil derselben und benötigt dort klare Rangzuweisung, Regeln und Grenzen.
- Aufgrund enger sozialer Bindung und Abhängigkeit Verteidigungsbereitschaft bei effektiver Gefahr, die nicht erlernt werden muss und welche auch keinesfalls im Schutzhundesport trainiert werden darf!
- Stärkung von Selbstvertrauen und Schaffung von mannigfaltigen Routinen zur Reduzierung unbekannter Situationen und Umweltreize.
- Verhinderung der Entwicklung von eigenständigem Handeln.

Auch der „Futter-Zauberwürfel" (Buster Cube) kann Hunde wunderbar beschäftigen! Er muss über bestimmte Winkel und Strecken gerollt und gedreht werden, bis Futter aus ihm heraus fällt.

1

2

1 Armenian Gampr „Miro" auf Wanderung im armenischen Hochland. Auch dort ist es durchaus üblich, den Hund als Lastenträger zu nutzen!

2 Slovenský Čuvač in der Hohen Tatra.

3. Lebensjahr

Mit drei Jahren ist der Herdenschutzhund psychisch und physisch weitestgehend ausgereift. Rüden werden auch über das 3. Lebensjahr optisch noch Veränderungen durchlaufen. Sie können noch bis zum 5. Lebensjahr „üppiger", kräftiger ausschauend, muskulöser und ausgeprägter werden. Nicht selten ist bei Rüden auch festzustellen, dass sie plötzlich nicht bereit sind, mit allen gleichgeschlechtlichen Artgenossen in trauter Gemeinschaft verträglich „zu spielen". Die fortschreitende physische Entwicklung verfestigt auch die geschlechtsspezifischen Eigenarten und das sind nun mal Verteidigung des Territoriums gegen Eindringlinge, Schutz des eigenen Rudels und Rivalität. In der Regel begegnen sich Rüden mit ritualisierten Dominanzgesten und Rangkämpfen, die häufig laut und martialisch anmuten, doch meist weniger blutig und verbissen (im wahrsten Sinne des Wortes) vonstatten gehen als zwischen rivalisierenden Hündinnen. Es ist durchaus möglich, mehrere Rüden gemeinsam in einem Haushalt zu halten, wie es ebenso möglich ist, mehrere Hündinnen gemeinsam zu halten. Doch bilden diese eine feste Lebens- und Rudelgemeinschaft, bei welcher sich die hier erlebte Friedfertigkeit untereinander nicht generell auch auf fremde gleichgeschlechtliche Artgenossen übertragen lässt! Und leben mehrere Hunde in einer Familie zusammen, so sind diese auch schnell bereit, sich zu einem „Kampfgeschwader" zusammenzuschließen, wenn es sich gegen rudelfremde Artgenossen zu behaupten gilt.

Slovenský Čuvač Rüde „Leroy vom Cleverhof".

Hündinnen haben den Phänotyp nach der 3. Läufigkeit gefestigt, verändern ihre Masse aber eventuell nochmals nach einer durchlaufenen Trächtigkeit und Welpenaufzucht. Nun zeigt es sich, wie die „Elternrolle" der anleitenden „Zweibeiner" ausgesehen hat und welche Resümees der Vierbeiner gezogen hat. Bitte vergessen Sie nie: Der Hund ist das, was der Mensch ihm ermöglicht zu sein! Positiv wie negativ – ich sprach bereits vom vorgehaltenen Spiegel.

Ein gut geprägter und besonnen erzogener Herdenschutzhund kann Sie überallhin begleiten. Seine enormen Anpassungsfähigkeiten lassen ihn auch den Alltag in unserer hektischen Betriebsamkeit meistern, sofern ihn sein Mensch zu achten, zu lenken und zu regulieren versteht. Und dazu gehört, ich wiederhole mich gern, die Beachtung seiner arttypischen Verhaltenstendenzen und deren Auswirkungen!

Wenn bis hierher alles weitestgehend gut gelaufen ist, so sollten Sie einen umwelt- und sozialsicheren Partner an der Seite haben, der Sie souverän und gelassen durch Ihren Alltag begleitet. Dennoch dürfen Sie sich nicht zurücklehnen und auf den sprichwörtlichen Lorbeeren ausruhen, denn die kleinste menschliche Schwäche könnte ausreichen, Ihren Vierbeiner erneut in Diskussionsbereitschaft zu versetzen! „And the winner is???“

Ein an die Alltagsroutine des menschlichen Lebens gewöhnter Herdenschutzhundes erweist sich als souveräner Begleiter in den verschiedensten Situationen.

Pflege, Gesundheit und Haltung

Pflege

Eigentlich sind alle HSH-Rassen ausgesprochen robust, langlebig und vergleichsweise wenig anspruchsvoll, was Fellpflege, Ernährung und körperliche Auslastung betrifft. Sie müssen nicht unbedingt jeden Tag 30 km laufen, doch bereitet es ihnen keine Probleme, wenn sie dies (als erwachsene Tiere!) tun sollen, können oder dürfen und z. B. ausgedehnte Wandertouren mitlaufen. Es gibt auch HSH, die ihre Menschen gern beim Joggen oder Radfahren begleiten, mit im See oder Fluss schwimmen gehen oder auch als Begleiter bei Ausritten ausdauernd mit dabei sind. Sind derartige Unternehmungen bei bestimmten anderen Hunderassen geradezu ein Muss, um den Hund seinen Neigungen entsprechend zu halten, so liegen solche Beschäftigungen beim HSH immer eher in den individuellen Neigungen des Hundes und seines Menschen. Manch HSH hat sein joggendes Frauchen oder Herrchen auch schon einmal nach halber Strecke sich selbst überlassen, um eigenständig den Rückweg anzutreten, sich im Garten des heimischen Territoriums auf einer Anhöhe niederzulassen und sich körperlich ruhigeren Wachaufgaben hinzugeben. Der heimkehrende menschliche Sportsfreund vermeinte sogar ein leicht hämisches Grinsen um die Maulwinkel seines Vierbeiners zu registrieren! Dennoch muss natürlich gewährleistet sein, dass der Herdenschutzhund – wie jeder andere Hund auch – seinen Ansprüchen gemäß körperlich, aber auch geistig gefordert wird, denn nur so kann er ausgeglichen, zufrieden und gesund sein Hundeleben fristen.

Knochenschonende Transportmöglichkeit: Der „Hunde-Kinderwagen" (hier Do Khyi Jungrüde „Sri Yogananda's Nag Janggu").

Slovenský Čuvač Hündin „Gaia Bär vom Wolfshorn" liebt Wasser in jeglicher Form.

Hundehaare: nicht nur leidiges Übel, auch Rohstoff! Jacke aus 100 % Hundehaar.

Die richtige Fellpflege

Die überwiegende Zahl der Herdenschutzhunde sind langhaarige Hunde, deren Fell gebürstet und vor Verfilzungen bewahrt werden muss. Jedoch darf das Fell nicht überpflegt werden, denn übertriebenes Bürsten und Kämmen zerstört die spezielle Fellbeschaffenheit, die Widerstandsfähigkeit gegen Kälte und Schmutz gewährleistet, und führt leicht zu übermäßigem Haaren des Hundes. Empfindlicher ist nur das Babyfell, welches, vor allem hinter den Ohren, sehr leicht zu dicken Zotteln verfilzt. Ist es erst einmal so weit gekommen, hilft nur die Schere und das Ausschneiden der Filzstränge. Lässt man die filzigen Büschel hinter den Ohren unbeachtet, so kann daraus sogar eine veränderte Ohrenhaltung resultieren!

Herdenschutzhunde haaren nicht in einzelnen Haaren ab, sondern in dichten Flocken, die man regelrecht aus dem Fell „herauspflücken“ kann. Bei Rüden macht sich dies bei der saisonalen Haarung im Frühjahr und im Herbst bemerkbar, Hündinnen haaren zusätzlich ca. 6 bis 8 Wochen vor der Läufigkeit ab. Übrigens verliert auch eine Hündin nach dem Absetzen der Welpen ihr Fell, sie wird regelrecht „nackt“ bis zur Rutenspitze und sieht dann für wenige Wochen wie das sprichwörtliche „gerupfte Huhn“ aus. Ein leistungsstarker Industriestaubsauger stellt zweifelsohne eine gute und sinnvolle Haushaltshilfe für einen HSH-Besitzer dar!

Bürsten eines HSH ist nicht unbedingt täglich nötig, doch in der Zeit des Fellwechsels muss öfter gebürstet werden.

Übrigens sind die ausgekämmten und aufgesammelten Haare nicht nur ein lästiges Übel, sie stellen versponnen auch einen angenehm weichen und äußerst wärmenden Rohstoff dar, der zu Jacken und Westen verstrickt oder verwebt werden kann. Und ein paar frische Hundehaare in ein Apfelsinen- oder Zitronennetz unter die Motorhaube des Autos gelegt, hat schon manchen Marder vertreiben können! Doch: Ohne Gewähr!

Baden des HSH

Baden sollte man den HSH eigentlich nie, auch das greift die Fellbeschaffenheit an. Mag er aber schwimmen, so sollte er dies gelegentlich tun können. Er säubert auf diese Weise sein Fell und stärkt ganz nebenbei auch seine gesamte Muskulatur. Ein gezieltes Vollbad ist nur dann nötig, wenn Mensch und Vierbeiner unterschiedliche Auffassungen von Wohlgerüchen haben und sich der Hund im Wald, auf der Wiese oder sonst wo ausgiebig „einparfümiert" hat. In solchen Fällen erweist es sich als ausgesprochen günstig, wenn der Hund freiwillig in eine Dusche geht oder sich geduldig unter einem Wasserschlauch abwaschen lässt. Das Abwaschen und Abtrocknen von Pfoten und Läufen übt man sinnvollerweise bereits mit dem Welpen, denn Regen und Matschwetter wird es in jedem Hundeleben zur Genüge geben.

Zahn- und Ohrenpflege

Besonderes Augenmerk sollten HSH-Besitzer auf die Zahn- und Ohrengesundheit richten. Kontrolle der Zähne und eventuelles Entfernen von Zahnstein sollte mindestens bei der jährlichen Schutzimpfung erfolgen. Quasi alle HSH haben Schlappohren, die im Gegensatz zum Stehohr schlecht belüftet und daher anfälliger für Verschmutzung und Erkrankung sind. Beim Tierarzt gibt es selbstreinigende Ohrentropfen, die auf leichte und milde Art und Weise das Ohr bis in den Gehörgang reinigen. Von aggressiven Mitteln, aber auch von Wattestäbchen, Pinzetten und ähnlichen Gegenständen ist dringend abzuraten. Die Handhabung der Ohrentropfen zeigt der Tierarzt, sie ist denkbar einfach, stößt aber auf wenig Gefallen beim Hund.

1 Ein Vollbad für den HSH ist nur dann nötig, wenn sein fröhliches Wälzen in Aas oder Kot das Geruchsempfinden des Menschen sehr strapaziert.

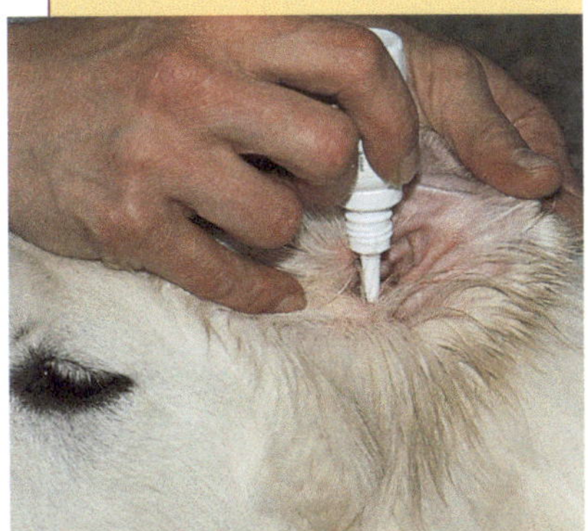

2 Schlappohren neigen eher zu Entzündungen und bedürfen mehr Pflege als Stehohren.

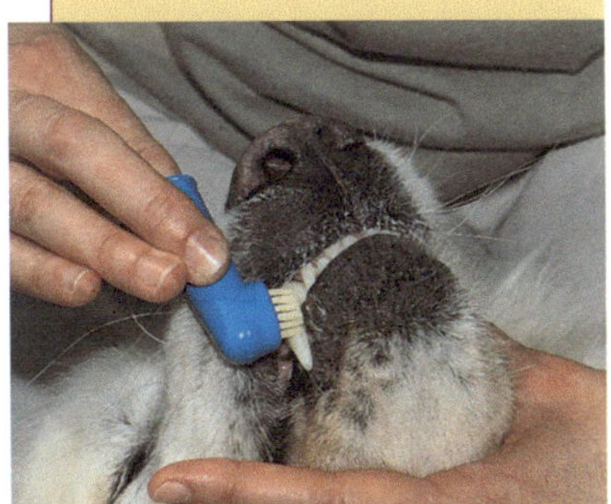

3 Durch regelmäßiges Zähneputzen kann man Zahnstein vorbeugen.

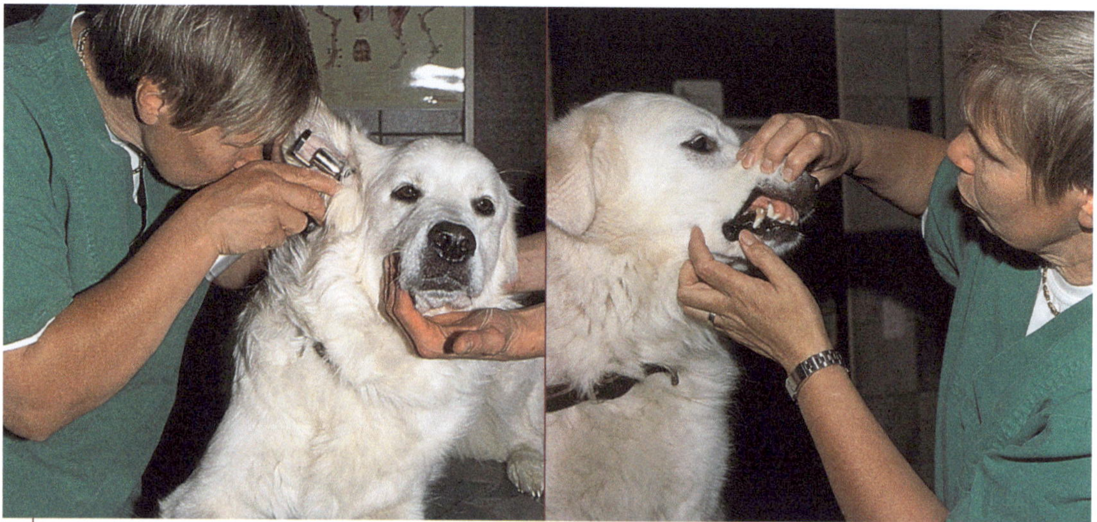

Zum allgemeinen Gesundheits-Check gehört auch die Ohr- und Zahnkontrolle beim Tierarzt.

Gesundheit

Parasiten

Vom zeitigen Frühjahr an bis spät in den Herbst hat der Hundehalter, je nach Region mehr oder weniger, Plage mit Zecken am Hund. Da die von Zecken übertragenen Krankheiten nicht ungefährlich sind, sollte in vertrauensvoller Zusammenarbeit mit dem kompetenten Tierarzt überlegt werden, welche Maßnahmen den bestmöglichen Schutz für das Tier darstellen. Dieses wird noch dringlicher, wenn ost- und südöstliche Regionen Europas mit dem Hund besucht werden. Es soll in diesem Zusammenhang aber nicht unerwähnt bleiben, dass auffallend viele HSH, hier besonders die hellhaarigen Vertreter, empfindlich auf diverse „Spot-on"-Präparate reagieren, an den Auftragungsstellen womöglich kreisrunden Haarausfall bekommen oder allergische Hautreaktionen zeigen. Ähnliche empfindliche Reaktionen lassen sich auch nicht selten nach Zecken-, Mücken- und/oder Flohbissen erleben oder nach Injektionen, z. B. Impfungen. Außerdem reagieren die meisten HSH auf Narkosemittel sehr empfindlich, worauf man den Tierarzt aufmerksam machen sollte, so er dies aus seiner Erfahrung heraus nicht bereits selber weiß.

> **Wichtig**
>
> *Zweimal jährliche Wurmkuren sollten unbedingt eingehalten werden, da einige Wurmarten auch für den Menschen gefährlich werden können. Bei Hündinnen sollte die Wurmkur in der Mitte der Läufigkeit erfolgen, da in dieser Zeit eventuelle, in der Muskulatur liegende, Wurmlarven aktiver sind und besser erwischt werden können.*

Gelenkserkrankungen

Wie die meisten großwüchsigen Hunde, so zeigen auch alle HSH eine gewisse, mehr oder weniger ausgeprägte Anfälligkeit für Gelenkserkrankungen wie z. B. HD (Hüftgelenksdysplasie), ED (Ellenbogendysplasie) und OCD (Osteochondrosis dissecans). Für Zuchttiere bestehen hier Untersuchungs- und Kontrollvorschriften, doch auch für den „normalen Haushund" sollte zumindest ein informatives Hüftröntgen im Alter von mindestens 15 Monaten veranlasst werden. Dabei wird das untersuchte Hüftgelenk in die festgelegten HD-Kategorien eingeteilt, die von HD-A (kein Hinweis auf eine HD) bis zu HD-E (schwere HD) reichen. Diese röntgen-diagnostische Untersuchung führt zu einem Wissen, welches Hund und Mensch vor späterem Leiden bewahren oder dieses zumindest mildern kann.

Bei der **HD** handelt es sich um eine Fehlentwicklung des Hüftgelenks. Für die Entstehung dieser Fehlentwicklung gibt es unterschiedliche Ursachen, doch spielt die genetische Disposition eine große Rolle, weswegen die Zucht mit mittlerer bis schwerer HD behafteten Tieren in Deutschland durch den „Verband für das Deutsche Hundewesen“ verboten ist. Bei der unkontrollierten Hundezucht und der bloßen Hundevermehrung wird auf diese Untersuchung und mögliche resultierende Konsequenzen zumeist kein Augenmerk gerichtet! Ein weiterer Grund, solche „Züchter“ zu meiden!

Bei der **OCD** wirken sich Knorpeldefekte hinderlich auf die Durchblutung des Gelenkknorpels aus. OCD kommt an verschiedenen Gelenken vor, findet sich aber besonders häufig am Oberarmkopf (Humeruskopf), wo sie zu Schulterlahmheit führt.

ED ist eigentlich ein Sammelbegriff für Erkrankungen im Ellenbogengelenk, die Lahmheiten verursachen. Hierzu gehören 1.) Knorpeldefekte und 2.) gelöste Wachstumsfugen, welche sich als a.) Proc. Anconeus oder als b.) Corinoideus diagnostizieren lassen.

DIE EINTEILUNG DER HD-GRADE IN VERSCHIEDENEN LÄNDERN (Stand 2003)

HD-Grad	Deutschland	Österreich	Schweiz	Niederlande
1 A 2	kein Hinweis auf HD A1 / A2	kein Hinweis auf HD A	kein Hinweis auf HD A	Negatief geheel gaaf (1) / Negatief niet geheel gaaf (2)
1 B 2	Übergangsform (HD-Verdacht) B1 / B2	Übergangsform (HD-Verdacht) B	B	Transitional case (TC)
1 C 2	leichte HD C1 /C2	leichte HD C	C	Licht positief (3)
1 D 2	mittlere HD D1 / D2	mittlere HD D	D	Positief (3 ½) Positief (4)
1 E 2	schwere HD E1 / E2	schwere HD E	E1 E2	Positief optima forma (5)

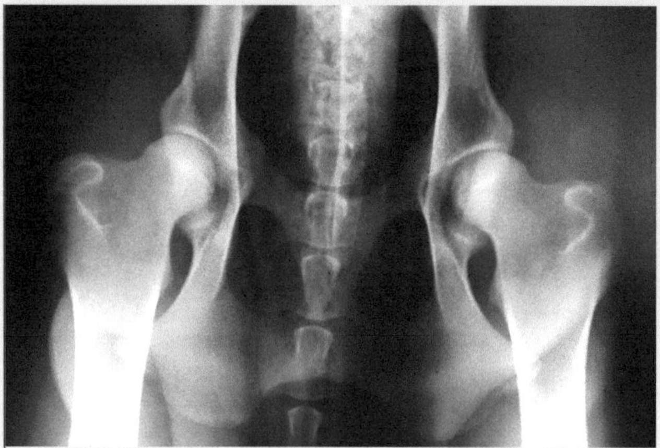

HD A – HD-frei: Hervorragendes Hüftgelenk mit sehr engem, gleichmäßig weitem Gelenkspalt. Der Mittelpunkt des Femurkopfes liegt weit medial der dorsalen Pfannenkontur. Norbergwinkel größer als 105°.

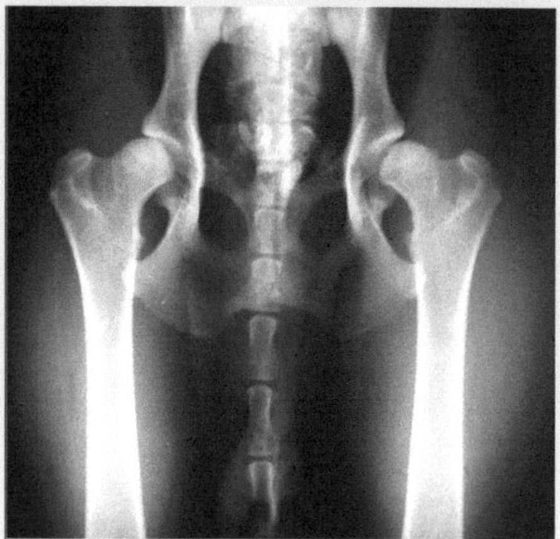

HD E – Schwere HD: Links flache Pfanne mit erheblich abgeflachtem kraniolateralen Pfannenrand. Der lose Femurkopf ist deformiert, am Übergang zu Femurhals sind erhebliche osteoartrotische Auflagerungen erkennbar – „Kragenlinie" und „Morganlinie". Norbergwinkel etwa 85°.

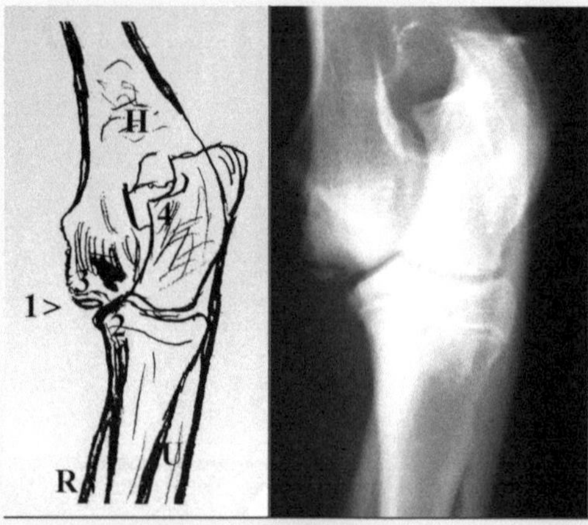

OCD: Defekt in der Gelenkwalze und abgelöstes, verkalktes Dissekat (1) am medialen Teil (3) der Trochlea humerii. H Humerus, R Radius, U Ulna, 2 Processus coronoideus medialis der Ulna, 4 Processus anconaeus

Erkrankungen der Gelenke

Bei fast allen großen und schnellwüchsigen Rassen stellen Bänder, Sehnen und Gelenke gesundheitliche Risikofaktoren dar. Deshalb legen VDH-Vereine Wert darauf, dass ihre Nachzuchten auf HD und ED geröngt werden.

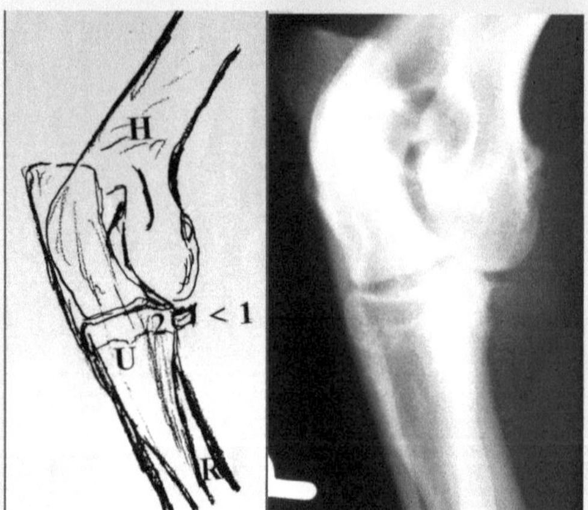

FPC: Isoliertes Fragment (1) am Processus coronoideus medialis (2) der Ulna.
Rechtes Ellbogengelenk, schräg cranio-caudaler Strahlengang.

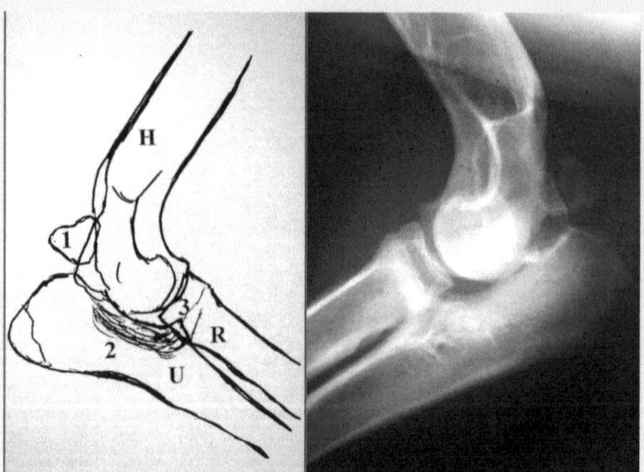

IPA: Rechtes Ellbogengelenk, seitlicher Strahlengang, gebeugtes Gelenk.
Nicht dislozierter isolierter Processus anconaeus (1).
Eine Stufenbildung zwischen Radius und Ulna ist nicht erkennbar. H Humerus, R Radius, U Ulna

Der Herdenschutzhund im Alter

Bei vielen größeren Hunderassen gilt ein Hund ab dem siebten Lebensjahr schon als alter Hund und zeigt einen entsprechenden Rückgang der Vitalität. Dieses ist – zum Glück! – bei den HSH-Vertretern so nicht der Fall! Hunde von elf, zwölf, ja sogar vierzehn und fünfzehn Jahren sind gar nicht so selten, und man kann zu Recht behaupten, dass HSH robuste und langlebige Hunde sind, was sie hoffentlich auch in Zukunft bleiben werden. Zuchtmaßnahmen der Vereine sollten diese Gegebenheit fördernd unterstützen, anstatt dass umgekehrt die Lebenserwartung unsinnigen Zuchtmanipulationen zum Opfer fällt, wie es leider ja auch – und nicht selten – vorkommt. Sicher ist es aber nicht verkehrt, den etwas in die Jahre gekommenen HSH mindestens einmal jährlich zum Alters-Check in der Tierarztpraxis vorzustellen, wo Herz und Lunge abgehorcht werden, der Hund sorgfältig palpatorisch untersucht, also komplett durchgetastet wird, und eventuell auch ein Blutbild weitere Informationen zum Gesundheitsstand geben kann. Da ältere Hunde u. U. nicht mehr soviel und ausdauernd laufen, sollte auch die Länge der Krallen kontrolliert werden.

Gerade bei den hellhaarigen Vertretern zeigen sich kaum „graue Schnauzen", doch sieht man ungefähr ab dem 10. Lebensjahr an der langsam beginnenden Augenlinsen-Trübung, dass der Herbst des Hundelebens beginnt. Der Lebensfreude und der Ausübung der bisherigen Wach- und Begleitaufgaben tut dies in der Regel aber keinen Abbruch!

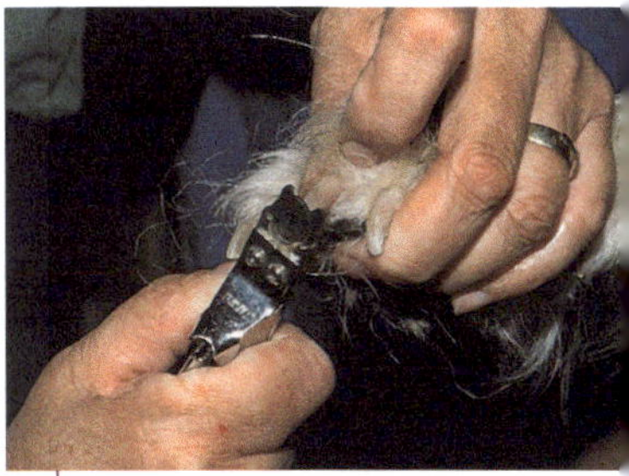

Bei älteren Hunden müssen evtl. die Krallen geschnitten werden, wenn sich diese nicht mehr natürlich abnutzen.

1

2

1. Rüstige Slovenský Čuvač „Senioren": „Berry Bär vom Wolfshorn", 10 Jahre, und „Nessel z Cibika", 11 Jahre.
2. Kuvasz „Oma": „Gachi von Anka", 13 Jahre alt.

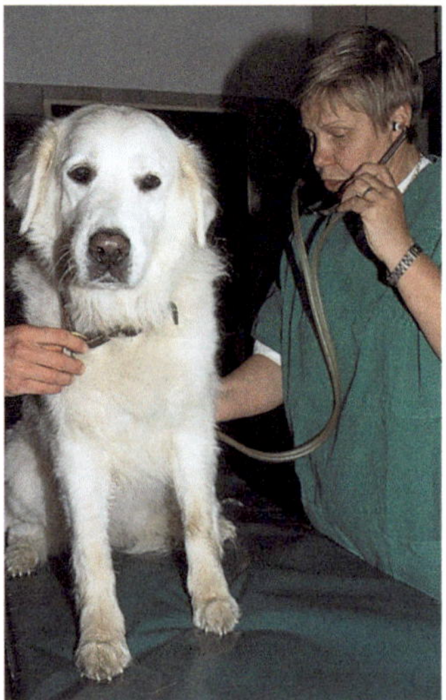

Ein gründlicher „Senioren-Check“ beim Tierarzt sollte regelmäßig durchgeführt werden.

Bänder und Gelenke

Was beim älteren HSH aber berücksichtigt werden muss, ist die altersbedingte Abnahme der Bänderfestigkeit, die auch die Aufhängebänder des Magens betrifft. Somit besteht das Risiko der Magendrehung, welches bei den meisten größeren Hunden mit tieferem Brustkorb gegeben ist, auch und besonders im Alter! Grundsätzlich sollte der Hund zweimal am Tag gefüttert werden, dem älteren Hund tut es sogar besser, wenn man ihm kleinere Mahlzeiten, diese dafür häufiger über den Tag verteilt, anbietet. Hunde, welche nach dem „Staubsauger-Prinzip“ das Futter regelrecht schlingend „inhalieren“, statt es ruhig zu kauen, kann es in flüssigerer Form angeboten werden. Wichtig ist auch darauf zu achten, dass Hunde nicht nur nach dem Fressen eine Stunde Ruhe halten, sondern auch vor dem Fressen keine ausgedehnten Aktivitäten vollbracht haben! Würde unmittelbar nach einem ausgedehnten Spaziergang, einem Training oder ausgelassenen Spiel gefüttert werden, so würde der noch in Schwingung befindliche Magen belastet werden und es könnte, ähnlich dem Schiffschaukel-Prinzip, zu einer Drehung des Magens kommen. Eine partielle oder komplette Magendrehung ist stets ein lebensbedrohlicher Zustand und ein Wettlauf gegen die Zeit. Daher sollte der Hundebesitzer immer beim geringsten Anzeichen den Tierarzt verständigen und sich sofort auf den Weg in die Tierklinik machen. Anzeichen für eine Magendrehung sind Unruhe und staksiger Gang unmittelbar oder kurz nach dem Fressen, erfolglose Versuche zu Erbrechen, Aufblähung des Magens bis zum harten Trommelbauch, welcher hohl klingt, wenn man mit dem Finger dagegen klopft.

Für altersschwache, womöglich schon arthritische Gelenke und schwächer werdende Herzfunktionen gibt es auch in der Naturmedizin gute bis hervorragend unterstützende Mittel, zu welchen der Tierarzt dem Hundebesitzer Rat und Empfehlung geben kann.

Ein erfahrener Tierarzt kann durch gezielte Dreh- und Schiebe-Bewegungen das Kniegelenk auf einen eventuellen Kreuzbandriss überprüfen (Schubladeneffekt).

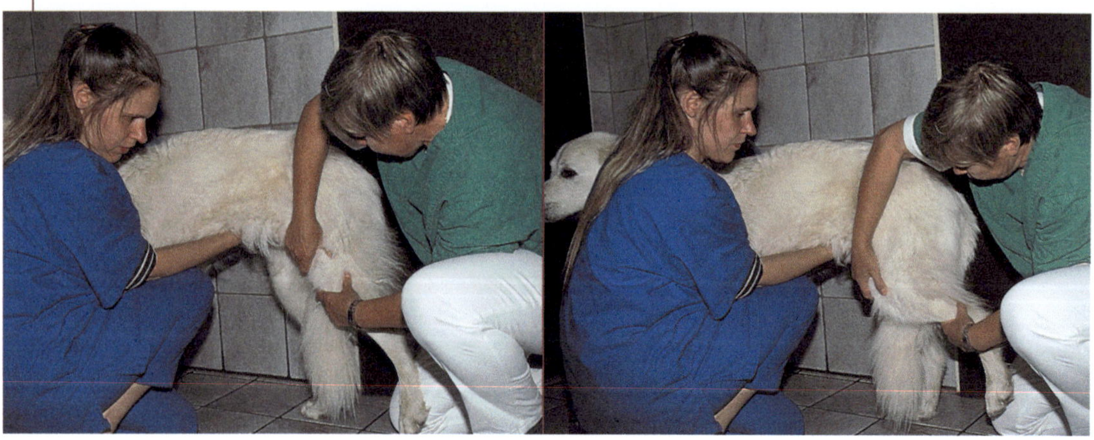

Und wenn der gefürchtete „Tag X“ dann doch gekommen ist, so halten Sie eindringlich mit sich selbst Zwiesprache, ob das Leben Ihres vierbeinigen Freundes wirklich noch lebenswert ist oder ob Sie ihn aus eigenen egoistischen Gründen an Ihrer Seite haben wollen, weil Sie sich nicht von ihm trennen können. Wenn das Leben zur Qual wird, dann ist es Ihre Verpflichtung, dem Hund weitere Qual und Leiden zu ersparen. Begleiten Sie ihn bis zum letzten Atemzug, aber lassen Sie ihn dann in Ruhe und Frieden gehen. Lieben heißt auch loszulassen!

Rüde oder Hündin?

Wer sich mit dem Gedanken einer „Hunde-Adoption“ beschäftigt, der beschäftigt sich zwangsläufig auch mit der Fragestellung nach dem Geschlecht des zukünftigen Familienmitgliedes. Entscheidet man sich für einen Notfallhund aus einer privaten Vermittlung oder einem Tierheim, so stellt sich diese Frage nicht in der Art, wie sie sich beim Kauf eines Welpen stellt. Dennoch sollte man grundsätzlich berücksichtigen, dass es geschlechtsabhängige Verhaltenstendenzen gibt, Rüden größer, stärker und kräftiger sind als ihre weiblichen Rassevertreter und allein dadurch ein anderes Handling gegeben ist. Da unsere HSH ausgesprochen „clever“ sind, wissen sie sehr schnell und sehr gekonnt ihre eigenen körperlichen Stärken zur Durchsetzung ihrer Ziele einzusetzen. Es macht halt schon einen Unterschied, ob ich gut 30 Kilogramm durch die Umwelt manövriere oder 50 Kilo, und solche geschlechtsabhängigen Gewichtsunterschiede kann es innerhalb einer Rasse durchaus geben! Kann dem jeweiligen Verhalten des Hundes aufgrund eigener körperlicher Schwäche nicht oder nicht in angemessenem Stil begegnet werden, so manifestieren sich unter Umständen Verhaltensweisen, die dem Menschen

1 Armenian Gampr Pärchen „Batik“ und „Arpa“ in Yerevan.

2 Mastin Español „Ikarus de la Majada“ und „Amba-Tigre Haus vom Steraldeted“.

1

2

Rüde und Hündin verstehen sich meist gut (hier Zentralasiaten).

Wichtig

Natürlich können – gerade bei unseren territorial motivierten HSH – auch Hündinnen sehr verteidigungsbereit reagieren, wenn es um häusliche Gefilde, eigene Rudel, Status usw. geht. Und genauso ist es möglich, dass es Rüden gibt, denen alles schnuppe ist. Letztlich ist jeder Hund ein Individuum.

nicht unerhebliche Alltagsprobleme bescheren können. Wohlgemerkt: können – nicht müssen!

Den männlichen Vertretern unserer Vierbeiner obliegt von Natur aus die Aufgabe der Revierverteidigung und des Rudel-Schutzes. Daraus folgt, dass im heimischen Territorium die Schutz- und Wachaufgaben sehr ernst genommen werden (können), Rüden gerne „den Larry raushängen lassen", sich mit ausgeprägtem Imponierverhalten präsentieren und ihre Stärke demonstrieren. Damit muss ein Besitzer umgehen können!

Die weiblichen Vertreter haben für den Nachwuchs zu sorgen, so dass wir bei ihnen eine (hormonell gesteuerte) Verteidigungsbereitschaft feststellen (können), wenn Welpen vorhanden sind, aber auch bereits während der Trächtigkeit. Gansloßer berichtet von einer Brutverteidigungsbereitschaft, die bereits 3 bis 4 Wochen nach einer Belegung einsetzen kann. Da diese Vorgänge hormonell gesteuert sind, können sie sich ebenso bei Scheinträchtigkeiten auswirken.

Neigung zu Aggressionen

Bloch belegt 2001, dass Rüden im Vergleich zu Hündinnen prozentual gesehen allgemein mehr zu Aggressionen neigen. Das ist nicht unbedingt verwunderlich. Nachvollziehbar ist auch, dass sich die Aggressionen der Rüden vermehrt gegen Besucher und andere Hunde richten (Revier- und Rudelverteidigung). Bedenklich aber ist, dass immerhin mehr als ein Viertel der untersuchten Rüden auch Aggressionen gegen den eigenen Besitzer zeigten, wohingegen es bei den Hündinnen „nur" 14,3 % waren.

Ich sehe in diesen Aggressionen – wie eingangs bereits erwähnt – in vielen Fällen ein erlerntes Verhalten! Der Rüde setzt Körperkraft und Stärke gezielt zur Durchsetzung seiner Interessen ein, der Besitzer weiß oder kann dem nichts entgegensetzen, es kommt zu Fehlverknüpfungen und erziehungs-kontraproduktiven Handlungsketten. Dies sollte Beachtung finden: Ein Rüde benötigt noch früher ansetzende (bevor er zu kräftig wird), noch konsequentere Erziehung, noch klarere Regeln und Grenzen und eine noch klarere Statusdefinition.

Es muss aber auch gesagt werden, dass bei Blochs Aufgliederung nach Rassen bei den HSH die Aggression gegen den eigenen Besitzer eher gering feststellbar war, eher handelte es sich bei diesen Hunden um Aggressionen gegenüber anderen Hunden.

Interessant auch eine Überlegung, die mir unlängst ein Freund, selber Kaukasenbesitzer und umfassend informiert in Bezug auf Wesen und Verhalten von HSH, erzählte. Er berichtete von nicht selten zunehmenden Schwierigkeiten und Rang-Status-Auseinandersetzungen zwischen Mensch und Hund bei Kaukasen-Rüden, die sieben, acht Jahre alt sind. Er sieht in diesem Alter nochmals eine Entscheidungsphase, die den Besitzer verwundern bis überrumpeln kann, vor allem dann, wenn bis dato eigentlich soweit alles klar und geregelt war. Diese Äußerung möchte ich nicht ungenannt lassen, auch wenn sie vorerst nur als These im Raum steht. Vielleicht verhilft sie aber doch dem ein oder anderen Hundebesitzer zu einem aufmerksameren, sensibleren Blick und eventuelle Ansätze können im Keim erstickt und frühzeitig reguliert werden.

Vorsicht

Wer der Meinung ist, dass die Kastration das Allheilmittel für alle Verhaltensauffälligkeiten ist, der sei ausdrücklich gewarnt! Erlerntes Verhalten wird sich nicht durch veränderte Hormonvorgänge im Körper automatisch regulieren lassen.

Untersuchungen zufolge neigen Rüden etwas häufiger zu Aggressionen als Hündinnen. (Bergamasker „Gamo" und „Lyn").

Karakachan „Meca“ und „Murcho“.

Ein Hund, zwei Hunde, ganz viele Hunde

Grundsätzlich muss gesagt werden, dass es bei entsprechenden Haltungsmöglichkeiten einfach nur phantastisch ist, wenn man mehr als einen Hund hat! Dennoch sollten einige Dinge berücksichtigt werden:

Nach den Ausführungen in Kapitel 2 dieses Buches ist (hoffentlich) deutlich geworden, wie intensiv und zeitaufwändig man sich gerade in den ersten drei Lebensjahren mit einem HSH beschäftigen muss, um einen sozial- und umweltverträglichen Zeitgenossen aus ihm zu machen. Diese enorm wichtige und immens umfangreiche Aufgabe kann man in der Regel nicht leisten, wenn man zwei gleichaltrige Tiere, womöglich Geschwister, hat oder zwei Hunde mit sehr geringem Altersunterschied. Einer kommt immer zu kurz und das wird Auswirkungen haben. Um so schwieriger die Situation, wenn einer der beteiligten Hunde für sich schon kein leichtführiger Kamerad ist und sich immer wieder „diskussionsbereit“ zeigt. Schwierig auch die Situation, wenn einer der Hunde z. B. krankheitsbedingt mehr Zeit und Zuwendung beansprucht, die dem anderen Hund dann abhanden geht. Auch können sich die eigenen Lebensumstände verändern und Probleme für die Anleitung und Haltung von mehreren Hunden mit sich bringen.

Gleichgeschlechtliche Hunde aus einem Wurf

Eine von mir sehr geschätzte Züchterin und Freundin wies in diesem Zusammenhang eindringlich darauf hin, dass die Haltung von gleichgeschlechtlichen Tieren aus einem Wurf eine besondere und brisante Problematik birgt: Zu Beginn der Pubertät kann sich zwischen diesen Tieren eine derartige Rivalität entwickeln, dass sie zu regelrechten Todfeinden werden und es zu massiven Auseinandersetzungen mit eindeutigem Beschädigungsbeißen kommt. Diese

Generationen-Haltung von Slovenský Čuvač („Nessel z Cibika“, „Alba vom Wolfshorn“ und „Binta Biely démon“).

Kämpfe haben nichts mit pubertärem Kräftemessen und statusbezogenem Geplänkel zu tun, was sich irgendwann wieder legt! Sie sind auch geschlechtsunabhängig, sind also bei Schwestern ebenso möglich wie bei Brüdern. Die enge soziale Bindung, die zwischen Geschwistern besteht, behindert hier (unter Umständen) ein gesundes Sozialverhalten. In einer solchen Situation hilft einzig und allein, die Konkurrenten dauerhaft zu trennen, will man Schlimmeres, im Zweifelsfalle den Tod eines der beiden Tiere, verhindern.

Daher der eindringliche Rat: Denken Sie gar nicht erst daran, Wurfgeschwister zu übernehmen, damit der eine Hund „nicht so alleine“ ist!

Generationen-Haltung

Anders verhält es sich bei einer Generationen-Haltung, also der Haltung z. B. von Mutter und Tochter oder Sohn, Vater und Sohn oder Tochter, Großeltern und Enkeln oder sonstiger blutsverwandter Tiere aus unterschiedlichen Generationen. In diesen Fällen wirkt sich die enge Bindung eher förderlich aus, und auch bei den Hunden scheint sich zu bewahrheiten, dass „Blut dicker als Wasser“ ist.

Diesen vorangehend geschilderten Umständen sollten auch Züchter ausreichend Beachtung schenken! Für das Wohlergehen der Welpen ist es notwendig, dass ihnen spätestens nach der 12. Lebenswoche ein neues, dauerhaftes und förderndes Zuhause geboten werden kann. Daher sollte sich der verantwortungsbewusste Züchter bereits vor einer Belegung seiner Hündin Gedanken darum machen, ob er überhaupt geeignete Plätze für seine zu erwartenden Hundekinder hat. Ist das nicht der Fall, so sollte er seine Zuchtabsichten lieber verschieben, denn auf Biegen und Brechen Welpen „zu produzieren“ hat mit Verantwortungsbewusstsein nichts zu tun und kommt eher dem Tatbestand einer Hundevermehrung nahe. Viele Hunde hat man schnell, doch wird man dann jedem Hund noch gerecht?

Šarplaninac, links, und Kangal-Mischling, rechts.

Ergibt sich aber nun einmal die Situation, dass aus einem Wurf Geschwister über einen längeren Zeitraum und bis in die Pubertät hinein beim Züchter zurückbleiben, so muss dieser Konstellation besondere Aufmerksamkeit gewidmet werden. Zeichnen sich Probleme ab, so ist es sinnvoll, die Hunde zu trennen und eventuell auf Pflegestellen aufzuteilen, bevor es zu den gerade beschriebenen möglichen Auseinandersetzungen mit resultierenden Beschädigungen – im physischen wie psychischen Bereich! – kommen könnte.

Der beste Zeitpunkt für einen Zweithund

Wer sich zum Zweithund entschließt, der sollte einen genügenden Altersunterschied berücksichtigen und sicher sein, dass sein Althund über einen guten Grundgehorsam verfügt und den vierbeinigen Familienzuwachs wirklich zu schätzen weiß. So verständlich auch der Wunsch ist, sich einen Welpen ins Haus zu nehmen, bevor der in Ehren ergraute und in die Jahre gekommene Althund uns verlässt, so unpassend kann das aber in der jeweiligen Situation sein. Wer zehn Jahre oder länger die ungeteilte Aufmerksamkeit seiner Menschen genießen durfte, seiner altersbedingt zunehmenden Ruhebedürftigkeit auf der Lagerstätte nachgeben und ohne Konkurrenzstress seinen Kauknochen und seine Beutestücke („Spielsachen“) herumliegen lassen konnte, wer sich an Alltagsroutine gewöhnt und sie mitbestimmt hat, der mag sich nicht unbedingt erfreut zeigen, wenn ein hektisches, wuseliges, alle Aufmerksamkeit auf sich ziehendes Hundekind das Leben plötzlich völlig umkrempelt! Auch sind die körperlichen Kräfte und die psychische Belastbarkeit dem

Diese vier Slovenský Čuvač (links Rüde, rechts Hündinnen) kennen sich von klein auf und verstehen sich sehr gut.

1

2

allen nicht mehr gewachsen, der Althund u.U. gar nicht mehr in der Lage und Verfassung, sich mit einem jugendlichen Unge(s)tüm auseinanderzusetzen. So tut man dem bereits sehr alten Hund nicht unbedingt einen Gefallen, wenn man ihm einen Welpen vor die Nase setzt und auch das sollte bedacht werden, wenn man sich mit dem Gedanken um einen Zweithund beschäftigt.

Anders verhält es sich, wenn in ein bestehendes Hunderudel mit unterschiedlichen Altersstufen ein Welpe einzieht. Hier verteilen sich Stress, Hektik und Beanspruchung auf die verschiedenen Rudelmitglieder plus Mensch und der Welpe lernt sehr bald, bei wem er sich was erlauben und leisten kann und bei wem eben nicht.

Im Hausstand zusammenlebende Hunde bilden eine Rudelgemeinschaft, in welcher eine klar definierte Ordnung herrschen muss, soll das Miteinander friedlich verlaufen. Diese Ordnung muss auch vom Menschen erkannt und gefördert werden, da es sonst zwangsläufig immer wieder zu Problemen aufgrund ungeklärter Situationen kommen kann. So ist es falsch, den jungen Hund stets vor den Maßregelungen der Althunde „beschützen" zu wollen. Besser wäre es, das Treiben der Hunde untereinander gut zu beobachten und anhand der Beobachtungen zu lernen, was konsequentes Handeln, richtiges Timing, Grenzen-Setzen und erzieherische Führung bedeuten. Natürlich setze ich hier voraus, dass alle beteiligten Hunde ein gesundes Sozialverhalten haben!

Aber gerade die Einschätzung und Bewertung von Hundeverhalten ist für den „einfachen" Besitzer häufig aufgrund mangelnder Erfahrung nicht sicher und korrekt zu leisten. Der Mensch interpretiert zu häufig aus seiner menschlichen Perspektive, hinzu kommen die emotionalen Bindungen – und schon liegt Mensch u. U. total falsch. Bei Unsicherheiten in Bezug auf das aufgezeigte Sozialverhalten und die Interaktionen der Hunde empfiehlt es sich daher, vorsichtshalber und frühzeitig den Rat eines/r Fachmannes/-frau einzuholen.

1 Bergamasker Mama „Lyn" mit ihrer Tochter aus der Zucht „Bacio blu di Bergamo".

2 Do Khyi „Skarma vom Vieräugler" (rechts) mit ihrem Enkel „Bopsa Vaishravana".

Wichtig

Grundsätzlich bewährt sich in der Praxis eher das gewachsene Rudel. Damit meine ich ein Hunderudel, in welchem gesunde Altersunterschiede (ca. 3 bis 5 Jahre) und gegebene Altershierarchien herrschen. Hierbei müssen aber auch individuelle Eigenschaften, Neigungen, auch Abneigungen berücksichtigt werden und nicht immer harmonieren die Hunde, die eigentlich – vom Mensch gewünscht – zusammenleben sollen.

Karakachan aus der Zucht „KaraKitan“ der Brüder Atila und Sider Sedefchev.

Spaziergänge mit mehreren Hunden

Bei Spaziergängen mit zwei (oder mehreren) Hunden ist keine Addition der Eigenschaften festzustellen, sondern eine Potenzierung. Als Hunderudel ist man mutiger, schneller, mächtiger, einfach unschlagbarer, getreu dem Motto: Gemeinsam sind wir stark! So erlangen Begriffe wie „Meuteaggression“ und „Mobbing“ wichtige Bedeutung, die der Hunderudelbesitzer sich klarmachen muss. Ähnlich verhält es sich auch bei Hunden, die z. B. als relativ feste Gruppe gemeinsam spazieren gehen oder in Hundeverein oder -schule gemeinsam trainieren, wenn sie auf einen neuen, unbekannten Artgenossen treffen. Bei solchen Begegnungen ist immer ein wachsames Auge der Besitzer gefordert.

Mastin Español „Koqueta de la Majada“ und Schapendoes „Xamira van't Driverke“.

Rudel aus verschiedenen Rassen

Eine Hundegemeinschaft, die aus verschiedenen Rassen und/oder Mischungen besteht, kann u. U. auch problematisch sein, wenn die jeweiligen Verhaltenstendenzen nicht miteinander harmonieren oder – wahrscheinlich noch brisanter! – sich gegenseitig übermäßig steigern. Und ganz sicher funktioniert eine Rudelvergrößerung nicht, wenn ein zweiter Hund aus dem Grund angeschafft wird, weil er auffälliges oder problematisches Verhalten, z. B. Angst und Nervosität des Althundes „therapieren“ soll. Das Resultat werden eher zwei Hunde mit Verhaltensauffälligkeiten sein!

Mehrere Hunde beanspruchen mehr Zeit und kosten mehr Geld. Es wird mehr Futter benötigt, die Tierarztkosten sind höher, es müssen mehr Steuern bezahlt werden. Vielleicht braucht man ein anderes Auto und die Suche nach einem Hotelzimmer im Urlaub mag auch schwieriger sein. Einen Hund beaufsichtigt vielleicht mal der befreundete Nachbar, doch bei mehreren Hunden ist die Nachbarschaftshilfe schnell überstrapaziert. Die Entscheidung für einen Zweit- oder Dritthund sollte gut, nein, sehr gut überlegt werden. Doch hat man alle Für und Wider abgewogen und sich dann bewusst und in aller Konsequenz für den Status des Mehrhundehalters entschieden, so kann es eine sehr beglückende Entscheidung werden!

Mit dem Herdenschutzhund auf Reisen

Mit einem HSH „auf Achse“ zu sein ist nicht leichter oder schwieriger als mit einem anderen großen Hund unterwegs zu sein. Dennoch gibt es einige Dinge, die beachtet werden sollten. Ich setze aber voraus, dass der HSH es gewohnt ist, seine Menschen auf Reisen zu begleiten und möchte daher nicht explizit darauf eingehen (müssen), wie man zerstörte Hotelzimmer, zerfetzte Betten, auseinander genommene Autos vermeidet. Dies wären eher Inhalte eines Kapitels über Problemverhalten und -bekämpfung, was den hiesigen Rahmen sprengen würde und zu welchem es andere Literatur gibt, so es mit dem einfachen Selbststudium getan wäre und nicht besser persönlicher Rat beim kompetenten Fachmann eingeholt würde.

Wer mit einem HSH auf Reisen geht, der wird ein entsprechend geeignetes Fahrzeug benötigen, in welchen sich der HSH auch während länger dauernder Autofahrten wohl fühlt, aber auch sicher transportiert werden kann. Dabei kann sich der Hund in einer Autobox befinden, in einem gesicherten Abteil eines Kastenwagens oder auf der Ladefläche eines Kombis. Wichtig ist, dass sich der Hundebesitzer klar bewusst ist, dass unsere territorial veranlagten HSH auch das Auto als „rollendes Territorium“ betrachten und dies entsprechend verteidigen (können!). So ist es sicherlich sehr ungeschickt,

Slovenský Čuvač Hündin „Eyla Janin Ranč“ macht es sich auf einer Luftmatratze gemütlich.

das Fahrzeug mit weit heruntergedrehten, ungesicherten Scheiben abzustellen. Leicht hat ein Kind oder sonstiger Passant die Hand ins Wageninnere gesteckt, was zu folgenschweren Unfällen führen kann. Die Unachtsamkeit – besser gesagt Dummheit – des Hundebesitzers haben letztlich völlig Unschuldige auszubaden!

Unterwegs mit dem Wohnmobil

Ist man mit Hund und Wohnmobil unterwegs, so stellt es auch eine große Gefahr dar, wenn man das Wohnmobil auf dem Campingplatz abstellt und den Hund – womöglich noch mit 10 m Leine! – am Wohnmobil angebunden allein zurück lässt. Er wird seine Bewacheraufgabe sicherlich sehr ernst nehmen, und lag er eben auch noch friedlich schlummernd unterm Wagen, so steht er in der nächsten Sekunde verteidigungsbereit in der Leine, wenn sich fremde Mitcamper dem Wohnmobil nähern. Dumm gelaufen, wenn diese den Hund nicht gesehen haben und innerhalb der Reichweite der Leine gelangen! Eine gefährliche Situation, die mit etwas mehr Umsicht, vorausschauendem Überlegen und bedachterem Platzieren des Fahrzeuges und des Hundes hätte vermieden werden können! Ein Abstellen des Fahrzeuges, aber auch evtl. des Zeltes oder des Wohnanhängers in einer weniger frequentierten Randlage des Campingplatzes würde schon ausreichen, um die Situation zu entschärfen. Allerdings sollte diese Randlage auch besser nicht ein Hügel sein, von welchem sich vortrefflich das gesamte Gelände überblicken lässt! Sonst macht man sich aufgrund des nicht verwunderlichen Bellverhaltens des Hundes schnell unbeliebt.

Angebunden am Wohnmobil erweisen sich Herdenschutzhunde als unbestechliche Wächter!

Unterbringung in Hotels

Wer seinen Hund mit im Hotelzimmer beherbergt, der sollte dem Zimmerservice frühzeitig Mitteilung machen, wenn sich der Hund allein im Zimmer befindet und sich dort frei und selbstbestimmt bewegt. Sind erst einmal Decken, Schüsseln, Koffer und Reisetaschen mit ins Zimmer eingezogen, so ist für den Hund klar, wem das Zimmer gehört, wer es zu betreten hat – und wer eben nicht! Schon manche „Putzfee“ stand kurz vor dem Herzinfarkt, wenn sie ihrer gewissenhaften Reinigungstätigkeit nachgehen wollte und plötzlich nach dem Öffnen der Zimmertür vor einem wenig freundlich blickenden „Riesen“ stand, der seine Anwesenheit auch nicht unbedingt durch vorheriges Bellen angekündigt hatte. Schließlich ist das Zimmer wichtig, nicht der Flur und das Treiben außerhalb. HSH können das sehr wohl unterscheiden! Bemerkenswert auch die immer wieder berichtete und von mir selbst auch erlebte Tatsache, wie schnell HSH eigentlich fremde Umgebungen „okkupieren“, wenn sie sich dort zwei, drei Tage bewegt haben oder ihnen diese Regionen von früheren Aufenthalten bekannt sind. Solange es gilt: „Kenn' ich nicht“, heißt das auch meist: „Interessiert mich nicht!“. Doch wird daraus ein: „Das ist mir bekannt“, folgert auch leicht: „Ist meins, wird verteidigt!“. Wer drei Wochen lang am Urlaubsort die gleichen Rundwanderwege geht, der kann u. U. einen Wechsel im Verhalten seines Hundes feststellen und stößt auf Verhaltenstendenzen, die der Hund auch zu Hause zeigt. Vielleicht zeigt sich ja darin das Erbe früherer Ururahnen, die auf ihren Transhumanzen auch ihre Verhaltensweisen in wechselnden Regionen beibehalten mussten und Territorien nicht statisch betrachteten, sondern dynamisch angepasst an die Wanderrouten und übertragen auf die ihnen auf diesen Routen anvertrauten Tiere sahen.

1 Slovenský Čuvač Rüde „Hron Bär vom Wolfshorn“ im Urlaub am Atlantik.

2 Akbaş Jungrüde sammelt Umwelterfahrungen am Meer.

3 Inuit genießt die Sommertage in ihrem eigenen Swimming-Pool.

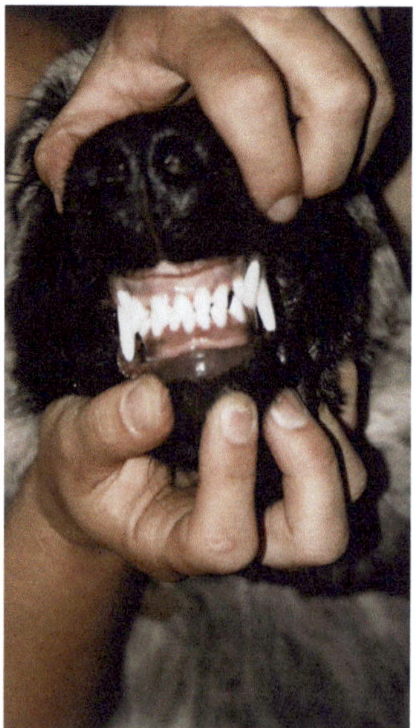

Gebisskontrolle bei Ausstellungen ist nicht „Jederhunds" Sache, aber hier klappt es.

Mit dem Herdenschutzhund auf Ausstellungen

Was die Reisen zu Ausstellungen betrifft, so gilt das bereits Gesagte natürlich analog für Ausstellungsreisen. Bei der Ausstellung selbst sollte der Besitzer – aber auch der Richter! – berücksichtigen, dass es sich bei den HSH-Vertretern um Hunde handelt, denen Individualdistanz sehr wichtig ist. Natürlich muss mit dem Ausstellungs-HSH ausreichend geübt werden, dass er sich auf engerem Raum mit mehreren, auch gleichgeschlechtlichen Tieren, bewegen muss und kann. In den meisten Fällen registrieren die Hunde es auch, dass die Ausstellung eine besondere Aktion ist, und reagieren erstaunlich gelassen, souverän und ruhig bis relaxed. Dennoch bedeutet ein Ausstellungstag auch allgemein viel Stress für den Hund und zusätzliche Belastung dadurch, dass die meisten Besitzer nervös und zappelig dem Treiben im und um den Ring beiwohnen. Diese Stimmungsübertragung darf nicht unterschätzt werden.

Nicht nur der Richter will und muss den Hund anfassen, abtasten, Zähne und Gebäudeanatomie des Hundes untersuchen, bei Rüden die Hoden kontrollieren, auch Besucher und deren Kinder kommen bei Ausstellungen auf den Hund zu und wollen ihn streicheln – und das manchmal recht unüberlegt. Wieder ist der Hundebesitzer gefordert, seinen Hund richtig einzuschätzen und sich und seinen Vierbeiner vorausschauend zu platzieren, den Hund im Auge und im Griff zu halten. Für viele Hunde ist es stressfreier, sich in eine der in begrenzter Zahl zur Verfügung stehenden Boxen zurückziehen zu können, andere mögen diese Boxen wieder gar nicht. Legt man den Hund aber auf einer mitgebrachten Decke ab, so sollte man sich sicher sein, dass sein Hund nicht dazu neigt, diese Decke zu verteidigen. Auch hierbei kommt es – mal wieder – im wesentlichen darauf an, seinen Hund, seine Verhaltenstendenzen und seine Stressgrenze bestmöglich und ehrlich einschätzen zu können, um problematische Situationen zu vermeiden! Dies gilt besonders für die Hundebesitzer, die mit mehreren Hunden unterwegs sind und der Gefahr der Meuteaggression unterliegen.

Die Gangarten des Herdenschutzhundes

Eine Besonderheit möchte ich innerhalb der Thematik „Ausstellung" nicht unerwähnt lassen: Viele HSH-Aussteller – und auch mit den HSH-Rassen beauftragte Richter – haben Probleme bei und falsche Vorstellungen von der Präsentation dieser Hunde im Stand und in der Bewegung! In fast allen Standardbeschreibungen wird als Fortbewegungstechnik der leichtfüßige, raumgreifende Trab beschrieben und gefordert. Zweifelsohne ist dies die Bewegungsart, die Eleganz und Dynamik, Schönheit und Kraft vermittelt. Dennoch darf nicht unberücksichtigt bleiben, dass bei den HSH – im Gegensatz zu allen anderen Hunden – der Passgang häufig vorkommt, durchaus

„normal“ ist, keinerlei Beleg für krankhafte Veränderungen in Gelenken darstellt und von den Hunden teilweise par excellence beherrscht wird, auch in höheren Geschwindigkeiten! Die mögliche Fortbewegung im Pass ist eine Eigenart der Herdenschutzhunde! Zugegeben: Besonders schön sieht die Fortbewegung im Pass nicht aus, die Eleganz ist deutlich vermindert! Auch Kamele laufen gern und ausdauernd in dieser Gangart – und auch der Eisbär.

Was sich bei der Bewegung der HSH ebenfalls feststellen lässt, ist der „schnürende“ Gang. Erna Mohr beschreibt es in ihrem Buch über „Ungarische Hirtenhunde“ so anschaulich, dass ich dieses Zitat für sich allein sprechen lassen möchte: „Die vier Beine eines Tisches bilden die vier Ecken eines Rechtecks. Reicht eines von ihnen nicht bis zum Erdboden, dann ist der Tisch nur im labilen Gleichgewicht. Und wenn wir das, was auf dem Tisch liegt, in die Nähe des kürzeren Beines stellen, dann kippt die ganze Platte um so schräger, je kürzer das Bein und je breiter die Platte ist. Jetzt ist das diagonal vom kurzen Bein stehende lange vom Boden entfernt. Belasten wir die Platte wieder über dem jetzt aufgehobenen Bein, dann kippt die Platte in ihre ursprüngliche Lage zurück. Je breiter die Tischplatte und je weiter die Beine voneinander entfernt sind, um so größer ist der Bogen, den bei diesem Hin- und Herwackeln die Tischecken in der Luft zurücklegen. Ganz ähnlich liegen die Verhältnisse für den Hund, wenn er langsam schreitet. (...) Er fällt von einem Fuß auf den anderen und watschelt um so mehr, je größer, breiter und schwerer er ist. Das kann auch gar nicht anders sein, wenn er nur

Erfolgreiche Slovenský Čuvač Ausstellungshündin von „Janin Ranč“.

Beim Passgang werden beide Läufe einer Körperseite vor- oder zurück gesetzt

„Früh übt sich ...“

gut breit in der Brust ist. (...) Wir verlangen von unseren großen Rassen (...) einen breiten Stand, bei dem man voraussetzt, dass damit in der mächtigen Brust viel Platz ist für ein starkes Herz und für kräftige Lungen. Aber man verlangt auch, dass die Läufe gerade, senkrecht unter dem Rumpf stehen sollen bei Sicht direkt von vorn und direkt von hinten. Auch für Pferde wird das von unerfahrenen Leuten als Wunschbild angesehen. Im Stand mag es angehen; im Trab dürfen sie es nicht, weil bei senkrecht aufgesetzten Beinen das Tier mit dem ganzen Rumpf seitliche Ausschläge machen würde. (...) Der gut veranlagte Hund läuft wie seine wilden Verwandten. Jeder Jäger kennt die Spur des schnell trabenden Fuchses, die ebenso wie beim Wolf die einzelnen Trittsiegel wie Perlen auf einer Schnur aufgezogen zeigt; er nennt deshalb diese Fortbewegung „schnüren“. Das Tier unterstützt dabei den Rumpf genau in der Mittellinie, genau unter der Wirbelsäule. Deshalb werden alle vier Beine nach innen unter den Körper gestellt. (...) Das Tier stellt instinktiv seine Glieder so, dass es mit dem geringsten Kräfteverbrauch den größten Erfolg erzielt.“ (Mohr, 1956)

Der Herdenschutzhund in der Familie

Erziehung und Haltung unter Berücksichtigung der typenbestimmenden Verhaltenstendenzen

Der Hund als soziales Wesen braucht soziale Kontakte ebenso nötig wie Futter und Wasser. Es versteht sich daher eigentlich von selbst, dass eine kontinuierliche Zwingerhaltung den Bedürfnissen nach sozialen Kontakten nicht gerecht werden kann. Seelische Verkümmerung und Verhaltensauffälligkeiten sind hier die zwangsläufigen Folgen. Und das trifft umso mehr bei einem Hund wie dem HSH zu, der es von Natur aus gewohnt ist, sich „seiner Herde“ auf das Innigste anzuschließen!

Dem Wesen des Hundes entspricht es, ein klar definiertes, intaktes Rudelgefüge mit dem Menschen als übergeordnetem Leitidol zu erleben. Eine klare Stellung im Rudel verschafft dem Hund die existenzielle Sicherheit, die er für sein eigenes Wohl benötigt und beansprucht. Eine zweifelsfreie, souveräne Führungsstellung des Menschen, Verständnis für die Bedürfnisse des Hundes und seine rassetypischen Veranlagungen, Konsequenz und Zuneigung und die daraus resultierende Bemühung um sein psychisches und physisches Wohl bilden das Gerüst für ein harmonisches, beglückendes Zusammenleben von Mensch und Hund, von Familie und vierbeinigem Freund als Familienmitglied!

Wenn wir uns mit dem Hund in der Familie, seiner dortigen Stellung, seinem Nutzen und seinem Einfluss auf das menschliche Gruppengefüge „Familie“ beschäftigen wollen, so sollten wir informationshalber einen kurzen Abstecher in die Vergangenheit unternehmen:

Die Familie als solche, wie wir sie heute kennen, wurde in früheren Zeiten durch den Großfamilienverbund der Sippe, des Clans, dargestellt. Innerhalb dieser Sippen, bzw. an deren Rand, doch durchaus als Bestandteil dieser selbst, lebten die Caniden und zogen ihren Nutzen aus dieser Gemeinschaft, die durchaus als Zweckgemeinschaft bezeichnet werden könnte. Statt kontinuierlich jagen zu müssen, ernährten sie sich von Essensresten und Exkrementen der Menschen und sorgten dadurch für eine gewisse Hygiene bzw. Unauffälligkeit der Lagerplätze. Gleichzeitig dienten sie den Menschen mit ihren ausgeprägten Sinnesfähigkeiten (Gehör- und Geruchssinn) als nicht zu unterschätzendes Frühwarnsystem, auch wenn manche Warnung lediglich nur darin bestanden haben mag, einem plötzlichen Fluchtverhalten der Caniden Bedeutung beizumessen!

Hunde betätigten sich als Wächter und Beschützer, im jugendlichen Alter entzückten sie die Kinder und fungierten als Spielkamerad.

Und dies alles waren Aufgaben, die auch für das heutige Familienmitglied Hund durchaus aktuell sind! Von den negativen Auswüchsen menschlichen Einfallsreichtums, der den „Partner Hund“ zur

Früh aneinander gewöhnt, werden Hund und Kind die besten Freunde (Zentralasiat „Kutchie“ und Rhea).

„Waffe Hund“ umfunktioniert, möchte ich in diesem Zusammenhang nicht sprechen. Nur soviel möchte ich dazu sagen: Wäre der Mensch vernünftiger und im Denken und Handeln ehrbarer, so würde es Hundefeindlichkeit und Kampfhundedebatten wie erlebt wohl kaum geben!

Wer einen Herdenschutzhund sein eigen nennt und diesen als Sozialpartner am täglichen Leben inmitten seiner Familie teilhaben lässt, der wird einen ungeheuren Schatz an Erfahrungen machen können, aber auch auf eine Vielzahl von Fragen und Problemen stoßen. Was sinnvoll ist, was weniger, was eventuell zu Auswüchsen und ernsthaften Problemen führen kann, dazu möchte ich ein paar Anmerkungen machen, vielleicht den ein oder anderen Tipp geben.

Bindung

HSH verstehen es aufs vortrefflichste, sich „ihren“ Lebewesen eng und vertrauensvoll anzuschließen. Bei den Arbeitshunden spricht man von „Affinität“ und meint damit, dass sich die Hunde zu den Nutztieren hingezogen fühlen und sich als ihresgleichen betrachten. Häufig sind optisch große Ähnlichkeiten zwischen den Hunden und den von ihnen bewachten Nutztieren feststellbar, und dieses wiederum scheint sich in die jeweils vorherrschenden regionalen Gegebenheiten einzupassen, was als „Adaption“ bezeichnet wird. Daraus ergibt sich zwangsläufig für den Herdenschutzhund die Tatsache, dass es sich bei ihm um einen ausgesprochen anpassungsfähigen und bindungsbereiten Hund handelt, aber beides bezieht sich auf das engste Umfeld, die direkten Bezugspersonen (oder Bezugstiere beim

Mastin Español als „Body-Guard“.

Der erwachsene Akbaş zeigt eine enge Bindung zum Nutzvieh.

Arbeitshund) und die damit im Zusammenhang stehende Alltagsroutine! Somit ist verständlich, erklärbar und durchaus berechtigt, wenn berichtet wird, dass der HSH innerhalb der Familie ein lieber, (weitestgehend) unproblematischer, zärtlicher und geduldiger Hausgenosse sein kann. Doch das allein macht ihn nicht (wie die meisten anderen Hunderassen eben auch nicht!) zum prädestinierten Familienhund, denn die Familie lebt nicht auf einem einsamen Atoll, sondern in einer sozialen Umwelt mit Verwandtschaft, Besuchern, Nachbarn und sonstigen Mitmenschen.

Herdenschutzhunde aus zweiter Hand

Diese enge Bindung an „seine" Familie und an sein alltägliches Umfeld macht es dem HSH auch schwer, ein Leben im Tierheim zu verbringen oder ein neues Zuhause zu bekommen. Er ist regelrecht entwurzelt, herausgerissen aus seiner Routine und getrennt von seinen gewohnten Bindungspartnern. So flexibel sich diese Hunde innerhalb ihrer Routinen zeigen, so unflexibel sind sie außerhalb dieser. Diese Tatsache sollte sich jeder HSH-Besitzer deutlich vor Augen führen. Dies ist auch ein Grund, warum meist erwachsene Herdenschutzhunde schwierig zu vermitteln sind und nur in erfahrene Hände abgegeben werden können. Häufig ist festzustellen, dass bei Übernahme durch unerfahrene Hundefreunde die ersten acht bis zwölf Wochen relativ unproblematisch verlaufen, dann jedoch massive Probleme auftreten. Der Hund hat im neuen Umfeld Fuß gefasst und versucht eventuell das Zepter zu übernehmen, womit der darauf nicht vorbereitete und mit den Verhaltenstendenzen nicht vertraute Neubesitzer überfordert ist. Somit ist frühzeitig die erträumte Mensch-Hund-Beziehung zum Scheitern verurteilt.

Castro Laboreiro Rüde mit Hirtenfrau. Die Hirtenfrauen tragen immer schwarz, weil sie sich als „Alltags-Witwen" betrachten. Ihre Männer sind das ganze Jahr über fort, arbeiten teilweise sogar in anderen Ländern. So leben die Frauen wie Witwen allein.

1 **Am Anfang besteht noch Skepsis vor diesem seltsamen Gefährt.**

2 **Doch schon bald wird Busfahren zur Routine.**

3 **Gut sozialisiert, zeigen Hunde stoische Gelassenheit in Alltagssituationen.**

„Aristokratische" Distanz

Herdenschutzhunde und ihre Welpen unterliegen ganz klar dem „Kindchenschema". Als junge Hunde vermitteln sie den Eindruck von lebenden Teddybären und sprechen somit häufig Kaufinteressenten an, die um die Wesensart eines Herdenschutzhundes gar nichts oder nur wenig wissen. Erwachsene Tiere vermitteln vielfach noch immer diesen Eindruck und verleiten so genannte „Hundefreunde" zu spontaner Kontaktaufnahme („Oh, wie niedlich! Ein großer Kuschelbär!"), was dem Herdenschutzhund in der Regel überhaupt nicht gefällt (man erinnere sich an die Reserviertheit und Vorsicht fremden Personen gegenüber!). Reagiert der Hund nun mit dem Versuch, dieser Begegnung auszuweichen, so wird vorschnell gefolgert „Der Hund hat Angst, ist wesensschwach". Zeigt er seinen Unmut über diese „Attacke" des vermeintlichen Hundefreundes, so heißt es „Der Hund ist aggressiv!" Das eine kann ebenso möglich sein wie das andere - aber meist ist es einfach so, dass der Hund seinem eigentlichen Wesen entsprechend reagiert! Herdenschutzhunde wollen in Ruhe gelassen werden und über das „Ja" oder „Nein" einer Kontaktaufnahme selber entscheiden – sie leben und lieben eine „aristokratische Distanziertheit", wie ich es einmal ausdrücken möchte.

Umgang mit dem Herdenschutzhund im Alltag

All das kann nur berücksichtigen, wer den Herdenschutzhund, seinen Ursprung und die seiner Historie gemäßen Reaktionen kennt und erkennt.

Für den Umgang mit einem HSH im Alltag bedeutet dies, dass man ihn von „Kinderbeinen" an mit vielen Situationen, Personen sowie Alltagsgegebenheiten vertraut machen muss, damit er sich an Berührungen und Konfrontationen gewöhnen und diese gelassen hinnehmen kann und damit es gelingt, seine eigenen Distanzgrenzen auszuweiten. Dies ist z. B. bei Ausstellungen nötig, aber auch beim Tierarztbesuch, beim Gang durch dichtbevölkerte Städte, beim Restaurantbesuch oder auch beim Training in der Hundegruppe. Dennoch bleibt ein Rest dieses Anspruchs beim HSH immer bestehen und kann sich in unterschiedlichsten Situationen bemerkbar machen.

Annäherung unter Einhaltung der Individualdistanz (Mastin Español „Koqueta de la Majada" und Do Khyi Rüde „Emir von Issum").

Bedeutung und Auswirkung für den HSH und seinen Besitzer

Es ist die Distanz, die der Hund zu sich selbst und/oder seinen Lebewesen, seinem zu schützenden Hab und Gut beansprucht und deren Unterschreitung Abwehrmaßnahmen des Hundes nach sich zieht (ziehen kann). Solange die Individualdistanz eingehalten wird, verhält sich der Hund eher ruhig, fast teilnahmslos. Er beobachtet genau und bewertet, ab wann seine Reaktion (seiner Meinung nach!) erforderlich ist. Unterschreitung der angezeigten Individualdistanz zieht massives Drohverhalten nach sich und ermöglicht in letzter Konsequenz auch einen Angriff.

Doch sollte man nie die enorme Feinsinnigkeit der Herdenschutzhunde unterschätzen, ihre regelrechten Antennen für „Gut" und „Böse", „Gefahr" und „Unbedenklichkeit", auch danach richtet sich ihr Verhalten aus.

Denken wir wieder an Alltagssituationen: Wie leicht kommt es vor, dass Ihnen jemand begegnet, der freudestrahlend mit ausgestreckter Hand auf Sie zusteuert, um Sie zu begrüßen. Die Individualdistanz wird unterschritten (in den Augen des Hundes), doch verhält sich der Mensch neutral bis erfreut (was der Hund entsprechend registriert). Stellen wir uns die gleiche Situation vor, doch mit einem fremden Menschen und einem Hundebesitzer, der sich bei der Konfrontation erschreckt oder dem diese aus welchem Grund auch immer unheimlich ist, so werden wir unter Umständen eine andere, nämlich verteidigungsbereitere Reaktion des Hundes erleben können. Und das alles evtl. in der Dämmerung noch verstärkt, weswegen ich ja bereits auf die Leinensicherung bei Dunkelheit hingewiesen habe. Sicherlich fallen dem Leser zahlreiche weitere Beispiele ein, die in die Thematik der Individualdistanz fallen. Bedenken Sie die diversen Reaktionen Ihres Hundes auch vor diesem Hintergrund!

Kinder und Herdenschutzhunde

Mir wird immer wieder die Frage gestellt, ob diese oder jene Rasse familiengeeigneter ist und wie es sich diesbezüglich mit HSH verhält. Grundsätzlich halte ich keine Rasse, bzw. keinen Hund für grundsätzlich familiengeeignet, bzw. familienungeeignet, wie bereits erwähnt. Jeder Hund, egal welcher Rasse oder welcher Mix, ist ein Individuum. Jedes Individuum trägt einen gewissen Anteil genetischer Veranlagungen, auch in Bezug auf die Höhe oder Tiefe seiner Reizschwelle. Wesentlich aber ist die Tatsache, dass das Individuum Hund, neben ererbten Anlagen, Produkt seiner milieugebundenen gemachten Umwelterfahrungen ist! Ein gut, sprich sorgfältig und umsichtig auf Mensch und Tier sozialisierter und geprägter Hund wird entsprechend eher ein umwelt- und sozialfreundlicheres Verhalten an den Tag legen als ein Hund, der diverse schlechte Erfahrungen machen musste.

Dennoch muss gesagt werden, dass es bestimmte Hundetypen gibt, die aufgrund ihrer Historie und ihres bisherigen Lebens schwer in den normalen Hausstand zu integrieren sind, bzw. besser auch gar nicht zu integrieren versucht werden sollten. Hierzu gehören sicherlich Hunde aus reinen Arbeitslinien, deren Sozialisierung – wie wir im vorangegangenen Text gesehen haben – im krassen Gegensatz zur Sozialisierung des Familienhundes steht.

Hierarchie zwischen Kind und Hund

Im günstigsten Fall bilden Kinder und Hunde eine Einheit, von welcher beide Seiten gleichermaßen profitieren. Doch für ein reibungsloses Funktionieren dieser Gemeinschaft sind einige Punkte von entscheidender Wichtigkeit.

Auch wenn der Hund seine Stellung im Rudel deutlich zugewiesen bekommen hat, so gibt es viele Hunde, die ein Kind zwar als gleichwertigen Rudelgenossen akzeptieren, jedoch nicht bereit sind, von diesem Befehle anzunehmen. Ist das Kind noch relativ klein, so sollte dies entsprechend berücksichtigt werden. Ab ungefähr Teenie-Alter kann aber auch das Kind seine Stellung demonstrieren, ohne jedoch den Hund als reinen „Befehlsempfänger" zu behandeln.

Zur Verdeutlichung des Status des Kindes gegenüber dem Hund hat sich die Fütterung aus Kinderhand als hilfreich erwiesen. Dies jedoch natürlich unter Aufsicht des Erwachsenen und unter genauer Abschätzung des Verhaltens des Hundes. Über diese Fütterungsmaßnahme wird dem Hund eine existenzielle Abhängigkeit deutlich gemacht, die das Kind dem Hund gegenüber als wichtig und beachtenswert darstellt. Außerdem verbindet der Hund auf diese Weise positive Erlebnisse mit dem Kind, vor allem dann, wenn es auch mal ein besonders gutes Bröckchen zu ergattern gibt!

Wer bist du denn? Slovenský Čuvač Rüde „Samo z Puclic" und Janine auf Tuchfühlung.

Eigene und fremde Kinder – ein nicht zu unterschätzender Unterschied

Kommt ein Welpe ins Haus, so ist es in der Regel nicht sehr schwierig, hier die erforderliche Integration aufzubauen. Meist muss mehr auf das Verhalten des Kindes geachtet werden als auf das Verhalten des Hundes. Kinder gehen häufig völlig offen, unbefangen und vorbehaltlos auf Hunde zu – eine Tatsache, die das gute Miteinander in den meisten Fällen begründet. Da speziell kleine Kinder jedoch zu unkontrollierten Bewegungen neigen, können sich hieraus manchmal doch Gefahrensituationen ergeben. Grundsätzlich gilt, dass der Hund und das (kleine) Kind niemals unbeaufsichtigt allein gelassen werden sollten, selbst wenn man sich des Verhaltens seines Hundes ziemlich sicher wähnt. Und stets berücksichtigt werden muss, dass das Verhalten des Hundes gegenüber dem eigenen Kind durchaus zum Verhalten des Hundes gegenüber fremden Kindern variieren kann.

Obwohl bemerkenswert ist, dass HSH fremden Kindern gegenüber deutlich toleranter sind als Erwachsenen oder Artgenossen gegenüber, muss der Hund unter Kontrolle lernen und erfahren, dass auch die Besucherkinder willkommen sind und sich im Haus bewegen dürfen. Da die HSH eigentlich alle eher ruhigere Vertreter sind und Hektik ihnen nicht gerade sehr gefällt, stellen Kinder mit ihren lauten, wüsten und aktionsreichen Spielen oft eine harte Herausforderung an das Nervenkostüm des Hundes dar. Doch macht

Pranken größer als eine Kinderhand, dennoch fast zärtlich im Umgang miteinander: Zentralasiat „Langar“ und Rhea.

Gegenseitige Faszination: Mastin Español „Almendra Protector del Rebaño“ mit einem spanischen Jungen.

sich auch hier die eingangs beschriebene Anpassungsfähigkeit bezahlt: Lernt der Hund die kindliche Hektik kennen, so nimmt er sie in sein Erfahrungsrepertoire auf.

Der Umgang des Kindes mit dem Hund

Gleichzeitig müssen aber auch Kinder lernen, dass ein Hund ein Lebewesen mit Ansprüchen und Bedürfnissen ist, und es akzeptieren können, wenn der Hund sich zurückzieht und signalisiert, dass er seine Ruhe haben will. In der Slowakei wurde ich Augenzeuge einer Situation, die mir zuerst den Atem stocken ließ: Ein mächtiger HSH-Rüde war angebunden an einem Baum, die Tasche des Besitzers stand mit dabei. Es war unverkennbar, dass der Hund seine Aufgabe der Bewachung zuverlässig erfüllen würde, hielt er doch alles Treiben im Umkreis fest im Auge und reagierte auf Annäherungen mit Drohen und Grollen. Wurde eine imaginäre Grenze unterschritten, in dem Fall waren es ca. 3 Meter, so stand er auf, bellte und drohte massiver. Entfernte sich der potenzielle Taschendieb, so legte sich der Hund wieder hin, hielt weiterhin Wache, war aber ruhig. Plötzlich rollte ein Ball, mit welchem Kinder am Rande des Ausstellungsgeländes spielten, Richtung Hund und blieb ungefähr 2 Meter neben dem Hund liegen. Wie Kinder so sind, sauste auch schon eines von ihnen dem Ball hinterher, lief direkt auf den Hund zu, schnappte sich den Ball und schoss ihn zu den Spielkameraden zurück. Mir blieb das Herz stehen, doch der Hund war nicht einmal aufgestanden! Sicherlich keine ungefährliche Situation, doch ähnliche Begebenheiten werden mir oft erzählt. In diesem Zusammenhang fällt mir auch noch eine Geschichte ein, die mir ein alter Mann einmal erzählt hat: In Regionen, in denen HSH gegen Bären schützen, soll es angeblich durchaus vorkommen, dass die Hunde Bärenjunge zu den Futtertrögen lassen, ohne sie zu verscheuchen, geschweige denn zu attackieren. Vielleicht ein bisschen „Hirten-Latein“, aber vorstellbar wäre es schon!

Abschließend möchte ich kurz auf ein interessantes und beachtenswertes Untersuchungsergebniss zu sprechen kommen, welches Dr. Erik Zimen anlässlich eines Vortrages zum Aggressionsverhalten des Hundes erläutert hat: Er stellte fest, dass nicht kastrierte Rüden mit 66 % prozentual häufiger zu Aggressionen neigen als Hündinnen. Auffallend war, dass gerade männliche Kinder im Alter von 8 – 12 Jahren sehr häufig gebissen werden, was Zimen als statusbezogene Rivalitätskämpfe wertete. Das männliche Tier sieht im heranreifenden Jungen einen Konkurrenten, mit welchem er sich messen will. Nicht unerwähnt bleiben sollte auch die Aussage, dass gerade in den „hoch entwickelten Ländern, besonders in BRD und USA", in Ländern, in denen „Tierschutz hoch entwickelt" und „Naturentfremdung weit fortgeschritten" (Zimen, 2001) ist, am häufigsten gebissen wird. Zimen sieht die Ursachen hierfür in „fehlendem Spiel, fehlenden Grenzen", bei „selbst aggressiven Menschen, Vermenschlichern, Unkundigen, Vernachlässigern" und bezeichnet den Grund als „Phänomen der gleichzeitigen Verpeppelung und Verwahrlosung".

Alleine lassen sollte man Hund und Kleinkind nie! Aber unter Aufsicht verstehen sich Slovenský Čuvač Rüde „Horák Bär vom Wolfshorn" und Riona prächtig.

Aggression

Auch diesem so ungeliebten wie geschundenen Begriff, den wir im Zusammenhang mit unserem treuesten Freund, dem Hund, nicht gerne hören wollen, muss sich gewidmet werden, denn gerade unsere politische „Fachkompetenz“ in Sachen Kynologie hat bezüglich der Herdenschutzhunde für einige fragwürdige Ver(w)irrung gesorgt. Gerd Haucke wird berechtigterweise nicht müde darauf hinzuweisen: „Die Bestie ist der Mensch“. Und wer wollte das ernsthaft in Frage stellen!

Grundsätzlich hat jedes Lebewesen ein gewisses Aggressionspotenzial zur Verfügung, welches je nach Situation, Gemütsverfassung und Charakterhaltung mehr oder weniger zum Ausdruck kommt. In Bezug auf den Menschen gibt es eine Vielzahl von Erklärungen, Umschreibungen und Abstufungen, um Aggression und aggressives Handeln zu werten: Er ist schlecht drauf, gereizt, missmutig, genervt, gestresst usw. Beim Hund wird schnell jegliche Unmutsäußerung mit Aggression gleichgesetzt. Und das ist nicht korrekt! Gansloßer sagt ausdrücklich: „Aggression hat biologischen Sinn und ist keine soziale Auffälligkeit, die grundsätzlich negativ wäre“. Er betont, dass Aggressionsverhalten biologischen Vorgaben folgt, aber auch den Umweltbedingungen unterliegt, außerdem erlernbar und antrainierbar ist. Nach seiner Definition ist „Aggression ein Verhalten, bei welchem unter Anordnung oder Anwendung von Gewalt eigene Interessen durchgesetzt werden“. Das Beutefangverhalten ist ebenso wenig als Aggression zu bezeichnen, wie die Tötung fremden Nachwuchses (Infantizit). Echtes Aggressionsverhalten wird zum Selbstschutz, zur Verteidigung des (eigenen) Nachwuchses und im Wettbewerb um Ressourcen und Privilegien gezeigt.

Wichtig

Gegen den Menschen gerichtete Aggression ist sicherlich immer ein Warnsignal, nicht zu verharmlosen und nicht gutzuheißen, aber Aggression ist nicht gleich Aggression. Derartige Ausschreitungen müssen stets hinterleuchtet werden, bevor der Hund als eindeutig aggressiv und gefährlich eingestuft wird.

Auch ein Hund muss das Recht haben sich gegen Angriff und Misshandlung zu wehren. Auch ein Hund kann über- oder unterfordert sein. Nicht zu unterschätzen ist z. B. auch Aggression aus

Der flinke Hütehund fordert den etwas schwerfälligeren Herdenschutzhund zu einem Laufspiel auf – mit Erfolg!

Schmerz (Kreuzbandriss, HD, OCD, ED, Tumor usw.). Eibl-Eibesfeldt schreibt: „Wir verwenden die Begriffe Aggressionen und aggressives Verhalten als sinnverwandte Worte. Aggression versuchte man auf verschiedene Weise zu definieren. Psychologen definieren den Begriff häufig nach der Intention, zu verletzen oder zu schädigen, und setzen ihn damit gegen nicht beabsichtigte Schädigung oder Schmerzzufügung mit der Intention zu heilen ab. Mit einer solchen Definition wäre bei Tieren nichts anzufangen, da man deren subjektive Intention nie feststellen kann." (1999) Weiter erläutert er: „Die innerartliche Aggression erfüllt verschiedene Funktionen. Tiere grenzen mit ihrer Hilfe Territorien ab. Sie fördert die Bildung exklusiver Verbände, erzwingt als Bestrafung die Erwiderung altruistischen Verhaltens und die Angleichung an die Gruppennorm, selektiert über Rivalenkämpfe die Sieger für die Fortpflanzung und führt zur Bildung von Rangordnungen. (...) Bei vielen Säugern steht die elterliche Aggression im Dienste der Erziehung. Schließlich verteidigen viele Tiere und auch der Mensch ihre Bindung an den Partner gegen Konkurrenz. (...) In erster Linie ist die Aggression ein Mittel, sich im Wettstreit um die Mittel der Lebenserhaltung (Nahrung, Revier) und Fortpflanzung (Geschlechtspartner) durchzusetzen, Besitz (auch Bindungen an den Partner) zu verteidigen und sich einen Existenzspielraum zu sichern. Die Aggression steht als Werkzeughandlung im Dienste sehr verschiedener Aufgaben. Sie wird allgemein instrumental eingesetzt, um Hindernisse zu überwinden, die sich einer zielstrebigen Handlung entgegenstellen, dient aber auch, als Mittel sozialer Exploration, dazu, den sozialen Handlungsspielraum auszutasten (...)." (1999) Oftmals sind es wirklich die Kleinigkeiten, die zu Unstimmigkeiten, Fehleinschätzungen und Missverständnissen führen – wie so schön gesagt wird: Der Teufel steckt im Detail!

Daher möchte ich an dieser Stelle auf einen wichtigen Begriff eingehen – Privilegien.

1 Jegliche Begegnung beinhaltet Kommunikation! Dabei sind Hunde untereinander deutlich „mitteilsamer" als Menschen. Australian Shepherd „Once in a Blue Aquarius' Tobi" und Slovenský Čuvač „Inuit Bär vom Wolfshorn".

2 Podhalaner Hündin „Quanda vom Wogenrain" im ausgelassenen Schnauzenspiel mit einem Artgenossen.

1

2

Ein routinierter „Auto-Hund“ – Slovenský Čuvač Rüde „Samo z Puclic“.

Privilegien

Sicherlich gibt es Unterschiede, welcher Hund wann welche Privilegien genießen darf – oder eben nicht! Aber es muss deutlich festgestellt werden, dass gerade hier, in Bezug auf den Genuss von Privilegien die Weichen für spätere Auffälligkeiten bis hin zu Problemen gelegt werden können. Was hat man sich unter dem Begriff der „Privilegien“ vorzustellen? Als Privilegien in der Hundehaltung werden bestimmte Handlungen, Situationen, Gegebenheiten usw. bezeichnet, die der Hund im täglichen Leben genießen darf. Das kann Ort und Zeitpunkt der Nahrungsaufnahme sein, Ort und Radius des Aufenthalts im Haus, Art und Weise des Verlassens von Haus oder Auto, Art und Weise des Spiels, Art und Weise der Kontaktaufnahme, u.a. Zur Verdeutlichung möchte ich einige Beispiele geben:

Beispiel 1 Der Hund ist es gewohnt, sein Futter in der Küche am gemeinsamen Nahrungsaufnahmeplatz der gesamten Familie einzunehmen. Das geht lange Zeit problemlos vonstatten, bis er eines Tages auf die Idee kommt, die gesamte Küche gegen jeden und jedes zu verteidigen, weil die Küche sein Futterplatz ist! Hier ist das Privileg darin zu sehen, dass der Hund den Futterplatz mit dem Rest der Familie teilt, aus übersteigertem Dominanzverhalten und/oder ungeklärter Rangfolge dieses Privileg aber (negativ besetzt) ausnutzt.

Fazit: Verdeutlichung der Rangstellung und Streichung des Privilegs!

Beispiel 2 Der Hund darf sich im Haus frei bewegen, liegen, wo er mag, alle Räume betreten. Plötzlich beginnt er mit drohender Haltung das gesamte Haus zu verteidigen, verfällt in übersteigertes Bellverhalten, äußert seinen Unmut bei jeglicher menschlicher Bewegung und zeigt Absicht zu Attacken.

Fazit: Verdeutlichung der Rangstellung und Streichung des Privilegs!

Beispiel 3 Der Hund überfällt jeden Besucher gleich an der Tür, drängt nach vorn oder sogar nach draußen (ähnliche Situationen spielen sich beim Öffnen der Autotür oft ab!), ist kaum zu bändigen, wenn es an der Tür klingelt oder Besuchern die Tür geöffnet wird.

Fazit: Verdeutlichung der Rangstellung und Erziehung zum ruhigen „Sitz“ und „Bleib“ im Abstand zur Tür, bis der Befehl aufgehoben wird.

Beispiel 4 Der Hund kommt mit Spielzeug im Maul und fordert zum Spiel, bzw. der Hund kommt und fordert Aufmerksamkeit, Streicheleinheiten. Hierauf grundsätzlich einzugehen bedeutet, dem Hund das Privileg der Kontaktaufnahme zuzubilligen und auf den Hund zu re-agieren, statt zu agieren!

Karakachan Rüde „Perun" mit einem Stopp-Holz vor der Brust.

Fazit: Verdeutlichung der Rangstellung. Der Mensch beginnt das Spiel bzw. die Kontaktaufnahme – und beendet dieses! Besondere Beachtung muss hier auf die beliebten Zerrspiele gelegt werden, welche für den Hund reine Beutefangspiele sind. Den Hund stets als Sieger vom Feld stolzieren zu lassen bedeutet nichts anderes, als sich selbst als Rudelführer unglaubwürdig zu machen, da der Mensch in den Augen des Hundes ja die Beute „verliert", also dem Hund unterlegen und „schwach" ist. Zumindest besteht die Gefahr dieser „Fehlinterpretation" durch den vierbeinigen „Sparring-Partner" und der Mensch tut gut daran, seinen Hund und dessen charakterliche Grundhaltung nüchtern und zutreffend (und ohne emotionale Verschleierung) zu bewerten.

Akbaş Rüde „Sheepfields Can of Aysberk".

Beispiel 5 Der Hund sitzt oder liegt auf Sessel, Sofa oder Bett. Schon das bloße Herannahen des Menschen wird mit einem starren Blick quittiert, jeder weitere Schritt löst vehementeres Verhalten aus: Lefzen blecken, knurren, Zähne fletschen, Drohschnappen usw. Dieser Ruheplatz ist eindeutig in Beschlag genommen und es besteht nicht das geringste Interesse daran, das lauschige Plätzchen mit dem Menschen zu teilen, geschweige denn, es ihm zu überlassen!

Fazit: Verdeutlichung der Rangstellung, Beschneidung des Bewegungsradius und Streichung des Privilegs!

Diese Beispiele könnte man nach Belieben fortsetzen, doch möchte ich auch nochmals ausdrücklich (!) betonen, dass bei geklärter, eindeutiger Stellung des Hundes als subordiniertem Familien-Rudel-Mitglied das Einräumen von Privilegien nicht zwangsläufig ein Problem darstellt! Der Mensch darf auch mal im Spiel die Beute verlieren, der Hund kann voraus laufen und das Haus nach Belieben vor oder hinter dem Menschen betreten und verlassen, er kann menschliche Nähe und „Kuscheleinheiten" auch mal auf dem Sofa genießen und die Aufmerksamkeit bekommen, obwohl er sich gerade als Forderer aufspielt. Gibt es aber Dominanzprobleme und mag ein unklares Ranggefüge ursächlich verantwortlich sein, so muss über das Thema Privilegien gründlich nachgedacht und hier an erster Stelle angesetzt werden.

Territorialität

Allen Herdenschutzhunden ist das eigene Territorium ein ausgesprochen wichtiger Bereich, ein regelrechter „heiliger Raum". Dabei ist der Begriff „Territorium" für sie relativ weitläufig definiert. Die „heimischen Gefilde", das Haus, der Garten, die eigene, zugehörige Familie bilden den Kern des Territoriums. Doch auch die häufig gewählten Spazierwege, öfter frequentierte und daher sehr gut bekann-

Was beim Welpen noch niedlich ist, kann beim erwachsenen Hund störend bis problematisch sein. Was „Hans" aber nicht darf, muss schon „Hänschen" verwehrt werden!

1

2

1 Do Khyi „Amitayus Vaishravana".

2 Akbaş Rüde „Sheepfields Can of Aysberk".

te Plätze und Örtlichkeiten werden recht schnell „okkupiert", was bei täglichen Spaziergängen berücksichtigt werden sollte. Es zeigt sich immer wieder, dass die Hunde auf den bekannten Wegen deutlich anders – im Sinne von massiver – reagieren (können!) als z. B. in fremder Umgebung und auf unbekannten Wegen in unbekannten Regionen. Besitzansprüche werden u. U. auch auf der gewohnten Spielwiese oder dem Hundeschulareal angemeldet!

Dieser Hang zur Territorialität bezieht wie bereits ausgeführt auch das Auto als rollendes Territorium mit ein, aber auch den Wohnwagen, das Reisemobil, ein Zelt, ab dem 2. Tag das Hotelzimmer, die Ferienwohnung usw. Innerhalb dieses Territoriums agieren HSH selbstständiger bis eigenmächtig und entscheiden nach ihrem Gutdünken, was wann wie zu handhaben ist. Auch hier – wie bei fast allen Dingen, Situationen, Begebenheiten und Maßnahmen – sollte bereits der junge HSH durch Gewöhnung und klare Regeln innerhalb seines Territoriums kontrolliert und gelenkt werden. Übertriebenes Schutzverhalten im Garten lässt sich z. B. mit Sichtschutzblenden regulieren, ebenso dämpfen u. U. getönte Autoscheiben einen Verteidigungs-Wüterich im Auto. Wird der Hund in einer Box transportiert, so ließe sich auch der „Vogelbauer-Trick" anwenden, indem nämlich eine luftdurchlässige leichte Decke über die Box gehängt und somit Sicht verhindert wird. Innerhalb der Wohnung mögen bodennahe Fenster oder Glastüren die Wach- und Schutzinstinkte des Hundes übermäßig fordern und fördern, mancher HSH nimmt auch wie selbstverständlich auf einem Stuhl vorm Fenster Platz und blufft bei bester Fernsicht pflichtbewusst die Passanten auf der Strasse an. Diese sind nicht selten amüsiert, denn ein 40 bis 60 kg HSH vermag schon voluminös ein Fenster auszufüllen!

Wichtig

Was zum Territorium gehört, das wird bewacht! Um Wachen und Schützen zu können, bedarf es einer guten Rundum- und Übersicht. Was nicht ins Territorium und zum Rudel gehört, das wird gemeldet (man erinnere sich an die Bellfreudigkeit, die im ersten Teil beschrieben wurde!). Um hier nicht selber nervenkrank zu werden oder einen mehr oder minder ausgeprägten Disput mit den Nachbarn durchleben zu müssen, bedarf es vorausschauender Unterbringung des Hundes und eventueller Maßnahmen wie Sichtschutz, denn Bewachen und Beschützen liegt dem HSH eben im Blut.

Gewohnheiten, Rituale und Routinen

„Der Mensch ist ein Gewohnheitstier", sagt mal wieder ebenso scherzhaft wie zutreffend der Volksmund. Kaum einem ist bewusst, wie sehr derartige Gewohnheiten, aber auch Rituale und Routine, unser Leben bestimmen. Und noch weniger macht man sich bewusst, wie Gewohnheiten und Rituale das Leben unseres Vierbeiners beeinflussen, ja sogar prägen und formen, dabei ist das Thema „Gewohnheiten", „Rituale" und „Routine" gerade in Bezug auf den Herdenschutzhund enorm wichtig!

Doch schon begrifflich stößt man schnell auf Verständnisirritationen. Daher möchte ich zuerst einmal versuchen zu klären, was diese Begriffe eigentlich im „normalen" Sprachgebrauch bedeuten und wie der Zusammenhang zwischen Gewohnheiten, Ritualen und Routine zu sehen und zu verstehen ist.

Schon früh an Nutztiere gewöhnt, reagieren diese Hunde völlig gelassen.

Definition von Begriffen (nach Duden)

„**Gewohnheit** = etwas, was jemand immer wieder tut, ohne darüber nachzudenken; selbstverständlich gewordene Handlung".

Denken wir in diesem Zusammenhang z. B. an den Blick nach links und rechts, bevor wir eine Strasse überqueren. Eine Gewohnheit, die unserer eigenen Sicherheit dient, uns als Kindern beigebracht wurde und heute eigentlich selbstständig und intuitiv abläuft.

„**Ritual** = immer auf die gleiche Art wiederholte Zeremonie. Rituale finden sich in verschiedenen Religionen und religiösen Kulten in Form von wiederholten und dadurch festgelegten Riten, Bräuchen und formelhaften Wendungen. Innerhalb der Zoologie wird das ritualisierte Verhalten als prägendes Verhalten definiert, aus welchem ein Signalzeichen wird."

Greifen wir in diesem Zusammenhang nochmals die Gewohnheit des Grüßens auf und betrachten die Form der Begrüßung einer bekannten Person oder einer Person, der wir uns bekannt machen wollen. In unserem Kulturkreis ist es üblich, dass das Begrüßungsritual einen Handschlag beinhaltet. In anderen Kulturkreisen sehen Begrüßungsrituale durchaus anders aus und eine zum Gruß ausgestreckte Hand kann dort sogar als unhöflich empfunden werden. Und ein Hund, vor allem ein HSH, mag die direkte Konfrontation zur Begrüßung eigentlich überhaupt nicht!

„**Routine** = Fertigkeit, Gewandtheit, Sicherheit, die durch häufige Anwendung oder Ausübung einer Tätigkeit erworben worden ist."

Häufig wird der Begriff der Routine auch abwertend benutzt, wenn es darum geht, die Eintönigkeit und Langweiligkeit einer immer wieder ausgeführten Tätigkeit zu betonen.

Gemeinsame Ausflüge mit Gleichgesinnten können zur lustbetonten Routine werden.

Mit diesen Definitionen lässt sich nun eine Kausalität entwickeln, die aufzuzeigen vermag, dass aus Gewohnheiten und Ritualen Routine entsteht. Dieser Zusammenhang und diese Ableitung ist in Bezug auf den Hund, sein Verhalten, seine „Marotten", aber auch auf eventuell aufgezeigtes Fehlverhalten von immenser Bedeutung! Im Prinzip lässt sich dieses in bestimmten Gewohnheiten und Ritualen verlaufende Leben des Hundes (und letztlich auch des Menschen) als Form von Konditionierung bezeichnen: Bestimmte Handlungsstränge erhalten Signalcharakter, der Hund reagiert adäquat und erlangt Sicherheit. Im negativen Fall führen diese Situationen zu Unsicherheiten und Ängsten, führen zu Stress und eventuellen Verhaltensproblemen. Bei aufgezeigtem Fehlverhalten entschärft sich die Situation oft schon merklich, wenn gewohnte Handlungsstränge verändert werden.

Beispiele aus dem Alltag

Wie wichtig und bestimmend der Begriff der „Routine" für unsere HSH ist, sehen wir in mannigfaltigen Beispielen aus dem Alltag. Zur Verdeutlichung möchte ich zwei Beispiele beschreiben, anhand welcher auch wieder HSH-typisches Verhalten feststellbar ist, welches aber häufig fehlinterpretiert wird.

Beispiel 1 Der Hund erlebt zum ersten Mal einen ausgeprägten Winter mit Schnee in Hülle und Fülle. Dieser neue, merkwürdig feuchtkalte, samtweiche, weiße Bodenbelag wird zwar mit Neugierde und Interesse beäugt, aber zuerst einer äußerst vorsichtigen Prüfung unterzogen. Mit Bedacht wird die Pfote aufgesetzt und Nase wie Maul sind an der eingehenden Prüfung beteiligt. Einmal kennen gelernt, lieben die meisten HSH den Schnee heiß und innig. Bei unseren Winterspaziergängen im Schnee kann es dann aber passieren, dass mitten auf der Wiese, im Vorgarten oder sonst wo am Wegrand ein merkwürdiger Geselle steht, der dort mit seinem Kugelbauch normalerweise nicht steht: ein Schneemann! Verschiedene Hundetypen gehen mit einer solchen Situation verschieden um, und unsere eher skeptisch veranlagten HSH reagieren auf die für sie typische Art und Weise auf diese außerhalb der bisherigen Routine liegende Erscheinung: Die Bewegung wird verlangsamt und das unbekannte Objekt nicht aus den Augen gelassen, ein tiefes, sonores Knurren und eine angespannte Körperhaltung signalisieren Konzentration und Bereitschaft, diesem hier nicht hingehörendem Gebilde und der womöglich von ihm ausgehenden Gefahr mit deutlichem Drohen zu begegnen – man (Hund) weiß ja nie, ob nicht vielleicht im nächsten Augenblick eine Attacke von dem unbekannten Gegenüber zu erwarten ist. Da sich dieser Schneekumpan nicht bewegt und keinerlei Anzeichen einer Aktion festzustellen sind, wird er erst einmal im größeren Bogen umkreist, nach wie vor knurrend, womöglich von leichtem Warnbellen begleitet. Die Kreise werden enger gezogen, doch mit anhaltender Bereitschaft zum Rückzug und massiverem Drohen, wie gesagt, man weiß ja nie. Wurde der vermeintliche Eindringling dann untersucht und ausgiebig inspiziert, letztlich als unbedenklich identifiziert, wird er auch sogleich in das Weltbild des Hundes integriert und damit uninteressant. Nur dumm, dass solche Schneekumpane den Witterungsverhältnissen unterworfen sind und daher ihre Form und Statur verändern! Somit kann dieses Prozedere bei späteren Spaziergängen durchaus wiederholt werden.

Zentralasiat „Ouria".

Beispiel 2 Auf den von ausgiebigen Spaziergängen bekannten Wiesenflächen liegen plötzlich riesige Heuballen. Der gesamte Ablauf vom Registrieren des unbekannten Gebildes bis zur Annäherung und Akzeptanz verläuft analog der Beschreibung „Schneemann". Auch hier wieder der gleiche Hintergrund: Auf bekannten

Geschützt durch ihr dichtes Fell, fühlen sich Herdenschutzhunde auch im Schnee sehr wohl.

Wegen bzw. in bekanntem Terrain begegnet dem Hund etwas oder jemand, was seiner Meinung nach dort so nicht hingehört, weil es nicht der Routine entspricht.

Dieses vorsichtige Annähern und das eventuelle Knurren, Drohen, Bellen liegt in der Natur der Herdenschutzhunde. Wären Schneemann und Heuballen echte, potenzielle Gefahren, so wäre dieses Verhalten die logische und kausal stimmige Reaktion:

- Vorsichtiges Annähern, um die Situation besser einschätzen und bewerten zu können,
- Knurren und Drohen, um Verteidigungsbereitschaft zu signalisieren,
- Bellen, um den Menschen auf die mögliche Gefahr aufmerksam zu machen.

Sinnvoll wäre es nun, dem Hund in Ruhe die Chance zu geben, dieses unbekannte Objekt kennen zu lernen und zu untersuchen. Dabei sollte der Mensch sich dieser vermuteten Gefahrenquelle souverän und unbeeindruckt nähern, ohne viel Aufhebens zu machen und ohne den Hund mit menschlichen Erklärungsansätzen zu überschütten. Als abschließende Handlung zeigt der Herdenschutzhund häufig wieder typisches Verhalten: er markiert in der Nähe des Objektes. Ist ja möglich, dass es aus der Starre erwacht, dann sei es gewarnt!

Vorsichtige Annäherung an Neues

Wie eingangs gesagt: Andere Hundetypen gehen mit derartigen Situationen anders um. Einige registrieren womöglich gar keine Veränderung in der Landschaft, andere laufen behände darauf zu. Und der HSH nähert sich vorsichtig und abwägend und zeigt dabei das Verhalten, was ihn seine Arbeitsaufgaben so vortrefflich erfüllen ließ und ihn zu dem befähigte, was er war und ist, nämlich ein exzellenter Beobachter, der sich Unbekanntem vorsichtig nähert und abschätzt, ob Gefahr im Verzug ist oder nicht, und der seinen Menschen warnt und auf Merkwürdigkeiten aufmerksam macht. Dieses Verhalten hat weder etwas mit Angst noch mit Wesensschwäche zu tun, sondern es demonstriert vielmehr die Vorsicht und Behutsamkeit, mit welcher diese Hunde auf nicht Vertrautes reagieren. Dennoch kann sich diese Vorsicht zum Problem ausweiten und bis zur Neurose verfestigen, wenn z. B. Herr oder Frau Hundehalter auf das aufgezeigte Verhalten unangemessen reagieren. Sowohl erklärendes, beruhigendes Zureden als auch die unter Druck erzwungene Kontaktaufnahme stören das arttypische Begegnungsritual. Verbale Zuwendung, auch wenn Mensch meint, er würde dem Vierbeiner doch nur die Situation erklären und ihm sagen, dass alles gar nicht schlimm ist, womöglich engerer Körperkontakt über kurzgefasste Leine oder einen Griff ins Halsband bis hin zum beruhigenden Streicheln und Tätscheln vermitteln dem Hund den Eindruck, dass sein vorsichtiges Verhalten angebracht und angemessen ist und ihm

Jeder Geruch wird kontrolliert und entsprechend beantwortet.

Am Schönsten sind Ausflüge ins Grüne, wo man so richtig toben kann.

zudem auch noch den Menschen bestärkend an die Seite stellt. Der Hund wird dadurch sein Verhalten in Zukunft unter Umständen in diese Richtung noch verstärken, noch vorsichtiger, noch warnender werden, da er erlebt, dass ihm dies Wohlwollen und Zuwendung vom Menschen einbringt und sich lohnt! Eine erzwungene Kontaktaufnahme ohne Rücksicht auf die eigentlich allen Hunden mehr oder weniger typischen Bestandteile eines Begegnungsrituals wie z. B. Verlangsamung und Bogenschlagen erzeugt zusätzliches Unbehagen in der Situation, Stress und Unsicherheit bis Angst. Festigen sich diese Eindrücke, so reagiert der Hund unter Umständen pathologisch neurotisch auf alle neuen Eindrücke!

Routinen bestimmen den Tag

Ein bestimmtes Paar Schuhe wird angezogen, eine bestimmte Jacke vom Haken genommen, und unser Fellkumpel weiß sofort, dass der gemeinsame Spaziergang folgt. Ein anderes Paar Schuhe, ein anderes Kleidungsstück, und seine einzige Regung besteht in dem uns beobachtend verfolgenden Kullern der Augen.

Meine Hunde sind es gewohnt, ihren Tag nach dem Morgenspaziergang mit einem Frühstück in Form eines Leberwurstbrotes zu beginnen. Mit schöner Regelmäßigkeit gruppieren sie sich nach unserer Heimkehr vor der Arbeitsplatte in der Küche, um der Zeremonie des Brote-Schmierens geduldig beizuwohnen und in der Reihenfolge ihres Alters ihr Brot in Empfang zu nehmen. Die „Beute“ wird dann auf den jeweiligen Stammplatz getragen – und die Hunde sind für den Rest des Vormittages nicht mehr zu sehen, da „ihr“ Programm vorläufig beendet ist.

Auch Hunde lernen durch Beobachtung! (Kaukase „Schacki“)

Die innere Uhr unserer Hunde

Manche Hundebesitzer sind der Meinung, dass ihr vierbeiniger Mitbewohner mit überragender Intelligenz gesegnet sei, da er die Uhr lesen kann. Zu bestimmter Zeit, zu welcher entweder die Kinder von der Schule heimkommen oder das Herrchen seinen Arbeitstag beendet und in das heimische Revier zurückkehrt, verharrt der Hund wartend an der Haustür oder vor dem Fenster mit erwartungsvollem Blick auf die Straße. Dieses Verhalten mag weniger in der Fähigkeit des Uhrlesen-Könnens begründet liegen als in der ständig gleich oder ähnlich verlaufenden Vorbereitung der Hausfrau und Mutter, welche die Töpfe auf den Herd schiebt, um für die Kinder und/oder den Mann das Essen zu richten, die Kaffeemaschine aktiviert oder sonstige Signale aussendet, die die nahende Ankunft weiterer Familienmitglieder ankündigt. Und der Hund reagiert mit erwartungsvoller Vorfreude, umso mehr, wenn er gewohnt ist, dass das heimkehrende Familienmitglied ihm zur Begrüßung ein Leckerchen zusteckt, ein Begrüßungsspiel initiiert oder einen Spaziergang startet.

Sehr bezeichnend auch das Verhalten vieler Hunde, wenn eine Reise bevorsteht! Meine Hunde, die es durchaus gewohnt sind, dass ihr Frauchen viel „auf Achse“ ist, wissen sehr wohl zu unterscheiden, ob ich eine „normale“ Tasche packe oder womöglich eine Reisetasche, einen Koffer oder Rucksack. Bei letzteren Gepäckstücken beugen sie einem möglichen Vergessen-Werden dadurch vor, dass sie sich quer vor die Ausgangstür legen und geduldig warten, bis das

Auto nicht nur mit den Gepäckstücken beladen wurde, sondern auch sie einsteigen dürfen.

Und kennen Sie den Joghurtbecher-Hund? Kurz beschrieben: Kühlschranktür auf, Joghurtbecher raus, Joghurtbecher geöffnet = Hund steht freudestrahlend parat! Dies funktioniert in der Regel bei allen Hunden, die es gewohnt sind, den Joghurtbecher auslecken zu dürfen!

Derartige Begebenheiten lassen sich beliebig fortsetzen und jeder Hundebesitzer wird hier leicht eigene Erfahrungen und Beobachtungen anfügen können.

Und manchmal wundern sie sich über das, was sie sehen – vor allem, wenn sie ihren Menschen betrachten! (Kaukase „Báró Dákó von den Kumutschen").

Lernen durch Verhaltensbeobachtung

Der Hund hat durch intensive Beobachtung unserer Verhaltensweisen gelernt, welche Folgehandlungen zu erwarten sind. Wir senden Signale, der Hund empfängt diese und wertet sie aus!

Dabei selektiert er nach

- Signalen, die ihm einen Vorteil im weitesten Sinne bringen (Futter, Spiel, Spaziergang, soziale Kontakte usw.),
- Signalen, die für ihn neutral besetzt sind (z. B. der Griff zur Aktentasche und das Verlassen des Hauses, wenn der Arbeitstag begonnen und der Hund zu Hause gelassen wird),
- Signalen, die ihn ängstigen, verunsichern, ihm bedrohlich erscheinen (z. B. der Gang zum Tierarzt oder in den Hundesalon, evtl. Fahrten mit dem Auto, das Zurückgelassenwerden bei Hunden mit Verlust- und Verlassenheitsängsten).

Eigentlich klingt das alles ganz einfach – ist es aber nicht! Denn teilweise vermischen sich Signale und Reaktionen, wodurch wieder ganz neue ritualisierte Verhaltensweisen entstehen, die häufig nicht im Sinne des Hundebesitzers sind, aber logische Konsequenz des wechselseitigen Verhaltens von Hund und Mensch.

Wie oft wird der tägliche Spaziergang zum Spießrutenlauf, nur weil man davon ausgeht, den einen oder anderen bestimmten Vierbeiner zu treffen, mit dem es in der Regel „Stress" gibt?! Und mit einem HSH an der Seite kann das durchaus leicht passieren, da der stets gleich gewählte Weg dazu führt, dass der HSH diesen Weg in sein Territorium integriert und somit als sein Gebiet wertet und entsprechend reagiert! Ich glaube, ich wies bereits darauf hin, dass ein HSH tendenziell sehr territorial veranlagt ist?! Schon mal über einen anderen Weg oder eine andere Uhrzeit für den Hundespaziergang nachgedacht?

Hunde lernen ihr Verhalten an erlebte Reaktionen der Umwelt anzupassen! Dessen sollte sich der Mensch bewusst sein. Selbst aggressives Gebaren ist häufig nicht mehr als erlerntes (und ritualisiertes) Verhalten auf bestimmte Situationen, wobei Gansloßer ganz klar sagt, dass nicht das aggressive Verhalten an sich erlernt wird, sondern die „Konsequenz aus aggressivem Verhalten"!

Aufstellen und Einhalten von Regeln

Jeder Hundebesitzer sollte sich von vornherein darüber klar sein, was sein Hund darf und was nicht, was er können – im Sinne von aushalten – sollte, welche Alltagssituationen im Laufe eines Hundelebens eintreten können, die es zu meistern gilt. Und all dies muss geübt werden, muss über ständiges Wiederholen und durch ritualisiertes Verhalten zur Routine werden, um den Hund dazu zu befähigen, das zu sein, was wir erwarten und was ihn zu einem alltagstauglichen, umweltverträglichen und sicheren Hund macht.

„Jung getan, alt gewohnt" – das gilt auch und besonders für den Hund, und zwar in positiver wie in negativer Hinsicht. Vorsicht vor den gut eingeübten, gewohnten und ritualisierten Marotten, die der Besitzer so vielleicht eigentlich gar nicht haben wollte! Nicht nur dem Menschen sind angestammte Gewohnheiten lieb und heilig, auch unser Hund ist ungern bereit, einen einmal erreichten Status einfach wieder aufzugeben.

Wie einfach wäre es, den am Tisch bettelnden Hund zu frustrieren, indem man mit der Gewohnheit des Zusteckens bricht und darauf achtet, dass eben nichts „aus Versehen" herunterfällt. Und wenn es der Hund gewohnt ist, mit Herrchen auf der Couch den Freitagskrimi anschauen zu dürfen, dann darf man sich nicht wundern, wenn der Hund dies Verhalten auch an anderen Wochentagen zeigt und dies Privileg im Zweifelsfall vehement verteidigt.

Aufmerksamkeit gehört zur Arbeitstugend eines Herdenschutzhundes (Zentralasiat „Yasmina").

Herdenschutzhunde und Briefträger

Bei vielen (Herdenschutz-)Hunden ist ein aufbrausendes Verhalten zu erleben, wenn der Briefträger kommt. Wagt es doch tatsächlich jemand, sich unaufgefordert dem heimischen Territorium zu nähern! Hier hat der Hund mit seinem Verhalten ja sogar noch den „Sieg" zu verzeichnen, dass der Briefträger eben auch wieder schnell das Territorium verlässt, also vom Hund erfolgreich „vertrieben" wurde. Briefträger kommt, Hund bellt, Briefträger geht, Hund hat ihn „in die Flucht geschlagen". Der Hund hat sein Erfolgserlebnis – und das Tag für Tag! Auch dies ein ritualisiertes Verhalten!

In Zeiten, wo über verschiedenste Hundeerziehungsphilosophien debattiert wird, wo jeder Erziehungsstil seine (käuflich zu erwerbenden und mit Warenschutzzeichen versehenen!) Hilfsmittel propagiert, kann ich bei Sichtung solcher Abläufe nur sagen: „Wozu brauchen Sie ein Motivationsobjekt, wenn Sie doch einen Briefträger haben?" Ich hoffe, Sie, verehrter Leser, verstehen diese Zeilen nicht wörtlich und der sarkastisch-provokante Unterton schwingt zwischen den Zeilen spürbar mit.

Die Lösung: Veränderung des Rituals, z. B. Anbringung des Briefkastens vor dem „Kern-Territorium" (was dem Briefträger Weg erspart) und/oder dem Hund den Sturm auf die Tür unmöglich machen.

Diesem Blick entgeht nichts! Podhalaner Hündin Kessy (Quanda vom Wogenrain).

Der Mensch im Dienste des Hundes

Der Hund versteht es vortrefflich, über ritualisiertes Verhalten den Menschen zu seinem Sklaven zu machen! Kennen Sie vielleicht auch den Menschen, der als Türöffner im Dienste des Hundes steht? Hund hat gelernt, dass er bestimmte Anzeichen geben muss, damit ihm die Tür zum Garten geöffnet wird. Mensch reagiert freudestrahlend darauf, da Hundi ja gelernt hat, sein natürliches Bedürfnis anzuzeigen und im Garten zu verrichten. Hund hat aber gleichzeitig gelernt, dass auf sein Signal hin die Tür geöffnet wird, er in den Garten kann, dort mal kurz wild kläffend seine Runden dreht und dann zufrieden wieder ins Haus kommt. 10 Minuten später gleiches Ritual, auf welches der Mensch dann auch wieder und wieder eingeht, denn es könnte ja sein, dass Hund mal muss – selbst wenn er vorher schon zwanzigmal draußen war! Es soll Menschen geben, die selbst im Winter deshalb die Tür einfach geöffnet lassen, es könnte ja sein, dass der Hund einmal hinaus muss.

Wichtig

Für Auslastung sorgen, Rituale ändern, die Entstehung von ritualisierten Verhaltensweisen verhindern, dem Hund Grenzen und Schranken setzen oder ihm alternative Gewohnheiten bieten, aus welchen er eine akzeptierbare oder erwünschte Routine bilden kann, das wäre der Schlüssel zur Problemvermeidung.

Über ein Kopfhalfter (Halti) lässt sich ein großer, kräftiger Hund leicht und sicher führen. Wichtig ist, dass das Halti gut sitzt, dem Hund positiv antrainiert wurde und der Mensch damit umzugehen weiß.

Stimmungsübertragung

Was durchaus auch mit in die Thematik der Routine gehört, sind Auswirkungen der Stimmungsübertragung vom Menschen auf den Hund, und das ist gerade bei unseren extrem feinfühligen, mit 1000 Antennen ausstaffierten HSH zu beachten! Viele Situationen und/oder Personen, die dem Menschen nicht gefallen, lösen auch beim Hund Argwohn oder Ablehnung aus. Das Grummeln im Magen beim Anblick oder auch nur dem Geruch gewisser Personen hat auch Auswirkungen auf den Hund, der mit seinen enormen Sinnesleistungen und der extremen Beobachtungsgabe die feinsten Muskelanspannungen und Gemütsregungen des Menschen mitbekommt – und bewertet! Gern und schnell erklärt er sich mit seinem Menschen solidarisch, wenn es darum geht zu demonstrieren, dass man den oder die Menschen „nicht riechen kann" oder „zum Fressen gern" hat. Drum erforsche der Mensch sein eigenes Verhalten, wenn ihn das Verhalten seines Hundes irritiert, verwundert, ärgert oder stört.

Dieses Thema ist so umfassend wie unerschöpflich! Letztlich geht es immer wieder darum, dass der Mensch sich bewusst machen muss, in welchen Verhaltensabläufen, welcher Routine er mit seinem Hund lebt und welches Fazit der Hund aus welchem Ritual ziehen kann oder muss. Hierbei sind auch die Rituale des Lobens, was meist viel zu wenig oder zu unpassender Zeit erfolgt, und des „Strafens", oft falsch oder hundeunverständlich angewandt, mit zu berücksichtigen.

Wer aus falsch gelenkten Gewohnheiten und vermenschlichten Reaktionen auf bestimmtes Hundeverhalten hin Routine entstehen lässt, der legt ebenfalls den Grundstein zu Fehlverhalten und Auffälligkeiten des Hundes.

Die Mensch-Hund-Beziehung

Ich wage zu behaupten, dass rund 90 % der anzutreffenden Probleme in der Mensch-Hund-Beziehung darin begründet liegen, dass der Mensch seinen Hund nicht als Hund sieht, sondern als besondere Form von Mensch. Dementsprechend behandelt er den Hund aus seinem menschlichen Verständnis heraus, diskutiert mit ihm wie mit einem menschlichen Gegenüber und erwartet das (und noch mehr), was er in der menschlichen Gesellschaft vielfach schmerzlichst vermisst: Liebe, Verständnis, Treue, Aufmerksamkeit und Dankbarkeit, um nur einiges zu nennen. Menschliche Bedürfnisse werden zur Messlatte für die Bedürfnisse des Hundes, menschliche Werte bilden die ethische Grundlage des Zusammenlebens und der Definition von Gut und Böse, menschliches Kommunikationsverhalten wird vom Hund zumindest verstehend erwartet und das fehlende menschliche Sprachvermögen des Hundes wird gewertet, als hätte Mensch es mit einem Stummen zu tun. Für menschliche Unzulänglichkeiten hat der Hund als Kompensator zu dienen und menschliche Gefühlsausbrüche hat der Hund zu dulden und wie ein Ventil zu regulieren. Dass das nicht gut gehen kann, liegt zwar auf der sprichwörtlichen Hand, aber selten genug im Verständnisbereich des Menschen!

Der Hund wird vermenschlicht, zu Tode geliebt, für menschliche Eitelkeiten missbraucht (man denke nur an den gemästeten Kangal, der einen Rekord für das Guinessbuch einbringen soll, wenn er nicht vorher platzt!). Da dieses (leidvolle!) Thema ausreichend Stoff für ein eigenständiges Buchmanuskript hergeben würde, möchte ich mich hier nur auf einige wesentliche Dinge beschränken, die ein Verständnis für den Hund, seine Bedürfnisse und Verhaltensweisen wecken sollen. Vor vielen Jahrzehnten beschäftigten sich Wissenschaftler bereits mit der Psyche des Hundes und es muss keinesfalls heute, Anfang des 3. Jahrtausends, das Rad neu erfunden werden. 1936 veröffentlichte der Verlag Paul Schöps, Leipzig, die Broschüre „Zur Psychologie der Caniden: Wolf – Hund – Fuchs". Im Vorwort des Verfassers Prof. Dr. Bastian Schmid heißt es: „Es handelt sich hier um das Seelenleben von Jung- wie Alttieren, um psychische Entwicklungsvorgänge sowohl als auch um urseelische Erscheinungen in Form von Trieben und Instinkten, um Gewohnheiten und Charakter dieser Tiere, um deren Spiele, Sprache und sonstige Ausdrucksformen, um die Psychologie bekannter und unbekannter Sinnesleistungen und endlich um den hundlichen Verstand". Das war 1936!

„Beobachten wir nun Vertreter einer Tierart, deren Verhalten wir nicht aus Erfahrung genau kennen, so meinen wir auch manchmal Vorgänge zu begreifen, weil wir unbewusst Ausdrucksweisen, die denen des Menschen ähnlich sind, so deuten, als wären es menschliche. Wie sehr man sich freilich durch solche Vermenschlichung täuschen kann, beweist vielfältige Erfahrung." (Brunner, 1974)

Auch für unsichere Hunde – aber auch unsichere Menschen (man erinnere sich der Sache mit der Stimmungsübertragung!) – kann sich ein Halti als Selbstvertrauen stärkendes Hilfsmittel erweisen.

Wichtig

Der Hund ist nicht der bessere Mensch! Der Hund ist ein Hund – und er bleibt ein Hund. Er braucht Führung und Anleitung, Grenzen und Regeln, soziale Interaktion und einen klar definierten Status – aber er braucht keinen zweibeinigen Diktator!

Der Hund ist auf seinen Sozialpartner Mensch angewiesen und benötigt Anleitung und klare Regeln (Zentralasiat „Nouri").

Der Hund – ein soziales Rudeltier

Der Hund ist ein soziales Rudelwesen, das heißt, er braucht ein stabiles soziales Lebensgefüge, in welches er eingebettet ist, von welchem er Teil ist und an welchem er Anteil hat. Die Rolle des Sozialpartners übernimmt weitestgehend der Mensch, der für den Hund zuerst nichts anderes als ein zweibeiniger Artgenosse ist. Dieser Funktion ist sich der Mensch häufig zu wenig bewusst.

Im Vergleich zum Stammvater Wolf bleibt der Hund in seiner Entwicklung auf dem Stand eines juvenilen Wolfes stecken, was sich u.a. darin zeigt, dass auch der alte Hund unter Umständen noch gern und ausgiebig spielt und isolierte Einzelsequenzen bestimmter Handlungsstränge zeigt. Wäre dieser jugendliche „Wolf-Hund" in ein innerartliches Rudel integriert, so wäre er bereits von klein auf in feste Regeln und Hierarchien der Rangordnung hineingewachsen. Eibl-Eibesfeldt unterscheidet in seinem „Grundriss der vergleichenden Verhaltensforschung" die auf Aggression und Kampfesauseinandersetzung beruhende Dominanzbeziehung und das Führungsverhältnis. Er beschreibt anschaulich, dass die Rangstufe eines Welpen und Jungtieres stets niedrig und untergeordnet und das Verhältnis zu den Alttieren eine Führungsbeziehung ist. Eine reine Dominanzbeziehung sieht er nur bei niederen Tieren, wohingegen bei höheren Säugern (wie auch beim Menschen) eine Führungsbeziehung anzutreffen ist. Bloch folgt dieser Argumentation und beschreibt das in seinen Beobachtungen an frei lebenden Wölfen immer wieder festgestellte Beziehungsgeflecht von Wolfseltern und -kindern ausführlich in seinem 2002 erschienenen Buch „Timberwolf Yukon und Co" und in „Der Wolf im Hundepelz" (2004), sowie in seinen aktuellen Vorträgen.

Diese Führungsposition, die den Status des Ranghohen bedingt, zeichnet sich durch die „Fähigkeit, Streit zu schlichten, Schwache zu schützen, Feinde abzuweisen, die Initiative zu ergreifen und Aktivitäten organisieren zu können (aus) (...). Diese Leistungen setzen neben Durchsetzungsvermögen Intelligenz und Erfahrung voraus. Ranghohe sind daher zumeist auch ältere Tiere." (Eibl-Eibesfeldt, 1967)

Dr. Renate Jones sagt zu diesem Thema: „Die Vorrechte der Ranghöchsten – der Eltern – werden von den untergeordneten Tieren – den Kindern – akzeptiert und respektiert. (...) Das ist auch nicht erstaunlich. So wird es von Anfang an im täglichen Umgang miteinander eingeübt. Die Elterntiere treffen alle Entscheidungen. Sie sind für die Befriedigung aller Bedürfnisse ihrer Welpen verantwortlich. (...) So entwickelt sich eine stabile Rangordnung, die durch übersichtliche Regeln für Klarheit im Umgang miteinander sorgt." (Jones, 2003) Wichtig auch in diesem Zusammenhang der von Gansloßer propagierte Hinweis, dass Dominanz keine Eigenschaft, sondern eine Beziehung zwischen zwei (oder mehr) Individuen ist!

Das Zentral-Positions-System

Günther Bloch und seine Frau Karin haben in jahrzehntelanger Feldforschungsarbeit freilebende Wölfe in Kanada und den USA beobachtet und konnten feststellen, dass „die alte Mär vom alles dominierenden Alphawolf“ schleunigst und deutlich zu revidieren ist. Hinsichtlich des Führungs- und Markierungsverhaltens der kanadischen Timberwölfe und unter Berücksichtigung der beobachteten Wolf-Familien-Hierarchie kamen Blochs zu erstaunlichen Ergebnissen. Ein wesentlicher Punkt ist hierbei das „Zentral-Positions-System“, welches deutlich belegt, dass eben nicht das ranghohe Leittier ständig dem Rudel voranschreitet, sondern einfach souverän seines Weges geht und den rangniederen Tieren regelrecht die Wahl lässt, ihm zu folgen oder nicht. Speziell in Gefahrensituationen aber wird das ranghohe Tier in die zentrale Mitte genommen, wohingegen die rangniederen Tiere als Art „Kanonenfutter“ in die vorderste Front geschickt werden. Ein taktisch kluger Schachzug: Käme es zu Beschädigungen oder sogar zum Verlust eines Tieres, so bleibt die Sicherheit des Rudels dann eher gewährleistet, wenn das ranghohe Tier unversehrt bleibt!

Hunde-Eltern disziplinieren situationsangepasst und zeitgenau – und der Welpe versteht!

Exakt diese übersichtlichen und klaren Regeln fehlen vielen unserer Hunde. Und dabei reißen sich die Hunde gar nicht einmal um den Job des Rudelführers, denn dieser bedeutet wesentlich mehr Stress und Arbeit als ein subordiniertes Leben. In vielen Fällen können Menschen ihren Hunden nicht einmal deren Abhängigkeit deutlich machen, statt dessen argumentieren sie wiederum menschlich und geben offen zu: „Was täte ich nur ohne meinen Hund.“ Futter steht zur steten Verfügbarkeit parat; Spaziergänge gibt es streng nach Zeitplan oder wenn Fiffi durch Quengelei und Nerverei dazu auffordert; gespielt wird, wenn der Hund das Spielzeug bringt, und gestreichelt wird, wann immer sich „Chef Hund“ die Ehre gibt und die Streicheleinheiten einfordert. Die mögliche Kehrseite der Medaille: Das parat stehende Futter wird verteidigt und ein An-der-Schüssel-Vorbeigehen schwierig bis unmöglich, das bequeme Ausspannen des Menschen auf dem Sofa ist nur möglich, wenn der Hund es genehmigt, und Besucher haben sich womöglich im Hause gar nicht zu bewegen, da dies die „konzentrischen Kreise“ des Vierbeiners stört! Unglaublich? Übertrieben? Lieber Leser, haben Sie eine Ahnung!

Der Hundehalter sollte sich verstärkt bewusst machen, dass der Hund nichts anderes ist als ein abhängiges, führungsbedürftiges Lebewesen, welches klare Vorgaben und sichere Richtungsweisung braucht. In gewisser Hinsicht ist er wie ein Kind, nur dass ein Kind zu einer Selbstständigkeit erzogen wird, ein Hund aber immer unselbstständig bleiben sollte. Kommt das Kind irgendwann in ein Alter, in dem man mit ihm diskutieren und seine Meinung gelten lassen kann, so sollte der Hund und unsere Beziehung zu ihm ein

Wichtig

Der Hundehalter sollte eine souveräne Persönlichkeit mit Idolcharakter darstellen, die klare Regeln aufstellt und Grenzen aufzeigt, dabei konsequent und vorausschauend handelt und somit Souveränität, Schutz und Zuverlässigkeit verkörpert.

Auch wenn Herdenschutzhunde keine ausgesprochenen Laufhunde sind – ein Spiel unter Freunden wird immer gern angenommen. Doch Vorsicht: Ein Spiel schlägt leicht um und kann zu Meuteaggression und / oder Mobbing führen! Beobachtung der Situation ist wichtig.

derartiges Stadium nicht erreichen. Und so, wie wir uns einem Kind gegenüber altersgemäß und verstandesgemäß verhalten, so sollten wir uns unserem Hund gegenüber hundgemäßer verhalten. Dazu gehört auch, dass wir uns mit seinem Kommunikationsrepertoire auseinandersetzen und seine Verhaltensweisen nach hundlichen Gesichtspunkten interpretieren statt nach menschlichen. Der Hund ist nämlich keinesfalls ein stummer Mensch, sondern ein äußerst lebhaft und ausdrucksstark kommunizierendes Tier. Mimik, Körper und Verhalten geben uns die Antworten, die wir wohl ausformuliert mit menschlichen Worten vermissen. Und dabei „erzählt" er uns manchmal regelrechte Romane und thematisiert, was bei uns und in der Beziehung Mensch-Hund nicht stimmt. Nur leider versteht Mensch nur „Bahnhof", da er kein „Hündisch" spricht!

Die Sprache des Hundes

Auch wenn viele hundliche Gemütsregungen denen des Menschen entsprechen, so bleibt der Hund ein Hund. In der Hundeschule sage ich meinen Kunden gern und oft, dass der Hund ihnen, dem Menschen, sinnbildlich permanent einen Spiegel vorhält: Was Mensch ihm ermöglicht, das tut er. Was Mensch ihm zugesteht, das nutzt er (aus) und manchmal versucht er es auch auszuweiten. Wo Mensch sich inkonsequent verhält, da sucht der Hund sich seinen eigenen Vorteil und reagiert entsprechend. Wo Mensch ihm mit ungebührlicher Härte und Gewalt begegnet, da wehrt er sich.

„Hunde, das haben wir oft mit Erstaunen bemerkt, können die gleichen Eindrücke und Erlebnisse sehr stark empfinden, wie wir Menschen: Sie zeigen Furcht, Ängstlichkeit, Unsicherheit, Eifersucht, Depression, Ausgelassenheit, Liebe und Zufriedenheit. Sie zeigen dies, anders als der Mensch, unverhüllt und ohne einen, wie

Der übermütige Esel geht sprichwörtlich auf's Eis, der lebenslustige, fröhliche Slovenský Čuvač wälzt sich im Gras und „lacht"!

auch immer gearteten, Anspruch damit zu verbinden. (...) Wenn wir die Entwicklung des Welpen bis zum Junghund verfolgen, fällt es uns plötzlich wie Schuppen von den Augen: Wir erkennen ja nicht nur, welche Versäumnisse den gestörten Hund zur Folge haben; wir ahnen, dass das in vielfacher Weise erschreckend verzerrte Bild des modernen Menschen vielleicht auf ähnliche Versäumnisse zurückzuführen ist ...". (Sieber/Aldington, 1984)

Denken wir in diesem Zusammenhang doch einmal an das vielfach zu erlebende Szenario im Wartezimmer des Tierarztes: Hund bibbert, jammert, wimmert, Frauchen/Herrchen streichelt und versucht, dem Hund die Situation zu erklären und ihn verbal zu beruhigen. Nach menschlichem Ermessen verständlich und logisch, doch wie kommt das ganze beim Hund an? Wie versteht und interpretiert

Slovenský Čuvač in der Slowakei, Mitte 1900.

er die Situation und welche Schlüsse zieht er (für sich!) daraus? Er zeigt ängstliches Verhalten und erhält dafür Zuwendung! Fazit kann nur sein, dieses Verhalten beizubehalten, womöglich zu steigern, um den für ihn positiven Effekt „man kümmert sich lieb um mich" zu erzielen. Frauchen/Herrchen sagt verlegen in die Runde lächelnd: „Immer dasselbe beim Tierarzt. Er hat ja solche Angst." Dass diese Angst durch den Menschen und sein stereotypes Verhalten verstärkt und manifestiert wird, das wird selten bedacht. Ähnlich verhält es sich bei anderen Angstauslösern wie Gewitter, Schüssen, Silvesterknallerei u.a. Und überprüfen wir doch einmal unser eigenes Verhalten bei Begegnunssituationen: Haben wir womöglich einen geübten „Stänkerer" an der Leine, so bricht uns bisweilen schon bei Sichtung eines Artgenossen am Horizont der Angstschweiß aus. „Oh Schreck, jetzt geht gleich das Theater wieder los!" Der Hund wird kurz gefasst, womöglich noch mit Ruck und Druck und der Besitzer beginnt die (ebenso übliche) Litanei: „Schön lieb sein. Ist doch nichts und passiert doch nichts!" Der Hund hat den Artgenossen bis dahin noch gar nicht wahrgenommen, reagiert nun aber auf das veränderte Verhalten des Menschen, welches von Souveränität meilenweit entfernt ist. Da der Mensch Unsicherheit und Hilflosigkeit signalisiert, wird der Hund somit in die Pflicht gerufen – und er zeigt sich pflichtbewusst! Anders als es der Mensch wünscht, aber von diesem initiiert!

Wichtig

Hunde haben viele Gemütsregungen, die denen des Menschen ähneln, doch ziehen sie daraus hundliche Schlüsse. Der Mensch muss sich die Auswirkungen und Kausalitäten von Aktionen und Reaktionen, Verhaltensweisen und Handlungssträngen, Gewohnheiten und Ritualen deutlich machen und deren Bewertung vom hundlichen Standpunkt aus betrachten.

Schnauzenkontakte

Zum Kommunikationsrepertoire gehört auch das Kommunizieren mit dem Maul. Nicht jeder Kontakt zwischen Hundemaul und Menschenhaut ist eine aggressive Handlung. Vielfach bedeuten Schnauzenkontakte mit dem Menschen sogar bindungsheischende oder bindungsstärkende Elemente. Dazu gehört auch das vom Menschen oft als unangenehm empfundene Lecken. Zwischen Hunden, aber auch zwischen Hunden und anderen Tieren, gibt es eine Vielzahl von „Schnauzenzärtlichkeiten" (Feddersen-Petersen/Ohl, 1995), die eine hoch soziale Komponente haben. Man denke z. B. an das ausgiebige Lecken der Welpen durch die Mutterhündin, an das gegenseitige Maul- und Körperlecken und Beknabbern der Welpen untereinander oder erwachsenen Tieren gegenüber. Auch zur Beschwichtigung wird Lecken eingesetzt. Meine Hündin Nessie kann sich stundenlang damit beschäftigen, ihrer Tochter Inuit die Ohren und das Maul, ja sogar den Gaumen zu lecken. Und Inuit scheint es nicht nur über sich ergehen zu lassen, sondern zu genießen. Auch in anderen Situationen und Begebenheiten zeigt sich eine sehr starke emotionale Verbindung zwischen Mutter und Tochter.

Wichtig

Der Hundehalter ist verpflichtet, sich mit dem hundlichen Kommunikationsrepertoire auseinanderzusetzen und die „Hundesprache„ wenigstens im Grundkurs zu erlernen. Nicht der Hund darf vermenschlicht werden, sondern der Mensch muss sich „verhundlichen".

Missverständnis

Wenn sich der Mensch mit dem Kommunikationsverhalten beschäftigt, dann sollte er auch das Thema „Wie lernt mein Hund" nicht außer Acht lassen. Manchmal drängt sich mir geradezu der Verdacht auf, dass viele Menschen der Meinung sind, Gehorsam und gutes Benehmen stellten sich beim Hund irgendwie im Laufe der Zeit automatisch ein. Umso größer die Enttäuschung, wenn es letztlich doch nicht so funktioniert, wie man sich das vorgestellt hat. Typenbestimmende Eigenschaften werden häufig unter den Tisch gekehrt, der Hund wird angeschafft, weil er so schön aussieht. Was ihn, seine Rasse, seinen Typ ausmacht, wird nicht oder zu wenig bedacht. Erst gestern fragte mich ein Hundehalter nach Erziehungsmöglichkeiten für seinen Hund. Er habe einen tollen Australian Shepherd von sehr gut arbeitenden Eltern, jetzt fünf Monate alt und sehr lebhaft. Er müsse unbedingt dahingehend erzogen werden, dass er ruhig und still im Hof liegen bleibt! Manchmal fällt es mir schwer, bei solchen Gesprächen höflich zu bleiben!

Da tut Mensch doch alles für das Tier – und dennoch läuft der Hund davon. Da geht man extra zwei Stunden mit ihm spazieren – und dennoch pinkelt er in die Wohnung. Da verzichtet man seinetwegen auf das Tennisturnier und spielt mit dem Hund – und dennoch zerfetzt er den neuen Teppich. Da kauft man ihm das teuerste und beste Markenfutter aus der TV-Werbung – und dennoch klaut er den Kuchen vom Tisch! Nein, wie undankbar ist dieses Hundevieh! Wieder erfolgt die menschliche Interpretation mit der ausschließlichen Fehlersuche beim Hund – wie arrogant ist doch der Mensch!

Schnauzenkontakte während eines ausgelassenen Spiels. Obwohl „viel Zahn" zu sehen ist, liegt nichts Bedrohendes, Gefährliches oder Aggressives in dieser Situation. Podhalaner „Kessy" mit Freundin.

Klare Signale geben

Ungeduld, Drill, Gewalt und vor allem Inkonsequenz haben in der Hundeerziehung grundsätzlich nichts verloren! Viele, wenn nicht die meisten Missverständnisse zwischen Mensch und Hund basieren auf kommunikativen Unzulänglichkeiten, des Nichtverstehens durch den Menschen. Der Hund als äußerst sensibler Beobachter bedient sich seiner non-verbalen Kommunikationstechnik. Seine Mimik und Körpersprache ist derart variantenreich, dass unsere menschliche Sprache geradezu arm im Vergleich dazu ist. Der Hund ist nicht fähig, unsere verbale Diskussionsvorliebe zu verstehen und nachzuvollziehen. Er bedarf klarer Signale, die es gilt, vom Menschen zu erkennen und zu erlernen. Unbeherrschte Reaktionen des Menschen mit Stimmungsausbrüchen (Schreien, Toben, Schimpfen) führen beim Hund zu Unsicherheit, Frustration, Konfliktvermeidung, Verängstigung, evtl. sogar zu Aggression, jedoch nicht zum Erlernen alternativer Verhaltensweisen. Der Mensch muss lernen, eindeutige Weisungen über Körperhaltung, Gestik und Mimik zu vermitteln, um für den Hund eine verständliche Kommunikationsebene zu schaffen.

Im Prinzip gilt das Vorangegangene für jeden Hund, doch umso mehr für unsere Herdenschutzhunde, da diese noch sehr ursprünglich und instinktverwurzelt sind. Sichere, klare Hierarchie, ein souveränes Führungsverhalten vom Menschen, eine umsichtige, umfassende Prägung in der Aufwuchsphase, klare Regeln und Grenzen unter Berücksichtigung seines Arttypus sind das, was der (Herdenschutz-)Hund braucht und was ihn zu einem angenehmen und positiv auffallenden Zeitgenossen und Begleiter macht.

Da denkt der Mensch, er wisse so viel – und eigentlich weiß er so wenig! Da hält sich der Mensch für die Krönung der Schöpfung, dabei setzt er zumeist nur seiner eigenen Unzulänglichkeit (und manchmal auch Dummheit) die Krone auf. Würden wir zurückkehren zu Ehrfurcht und Respekt anderem Leben und der Natur gegenüber, es sähe gewiss sehr vieles anders aus – und bestimmt nicht negativer.

DER GEHORSAME HUND

Ein gehorsamer und gut erzogener Hund fällt nicht vom Himmel. Vielmehr ist er das Resultat einer intensiven Zusammenarbeit von Mensch und Hund, bei welcher es einige Grundsätze vom Menschen zu beachten gibt. Druck, Härte, Krankheit und Stress bilden keine gute Grundlage für das Lernen. Bestätigung positiven Verhaltens, Ignoranz oder gegebenenfalls Korrektur von unerwünschtem Verhalten, Bindung und Konsequenz führen zum Ziel.

Klare Signale, wiederholendes Üben, Geduld und Bestätigung – so führt Erziehung auch beim Herdenschutzhund ans Ziel!

Herdenschutz-hunde in der Kunst

Eine lange Tradition

Langhaariger Estrela in Portugal.

Als aus der Idee zu diesem Buch ein konkretes Projekt wurde, wuchs in mir gleichzeitig der Wunsch, zumindest auf einigen Seiten auch der künstlerischen Wertigkeit dieser Hunde Aufmerksamkeit zu widmen. Ich selber hatte im Verlauf der Jahre schon einiges Schöne rund um die Hirtenhunde und das Hirtenleben sammeln können: Briefmarken und Postkarten, Porzellanmalereien und Holzschnitzereien, aber auch Stickereien und Gemälde zeugen von engem und engsten Kontakt zwischen Mensch und Tier in früheren Zeiten.

Doch fand ich auch Gedichte und Liedtexte, Sprichworte und Redensarten, und all diese Dinge belegen den hohen Stellenwert, den diese Hunde für ihre Besitzer hatten (und haben!), und die Ehrerbietung, mit denen ihnen begegnet wurde und die ihnen gebührt. So möchte auch ich dies nicht ungeachtet lassen und einige Beispiele benennen und darstellen.

Auf meine diversen Fragen nach Motiven und Beispielen zu diesem Thema traf ich auf zwei konträre Auffassungen, die belegen, dass in „einfacheren“ Ländern mit uralten Hirtentraditionen deutlich mehr künstlerische Auseinandersetzung in Wort und Bild anzutreffen ist als in unseren „zivilisierten“ westlichen Ländern. So fragte ich z. B. einen Züchter von Zentralasiaten in Österreich nach Material zu diesem Thema und erhielt zur Antwort, dass es wohl keine historischen Darstellungen von Hirtenhunden gäbe, weil „ein Herdenschutzhund genauso wenig darstellenswert wäre wie eine Beißzange oder ein Maurerhammer“. Es wäre ja nur ein reiner Gebrauchsgegenstand.

Dem gegenüber steht aber die Aussage eines mit HSH-Historie vertrauten Biologen aus Bulgarien, der mir mitteilte, dass es eine Vielzahl von Legenden und Balladen rund um die herdenschützenden Hirtenhunde in seinem Land und in seiner Sprache gäbe.

Do Khyi mit Kekhor, dem Halsband aus rotem Yakhaar, welches anzeigt, dass der Träger kein herrenloser Hund ist. Junge Hunde tragen weiße Kekhors.

Ein bulgarisches Gemälde, welches eine landesübliche Nomaden-Hirten-Szene darstellt.

Künstlerische Darstellungen und Gebrauchskunst

Und wirklich gibt es eine Vielzahl von künstlerischen Darstellungen rund um den großen, mächtigen Hund, der den Schutz der Herden gewährleistete, als Freund und Gesellschafter des Hirten und Feind des Wolfes, des Bären und des Viehdiebs fungierte. Auch gab es eine Art von handwerklicher Gebrauchskunst, die sich z. B. in den kunstvoll geschmiedeten Wehrhalsbändern ausdrückte oder auch in den roten Schmuckhalsbändern aus Yakhaar (Khekhor) der tibetischen Do-Khyi, die sich, so sie eines trugen, damit von herrenlosen Hunden abgrenzten.

Bei ebay tauchte im Jahr 2002 eine Meerschaumpfeife auf, deren Pfeifenkopf und -hals mit einem geschnitzten Hund verziert war. Der Erscheinung nach eindeutig ein Hirtenhund!

Es gibt eine Vielzahl von Briefmarken, die jeweils ihre landeseigenen Hirtenhundrassen, sowohl Hüte- als auch Treibhunde, aber auch die Herdenschutzhunde darstellen. Auch alte Münzen mit Hundedarstellungen sind bekannt.

Eine Meerschaumpfeife mit Hirtenhund-Darstellung, die im Sommer 2002 bei ebay auftauchte.

Eine Auswahl an Briefmarken aus aller Welt mit HSH-Motiven.

1

4

2

5

3

Kleine Auswahl alter, armenischer Münzen, die zur Hacob Mkrtchian Sammlung gehören und in dem Buch „Armenian Monetary Units" abgebildet sind. Die abgebildeten Hunde scheinen Vertreter des HSH-Typus zu sein.

1 Levon I – The Magnificent, 1198 – 1219 n.Chr., Silber, 1/4 Unze (ca. 7 gr.)

2 Levon I – The Magnificent, 1198 – 1219 n.Chr., Silber, 1/8 Unze (ca. 3,5 gr.)

3 Oshin, 1308 – 1320, Silber, Krönungsmünze, (ca. 2,9 gr.)

4 Arsham I, 240 v.Chr., Kupfer, (ca. 6 gr.)

5 Tigran II, 95 – 55 v.Chr., Silber, (ca. 16,5 gr.) – Historiker meinen, dass auf der Krone Adler abgebildet seien, jedoch sehen die Tiere eher wie Hunde aus mit vier Beinen und sogar mit Halsband.

Mazedonische Münze, auf welcher ein Šarplaninac abgebildet ist.

1

2

1 Bronzefiguren im Kreisverkehr des spanischen Dorfes Segovia.

2 Stein-Statue in Nordspanien kurz vor den Pyrenäen, ca. 6 m hoch.

Künstlerische Darstellungen

Spanien, Portugal, Griechenland und Türkei

Hier finden sich gelegentlich Skulpturen mit Hirtendarstellungen, und an Wegekreuzungen und Streckenverläufen der alten Transhumanzen-Routen zeugen in Stein gemeißelte Szenen, Namen oder Umrisse von den bis heute währenden Traditionen der Wanderungen.

Slowakei

In der Slowakei wurde im Jahr 2001 das Buch „Jan Hála – Salašnícka Epopeja“ herausgegeben, welches sich mit dem Maler Jan Hála und der von ihm malerisch dokumentierten Hirtentradition beschäftigt. Hála stammte ursprünglich aus dem südlichen Teil der Tschechischen Republik, aus Mähren, wo er am 19. 01. 1890 geboren wurde. Er verliebte sich in die slowakischen Berge der Hohen Tatra, wo er ab Anfang 1920 bis zu seinem Tod in bescheidenen Verhältnissen lebte. Hier entstanden seine Ölbilder, seine kolorierten Zeichnungen und seine Skizzen, die sich allesamt mit den Traditionen der ländlichen Bevölkerung und dem Hirtenwesen beschäftigten. Handschriftlich erklärte er die von ihm gezeichneten Szenen und Gebrauchsgegenstände und auch zu den Hunden, die er einzeln, im Verbund mit Schafen und innerhalb der Hüttenlager zeichnete, machte er so interessante wie zutreffende Anmerkungen.

Kolorierte Zeichnung und Aquarelle von Jan Hála.

So schrieb er frei übersetzt „Über die Hirtenhunde: Die Hirten züchteten für ihre Aufgaben besondere Hunde. Für den Schutz der Herden waren dies starke, große Hunde, die auch Čuvač genannt wurden. (...) Manche Hirten hatten bis zu zehn Hunde. Sie sind weiß, grau, schwarzscheckig oder mit gelben Flecken. Sie sind kräftig und haben ein dickes, dichtes Fell wie Wolle. (...) Damit der Hund nicht streunen würde, bekam er einen Klotz um den Hals gehängt. So konnte er nicht schnell laufen. (...) Auch Wölfe gab es früher viel. Sie stahlen die Schafe aus den Ställen oder von den Bergwiesen. Und der Bär war auch keine Ausnahme. Deshalb befand sich immer in der Nähe vom Schaf-Pferch eine hölzerne Bude, in welcher der Hirte übernachtete. Wurde er vom Bellen der Hunde geweckt, so musste er mit einer Axt bewaffnet seine Schafe vor den wilden Tieren schützen. In den meisten Fällen hat der große Lärm und das Bellen der Hunde gereicht, um den Angreifer zu vertreiben. Um die Hunde bei eventuellen Auseinandersetzungen mit Bär und Wolf zu schützen, trugen sie Halsbänder, die nach außen gerichtete lange Stacheln hatten."

Einfach und präzise hat Hála das ausgedrückt, was den guten Herdenschutzhund ausmacht: „Arbeitszeit" in der Nacht, gemeinschaftliche Arbeit mit mehreren Artgenossen, Schutz durch warnendes Bellen und Lärmen, enge Verbundenheit mit den Nutztieren, aber auch mit dem Hirten, eigener Schutz durch das Wehrhalsband, Verhinderung der Verselbständigung durch den Klotz um den Hals (=„dangle-stick" bei den Amerikanern genannt!). Hálas Beschreibungen gehen sogar noch weiter: Er vermittelt Eindrücke aus dem harten, aber durchaus auch geselligen Hirtenleben in den slowakischen Bergen der Hohen Tatra, des Karpatenbogens und der Beskidenausläufer, aber auch der Niederungen. Leben und Arbeit, Traditionen und Gewohnheiten aus dem Hirten-Alltag werden dem Leser nähergebracht. So befasst er sich nicht nur ausführlich mit den unbelebten Arbeitsgeräten, sondern auch mit den Hunden, dem Čuvač.

Holzschnitt aus der ČSSR, Anfang 1900.

Bulgarien

Auch in Bulgarien belegt das alte Sprichwort: „Shepherd without dog is not a shepherd“ (Ein Hirte ohne Hund ist kein Hirte) die enge Verbundenheit und den kausalen Zusammenhang zwischen dem Hirten und seinem Hund. Dem nationalem Hund Karakachan wurde sogar in einem Lied gehuldigt, welches 1958 von Kosta Kotavov getextet und gesungen wurde. Kostas Vater war Hirte im bulgarischen Bergland, dem Rhodope-Gebirge, und gehörte zu dem sogenannten Karakachan-Volk. Seine Herde von Karakachan-Schafen wurde 1958 durch die kommunistische Regierung beschlagnahmt. Diese damals übliche Enteignung führte Land und Leute gleichermaßen in große Depressionen. Heute gibt es nicht erfolglose Bemühungen, die alten Traditionen und die ursprünglichen Tierarten und Schutzmechanismen wieder aufleben zu lassen. Die Organisationen „Green Balkan“ und „Semperviva“ sind dabei tatkräftig beteiligt und die Biologen Atila und Sider Sedefchev wirken auf internationaler Ebene zum Wohl dieses Gedankens.

Sehr seltenes Halsband mit zahlreichen kleinen, scharfen Eisenstacheln in einer Lederhülle (Breite 11 cm, Durchmesser 22 cm). 17. Jahrhundert, Deutschland.

Das nachfolgende Lied wurde von Boyan Papazov verlegt und in dem Dokumentarfilm „Where souls rest“, Concordia productions LTD. 1998, gesungen. Auch wurde der Text abgedruckt in dem Buch zum Film, welches 2001 erschien. Die Karakachan-Hunde Kitan, Buyan KaraKitan, Yantra KaraKitan und einige Welpen der Zuchtstätte „KaraKitan“ waren „Schauspieler“ in dieser Dokumentation und „Models“ für die Fotos des Buches.

Kosta's song
The Black Sea's crying, softly asking Burgas:

„Where are the Karakachans?
What's happened to them?
Them who had black flocks
With sweet-voiced bells,
Which made the Balkan beautiful
And filled the beech groves with life.

A beautiful Karakachan woman,
Dressed up in tinsel and braid,
She cried and wept bitterly
And thus she spoke to her sons:
„Let's leave these lands, my boys,
let's go somewhere else now,
where I won't hear them shaggy dogs
howling without flocks in the mountain!"

Deutschsprachiger Raum

Im deutschsprachigen Raum gibt es einige Redewendungen, die aus der Hirtentradition stammen oder diese Thematik betreffen. So heißt es z. B.:

- „Hund her, so fressen die Wölff keine Schaff."
- „Wenn der Hund wacht, mag der Hirte schlafen."
- „Wenn der Hund schläft, stiehlt der Wolf das Schaf."
- „Wenn die Hunde schlafen, hat der Wolf gut Schafe stehlen."
- „Wenn die alten Hunde bellen, soll man hinaus sehen."
- „Wenn ein alter Hund bellt, so sollte man hinausschauen!"
- „Ich will keinen Hund noch Menschen beißen, denn ich muss meinen Zahn für den Wolf sparen, sagt der Schafhund."

„Achte den Hüter der Herde, wenn Du willst, dass die Schafe in Frieden leben!"
Sokrates, 470 – 399 v. Chr.

„Wo der Hund bei der Heerde fehlt, frisst der Wolf die Schafe. (Unter dem Hunde versteht hier Abraham a Sancta Clara den die Christenheit beschützenden Dominicanerorden, der die Heerde Christi vor dem Ein- und Ausdringen der Vernunft geschützt hat.)". (Wander, 1963)

Flexibles Halsband in gotischer Form mit Stacheln zwischen den Gliedern (Eisen, Breite 16 cm, Durchmesser 15 cm). 15. Jahrhundert, Frankreich.

Halsband aus vier Platten, welche durch Stifte in Form von Schwanenhälsen miteinander verbunden sind (Eisen, Breite 12 cm, Durchmesser 17 cm). 16. / 17. Jahrhundert.

Slovenský Čuvač Historie, Mitte 1900.

Die Dominikaner wurden auch als „domini canis" bezeichnet, übersetzt also als „Hunde des Herrn". Ohne entsprechendes Hintergrundwissen und gezielte Recherchen kann man nun verleitet werden, hierin einen metaphorischen Sprachgebrauch zu sehen, nach welchem Gott als guter Hirte seine gläubigen „Schäfchen" durch seine Ordensgemeinschaften hüten und schützen lässt wie die Hunde eben die Herden hüten und schützen. Ein schönes Bild und eigentlich auch recht passend, doch in diesem Zusammenhang leider völlig falsch! Vielmehr handelte es sich beim Dominikaner-Orden um einen militanten Orden, welcher maßgeblich an der Inquisition beteiligt war. Die Bezeichnung „domini canis" war ausschließlich abfällig gemeint und bezeichnete die „Spürhunde des Herrn". Das hier zugrunde liegende Hundebild ist nicht das des Hüters und (Be-)Schützers, sondern entspricht eher dem, welches heute von etlichen Medien bei der „Kampfhund-Debatte" populistisch vermarktet wird.

Auf den Hund gekommen

Nicht direkt mit dem Hirtenhund zu tun hat die Redewendung „Auf den Hund kommen". Diese Redewendung wird benutzt, wenn ausgedrückt werden soll, dass jemand in schlechte (wirtschaftliche) Verhältnisse gekommen ist. Es gibt eine Vielzahl von Deutungsansätzen, von welchen zwei am nachvollziehbarsten scheinen. Bei erstem wird ein Zusammenhang mit dem Fuhrmannswesen früherer Zeiten gesehen. Dabei stand das Hundefuhrwerk nach Pferde-, Esel- und Ochsengespann an unterster Stelle der Statusfolge und wurde zumeist von verarmten Bauern ausgeführt. Die zweite Herkunftsableitung erklärt die Redewendung aus dem früher üblichen Gebrauch von Wertsachen- und Geldtruhen heraus. Diese Truhen zierte am Boden häufig die Darstellung eines Hundes, welcher Abschreckung und Mahnung gleichzeitig sein sollte. Waren alle Wertgegenstände aufgebraucht und aus der Truhe entnommen, so kam er zum Vor-

Truhenboden aus Edelmetall, Bulgarien, vermutlich späteres Mittelalter.

schein, der Eigentümer war „auf den Hund gekommen"! In diesen Zusammenhang gehört auch die Redewendung „Da liegt der Hund begraben", was den entscheidenden Punkt bezeichnet, der ursächlich für Schwierigkeiten verantwortlich ist. Die Volkssage kennt den „schwarzen Schatzhüterhund", der in der Erde verborgen ist und oft anstelle des Teufels die Funktion eines Schatzwächters inne hat und Schatzgräber vertreiben soll. Und letztlich wird der Mythologie zufolge ja auch der Eingang zur Hölle vom Höllenhund Cerberus bewacht, und es bedeutet nichts Gutes, wenn man auf diesen Hund trifft!

Sucht man gezielt nach deutschsprachiger Literatur zur Hirtenthematik, so findet man zwar nicht seitenweise Buchvorschläge, doch ist es auch keine aussichtslose Suche. Häufig finden sich unter der Titelauflistung christliche Texte, denn der Symbolik von Hirte, Schafen und der Bedrohung durch den „bösen Wolf" bedienen sich teilweise ja auch die großen Weltreligionen.

Doch auch lyrische Texte und Romane lassen sich in Antiquariaten finden, das Stöbern danach kostet Zeit, macht aber viel Spaß. So fand ich z. B. das Buch „Hirten, Herden, Hunde" des Peruaners Ciro Alegria, Originaltitel „Los perros hambrientos". Das Buch wurde 1957 durch den Mitteldeutschen Verlag Halle verlegt und befasst sich eindrucksvoll mit der Schilderung des peruanischen Hirtenlebens früherer Zeiten. Status, Aufgaben, Haltung und Auswahl der Hunde sind dabei ein zentrales Thema, und es zeigt, wie eng das Leben von Hirten, Herden und Hunden miteinander verwoben war (ist).

Schließen möchte ich mit dem aus unbekannter Zeit stammenden, so schönen wie zutreffenden Gedicht von Rudolf Meyer enden:

Hirtentugend
„Abend legt sich um die Erde,
und wir schreiten im Verdämmern.
Schäfer führt zur Ruh' die Herde,
sanft umspielt von weißen Lämmern.
Junger Hund hat sie gesichtet,
ein Erlebnis ohne Gleichen.
Stürmt dahin, dem Amt verpflichtet,
sie behutsam zu umstreichen.
Aus dem Traum verspielter Jugend,
auf des Bluts geheimen Wogen,
bricht hervor die Hirtentugend,
einst den Ahnen anerzogen.
Siehe, Wildes naht dem Zarten
sich mit schützenden Gebärden.
Welt beginnt sich umzuarten,
wenn aus Räubern Hirten werden."

Service

Zum Weiterlesen

Bekoff, Marc und Jessica Pierce:
Sind Tiere die besseren Menschen? Kosmos 2017

Bloch, Günther:
Der Wolf im Hundepelz. Kosmos 2004

Bloch, Günther und Elli H. Radinger:
Wölfisch für Hundehalter. Kosmos 2010
Der Mensch-Hund-Code. Kosmos 2016
Der Wolf kehrt zurück. Kosmos 2017

Bradshaw, John:
Hundeverstand. Kynos Verlag 2013

Brensing, Karsten:
Das Mysterium der Tiere. Aufbau Verlag 2017

Feddersen-Petersen, Dorit:
Hundepsychologie. Kosmos 2004
Ausdrucksverhalten beim Hund. Kosmos 2008

Fischer, Martin S. und Karin E. Lilje:
Hunde in Bewegung. VDH 2011

Gansloßer, Udo und Petra Krivy:
Verhaltensbiologie Hund – Praxisbuch. Kosmos 2019
Ein guter Start ins Hundeleben. Müller-Rüschlikon 2014
Mein Hund – dominant und ungebunden. Müller-Rüschlikon 2018

Gansloßer, Udo und Mechtild Käufer:
Auszeit auf Augenhöhe. Kosmos 2017

Gansloßer, Udo und Kate Kitchenham:
Forschung trifft Hund. Kosmos 2012
Beziehung – Erziehung – Bindung. Kosmos 2015
Hundeforschung aktuell. Kosmos 2019

Gansloßer, Udo und Sophie Strodtbeck:
Kastration und Verhalten beim Hund. Müller-Rüschlikon 2011

Gansloßer, Udo:
Hunde aus dem Ausland. Filander 2011

Krivy, Petra und Angelika Lanzerath:
Was ein Welpe lernen muss. Müller-Rüschlikon 2009
So geht's nicht weiter! Müller-Rüschlikon 2009
Einfach gut erzogen. Müller-Rüschlikon 2010
Mein Hund im Flegelalter. Müller-Rüschlikon 2011
Hunde verstehen. Müller-Rüschlikon 2010
Beschäftigungsideen für den Familienhund. DVD, Dogtale Movies & Müller-Rüschlikon 2015

Krivy, Petra:
Lernen mal anders. Müller-Rüschlikon 2018

Sachser, Norbert:
Der Mensch im Tier. Rowohlt 2018

Sommerfeld-Stur, Irene:
Rassehundezucht. Müller-Rüschlikon 2016

Danke

Um ein solches Buch wie das vorliegende zustande bringen zu können, bedarf es der Hilfe und Unterstützung vieler lieber Menschen. All diese beteiligten Personen hier namentlich aufzuführen, ist fast unmöglich und würde die Gefahr beinhalten, den einen oder anderen, nicht minder wichtigen Mitstreiter zu vergessen, was mir mehr als peinlich wäre. So möchte ich allen, die mitgewirkt haben, Textpassagen gegengelesen und korrigiert, Bilder zur Verfügung gestellt, Vor- und Geleitwort geschrieben, Ideen mitgetragen und Anregungen entwickelt, meine aus dem Schreiben resultierenden Launen ertragen haben (und und und ...), ein herzliches „Danke" sagen. Ohne Euch wäre mein Buch nicht möglich gewesen!

Quellen

Alegria, Ciro: Hirten, Herden, Hunde. Mitteldeutscher Verlag, 1957.

Ancona, George: Sheep Dog. Lothrop, Lee & Shepard Books, 1985.

Antonius, Otto: Grundzüge einer Stammesgeschichte der Haustiere. Frankfurt 1922.

Bailey, Gwen: Sprich die Sprache deines Hundes. Cham 1998.

Barlik, Dusan & Kollektiv: Slovensky Cuvac. Bratislava 1977.

Bazille, Fr.: Die Kennzeichen der Rassehunde. 2. Auflage, Frankfurt 1938.

Birr, Ursula; Gerald Krakauer und Daniela Osiander: Abenteuer Hund. Reisen zu den Wurzeln einer Partnerschaft. Köln 2000.

Bloch, Günther: Der Familienbegleithund im modernen Hausstand. Bad-Münstereifel 2001.

Bloch, Günther: Timberwolf Yukon & Co. Mürlenbach 2002.

Brunner, Ferdinand: Der unverstandene Hund. Melsungen 1974

Club für Ungarische Hirtenhunde e.V.: Reichs-Zuchtbuch, Bd. XVII 1944, Bd. XVIII 1945, Bd. XIX 1946, Bd. XX 1947, Bd. XXI 1948

Coppinger, Ray: The Difference in Dog Breeds – Über die Evolution der Hunderassen. Herausgeber: Gesellschaft zum Schutz der Wölfe e.V., 2000.

Coppinger, Ray; Jay Lorenz; John Glendinning und Peter Pinardi: Attentiveness of Guarding Dogs for Reducing Predation on Domestic Sheep. Abstract, Journal of Range Management, 1983.

Del Amo, Celina: Welpenschule. Stuttgart 2000.

Duden: Redewendungen. Duden Bd. 11, Witten 2002.

Eibl-Eibesfeldt, Irenäus: Grundriß der vergleichenden Verhaltensforschung. 8. Auflage, München 1999.

Feddersen-Petersen, Dorit: Hundepsychologie. 2. Auflage, Stuttgart 1987.

Feddersen-Petersen, Dorit und Frauke Ohl: Ausdrucksverhalten beim Hund. Frankfurt 1995.

Finger, Karl Hermann: Hirten- und Hütehunde. Stuttgart 1988.

Franck, Rolf C.: Border Collie. Brunsbek 1999.

Freudiger, U.; E.-G. Grünbaum und E. Schimke: Klinik der Hundekrankheiten. Paperback-Sonderausgabe der 2. Auflage, Stuttgart 1997.

Gansloßer, Udo (Hrsg.): Gruppenmechanismen. Fürth 2002.

Gansloßer, Udo: Säugetierverhalten. Fürth 1998.

Gesellschaft zum Schutz der Wölfe e.V.: Rudelnachrichten. Nr. 2 & 3, 2003.

Gesellschaft zum Schutz der Wölfe e.V.: Zum Thema: Herdenschutzhunde. Vorstand GzSdW e.V., 2003.

Guldenschuh, Ronald: Der Zentralasiatische Hirtenhund. Das Deutsche Hunde Magazin, 7/2001.

Guldenschuh, Ronald: Die Zentralasiatischen Hirtenhunde vom Blauen Berg. Selbstverlag 2000.

Hansen, Inge: Handbuch der Hundezucht. Cham 1999.

Hanzel, Bohumil und Plevza, Viliam: Jan Hála – Salašnícka Epopeja. Vydavatel'stvo Q-EX, 2001.

Hauck, Emil: Die Rassen des Hundes: Die Hirtenhunde. Selbstverlag des Österreichischen Kynologenverbandes, 1965.

Hedin, Sven: Meine Hunde in Asien. Witten 1953.

Hemmer, Helmut: Sind weiße Tiere anders? GfH-Mitteilungen, 1995.

Hilzheimer, Max: Die Haustiere in Abstammung und Entwicklung. Stuttgart 1909.

Hilzheimer, Max: Geschichte unserer Haustiere. Theod. Thomas Verlag, um 1905.

Hirsch-Reiter, Roswita: Hirtenhunde. Regau 1998.

Hobrecht, Rainer: Die Entwicklung und der züchterische Aufbau des deutschen Kuvaszhundes. Diss. 1952, Hannover.

Hruza, Antonin: Wahren wir unsere Kultur auch in der Kynologie. Der Hund Nr. 18, 1935.

Hruza, Antonin: Cuvac – Monografie o Ceskoslovenskem narodnim plemeni psu. Brno, 1947.

Janes, Christian und Angelo Steccanella: Französische Schäferhunde. Cham 1998.

Jones, Renate: Aggressionsverhalten bei Hunden. Stuttgart 2003.

Keller, C.: Im Hochgebirge. Leipzig 1911.

Klub Chovatelu Slovenskych Cuvacu: Slovensky Cuvac. Band 1, 1977.

Klub für Ungarische Hirtenhunde e.V.: Rasseporträts: Bergamasker, Komondor, Kuvasz, Mudi, Pumi, Pyrenäenberghund.

Klub für Ungarische Hirtenhunde e.V.: Zuchtbücher 1949, 1952, 1953, 1954, 1955, 1956, 1960, 1961, 1962, 1966, 1967, 1968.

Krämer, Eva-Maria: Hirtenhunde. Das Deutsche Hunde Magazin, 7/2002.

Krämer, Eva-Maria: Türkische Hirtenhunde. Das Deutsche Hunde Magazin, 11/2002.

Kuvasz-Vereinigung Deutschland e.V.: Zuchtbücher 1991–1994, 1995, 1999.

Livestock Guard Dog Association, Hampshire College: DogLog. Volume III, No. 2 und No. 3.

Lorenz, J. R. und L. Coppinger: Raising and Training a Livestock-Guarding Dog. Oregon State University Extension Service, Extension Circular 1238, 1989.

Metz, Gabriele: Der Maremmen Abruzzen Schäferhund. Das Deutsche Hunde Magazin, 3/2003.

Metz, Gabriele: Hunde mit Seltenheitswert. Das Deutsche Hunde Magazin, 11/2001.

Metz, Gabriele: Rafeiro do Alentejo, Das Deutsche Hunde Magazin, 3/2002.

Meyer, Helmut und Jürgen Zentek: Ernährung des Hundes. Singhofen 2001.

Mohr, Erna: Ungarische Hirtenhunde. A. Ziemsen Verlag, 1956.

Mugford, Roger: Hundeerziehung 2000. Mürlenbach 1992.

Mut, W.: Die Hirtenhunde. Der Hund Nr. 24, 1933.

Ohl, Frauke: Körpersprache des Hundes. Stuttgart 1999

Petrucci-Fonseca, F.; S. Ribeiro; A. E. Pires und C. Cruz: Contributo para a minimizacao do impacto economico dos predadores sobre os animais domesticos. Relatorio final. Accao de IED do PAMAF – Projecto 8133. FCUL. Lisboa. 2000.

Qadirie, Rasaq Abdul: The Koochee Dog. Selbstverlag, 2001.

Räber, Hans: Enzyklopädie der Rassehunde. Bd. 1, Stuttgart 1993.

Regionalverwaltung der Umgebung Midi-Pyrenees, Landwirtschafts- und Fischereiministerium, (Departement-)Bezirksverwaltung für Landwirtschaft und Wälder des Departements Alpes-Maritimes (Seealpen): Schutzhunde – Chiens de Protection.

Reichsverband für Hundewesen e.V.: Reichs-Zuchtbuch. Abt: Ungarische Hirtenhunde, Bd XV, 1942.

Sárkány, Pál und Imre Ócsag: Ungarische Hunderassen. Corvina, 2. Auflage, 1987.

Schoke, Thomas Achim: Herdenschutzhunde. Singhofen 2000.

Seidel, Angela: Australian Shepherd. Brunsbek 1999.

Senglaub, Konrad: Wildhunde – Haushunde. 2. Auflage, Neuhausen 1981.

Sieber, Ilse und Eric H.W.Aldington: Hundezucht naturgemäß. Weiden 1984.

Simrock, Karl: Die deutschen Sprichwörter. Düsseldorf 2003.

Sims, David E. und Orysia Dawydiak: Livestock Protection Dogs – Selection, Care and Training. OTR-Publications, 1990.

Slembrouck, Valerie: Der Kangal. Hunde Revue, 5/2000.

Slembrouck, Valerie: Mastin Espanol. Hunde Revue, 11/2002.

Slembrouck, Valerie: Südrussischer Owtscharka. Hunde Revue, 3/2003.

Strebel, Richard: Die Deutschen Hunde. Bd. 1 & 2, Mürlenbach 1986.

Wachtel, Hellmuth: Hundezucht 2000. 2. Auflage, Weiden 1998.

Wander, Karl Friedrich Wilhelm: Deutsches Sprichwörter-Lexikon. Bd. 2, Berlin 1963.

Wiesner, Ekkehard und Regine Ribbeck: Wörterbuch der Veterinärmedizin. 3. Auflage, Frankfurt 1991.

Wild, Rosemarie: Aufzucht junger Hunde. Cham 2003.

Zeitschrift Der Hund. Nr. 10, 1934, Der Ungarische Hirtenhund Kuvasz.

Zeitschrift für Hundeforschung. Neue Folge, Verlag Dr. Paul Schöps, 1936.

Zeitschrift für Hundeforschung. Neue Folge, Band XIII, Festschrift für Konrad Most, Verlag Dr. Paul Schöps, 1938.

Zentralblatt für Kleintierkunde und Pelztierkunde, Schmid, Bastian: Carnivoren-Studien Bd. I. Zur Psychologie der Caniden Wolf – Hund – Fuchs. Verlag Dr. Paul Schöps, 1936.

ZSKOCH Slovenskych Cuvacu: Slovensky Cuvac. Band 2, 1974.

Zuchtbuch des Deutschen Kartells für Hundewesen (DKH.) E.V.: 1. Band der Abteilung Komondore, Kuvasz, Pulis, Komondor-Klub. München, 1929.

Nützliche Adressen

Fédération Cynologique Internationale (FCI)
13, place Albert I.
B - 6530 Thuin
Tel.: 071 - 59 12 38
Fax: 071 - 59 22 29
info@fci.be (www.fci.be)

Verband für das Deutsche Hundewesen (VDH)
Westfalendamm 174
D - 44041 Dortmund
Tel.: 02 31 - 56 50 00
Fax: 02 31 - 59 24 40
info@vdh.de (www.vdh.de)

Österreichischer Kynologenverband (ÖKV)
Johann-Teufel-Gasse 8
A - 1230 Wien
Tel.: 01 - 8 88 70 92
Fax: 01 - 8 89 26 21
office@oekv.at
www.oekv.at

Schweizerische Kynologische Gesellschaft (SKG)
Länggassstr. 8
CH - 3001 Bern
Tel.: 0 31 - 3 06 62 62
Fax: 0 31 - 3 06 62 60
skg@hundeweb.org
www.hundeweb.org

Das Caniden-Verhaltenszentrum
(Hundefarm „Eifel“)
Günther und Karin Bloch
Fax: 0 22 57 - 95 26 60
canidexpert@aol.com
www.hundefarm-eifel.de

Hundeschule und Pension
Hundefarm „Eifel“
Angelika Lanzerath & Daniela
Sommerfeld GbR
Tel. 0 22 57 - 74 41
Fax 0 22 57 - 95 26 60
kedvesmomo@compuserve.de
www.hundefarm-eifel.de

Hundeschule Tatzen-Treff
Slovenský Čuvač „vom Wolfshorn"
Petra Krivy
Zur Grube 2
D - 57399 Kirchhundem
Tel. & Fax: 0 27 64 - 77 06
info@tatzen-treff.de
www.tatzen-treff.de
p.krivy@cuvac.de
www.cuvac.de

Register

Bildnachweis

Fotos von Archiv Skanzen (1: S. 226), G. Bloch (8: S. 11, 17 m/u, 71 o, 88, 156 o), J. C. Britton (2: S. 232 u), CCF (3: S. 60, 82), R. Coppinger (3: S. 22 re., 149 u, 162), C. Cruz (34: S. 3 u, 7, 8, 10, 13 li., 18, 19, 44, 45 o, 48, 54 re., 58, 59, 62 u, 79, 83 o, 93, 99, 100, 106 o, 107, 114, 122, 123 li., 126 u, 130 u, 160, 197 u, 231 o, 241), M. Eggmann (1: S. 181 re.), M. Fischer (1: S. 4), J. Floyd (1: S. 34 u), B. Frorath (1: S. 173 o), U. Gericke (2: S. 38 o, 185 u), J. Goliasova(2: S. 170 o re., 193 o), R. Guldenschuh (17: S. 9, 20 o, 22 li., 31, 57 o, 67 li., 96 o, 145 o, 169 o, 182, 195, 200, 202 o, 212, 218, 222), F. Hegen (2: S. 39 u, 170 u), B. Henzel / V. Pleva (5: S. 3 m, 230, 236), R. Hirsch-Reiter (4: S. 50 u, 237 u, 238), G. Höllbacher (2: S. 127 u, 155 li.), B. Hümmler (5: S. 24 u, 25 u, 29, 187 re., 209 li.), J. Klein (3: S. 191 o, 208), G. Komarek (4: S. 40 re., 205 re., 219, 227), P. und M. Krivy (27: S. 6, 26 li., 76, 110, 111 o, 111 u, 112, 113, 115, 118, 119, 121 m o, 131 li., 150, 174 o, 185 o, 194, 215, 234 u, 246), S. Kugeler (1: S. 201, 206), V. Kurz (5: S. 17 o, 21, 38 u, 237 o, 239), E. Lachmann (19: S. 43 u, 49, 50 o, 61 re., 83 o, 136 re., 137, 152, 153, 156 u, 157 o, 188 u, 196, 202 u, 235), A. Lanzerath (2: S. 38 m u, 179 u re.), M. Lazic (2: S. 123 re., 192), B. Löffler (1: S. 33), R. Löwenstein (3: S. 45 m, 45 u, 98 u), H. Meyer (7: S. 96 u, 98 o, 104, 109 u, 120 u), B. Müller (1: S. 54 li.), P. Nawrath (8: S. 2, 16, 41 o, 63, 64, 77, 78, 94), T. Nazaryan (9: S. 13 re., 26 re., 30, 51, 62 o, 170 o li., 181 li., 240), H. Paulus (43: S. 53 u, 65, 66, 72, 73, 116, 117, 120 o, 121 o, 121 m u, 121 u, 125, 126 o, 127 o, 128, 131 re., 132, 133 o, 134, 135, 138, 139 re., 140, 141 o, 141 u li., 147, 148, 163 o, 213), B. Reuther (2: S. 38 m o, 89), D. Sari (2: S. 31), R. Schär (8: S. 46, 74, 96 m, 149 o, 151, 154, 183, 187 li.), W. Scherz (5: S. 5, 27, 37 u li., 37 u re., 108), A. Schicher (1: S. 189), A. Sedefchev (18: S. 20 u, 22, 24 o, 26 o, 36, 35 u, 41 u, 47, 55, 61 li., 75, 85, 184, 188 o, 207 li., 232 o), D. Spisak (2: S. 159 u), B. Tellhelm (5: S. 178),I. Thiemann (3: S. 35 m, 84, 164), Tierfotoagentur.de (2: Vorsatz/ Nachsatz–S. Starick; S. 1–Traumfoto), I. Vaculik (18: S. 34 o, 56, 70, 86 o, 109 o, 124, 130 o, 133 u, 136 li., 141 u re., 142 o, 161, 191 m, 197 o, 207 re., 209 re., 223), S. Veiga (2: S. 145 u, 165), U. Voßberg (1: S. 35 o), K.-H. Widmann/ Kosmos (97: S. 2, 3 o, 12, 14, 15, 23, 25 o, 28, 32, 34 m, 39 o, 39 m, 42, 43 o, 52, 53 o, 57 u, 67 re., 68, 69, 71 u, 80, 83 m, 86 u, 87, 90, 91, 95, 106 u, 129, 139 li., 142 u, 146, 155 re., 157 u, 158, 159 o, 163 u, 166, 167, 168, 169 u, 171, 172, 173 u, 174 u, 175, 176, 179 o, 179 u li., 180, 186, 190, 191 u, 193 u, 198, 199, 203, 204, 205 li., 210, 211, 214, 216, 217, 220, 221, 224, 225, 229, 231 u) und J. Zeiner (2: S. 37 o, 40 li.). Zeichnungen von C. Glanz (1: S. 16) und B. Tellhelm (3: S. 178). Münzen von Hacob Mkrtchian/T. Nazaryan (S. 234).

Impressum

Umschlaggestaltung von eStudio Calamar unter Verwendung von vier Farbfotos von Tierfotoagentur.de/D. Geithner (Vorderseite), Karl-Heinz Widmann/Kosmos (Rückseite links und Mitte) und Günther Bloch (Rückseite rechts).

Mit 398 Farbfotos und vier Zeichnungen.

Unser gesamtes lieferbares Programm Sie unter
kosmos.de
Über Neuigkeiten informieren Sie regelmäßig unsere Newsletter, einfach anmelden unter
kosmos.de /newsletter

Zweite, aktualisierte Auflage

Pfizerstraße 5–7, 70184 Stuttgart
kosmos.de/servicecenter

ISBN 978-3-440-16009-1
Redaktion: Hilke Heinemann
Gestaltungskonzept: eStudio Calamar
Produktion: Eva Schmidt, Ralf Paucke
Druck und Bindung: Esser print Solutions GmbH, Bretten
Printed in Germany / Imprimé en Allemagne

Aktuelles aus der
—— Welt der Hunde

336 Seiten, ca. €(D) 40,–

Der Hund steht im Fokus der Wissenschaft und weltweit wird über sein Wesen geforscht, denn Hundehalter möchten wissen, wie ihr vierbeiniger Freund denkt und fühlt. Privatdozent Dr. Udo Gansloßer und Kate Kitchenham stehen in Kontakt mit führenden Wissenschaftlern und haben die neuesten Forschungsergebnisse in diesem Buch zusammengefasst – eine Fortsetzung von „Forschung trifft Hund". Sie beschäftigen sich mit der Genetik und Zucht, dem Sozial- und Lernverhalten, der Intelligenz und den ganz besonderen Sinnesleistungen, die Hunde zu Helden machen. Eine Fundgrube zum besseren Verständnis unserer Hunde.

Ihre Themen
—— Unser Newsletter

Sie möchten regelmäßig aktuelle Neuigkeiten, Informationen und Angebote zum Thema Hund erhalten?

— **Fundiert recherchiert**
— **Wissen aus der Praxis**
— **Alles Wichtige auf einen Blick**

Dann melden Sie sich jetzt für unseren Newsletter an.

www.kosmos.de/neues